高等职业教育"十四五"系列教材

计算机信息技术素养立体化教程

主　编　陈郑军　敖开云

副主编　向　涛　何　婕　胡方霞

中国水利水电出版社
www.waterpub.com.cn

·北京·

内 容 提 要

本书紧密结合全国计算机一级考试需求进行内容设计，确保知识覆盖考试点。同时，本书结合当下企业在计算机应用和办公方面的大量真实案例进行任务设计，将教学过程与工作过程相结合，教学内容设计由浅入深、循序渐进，既遵循了教学规律，又培养了学生的岗位动手能力，对于学生将来的工作应用有针对性指导作用。

本书面向高职类和应用技术本科类院校计算机基础教学，共包含七个项目：认识计算机、玩转 Windows 7 操作系统、编辑 Word 文档、制作 Excel 表格、设计 PowerPoint 幻灯片、安全使用 Internet、信息素养拓展。

图书在版编目（ＣＩＰ）数据

计算机信息技术素养立体化教程 / 陈郑军，敖开云
主编. -- 北京：中国水利水电出版社，2021.8（2023.7 重印）
高等职业教育"十四五"系列教材
ISBN 978-7-5170-9811-9

Ⅰ．①计… Ⅱ．①陈… ②敖… Ⅲ．①电子计算机－
高等职业教育－教材 Ⅳ．①TP3

中国版本图书馆CIP数据核字(2021)第162757号

策划编辑：寇文杰　责任编辑：魏渊源　加工编辑：黄卓群　封面设计：李　佳

书　　名	高等职业教育"十四五"系列教材 计算机信息技术素养立体化教程 JISUANJI XINXI JISHU SUYANG LITIHUA JIAOCHENG	
作　　者	主　编　陈郑军　敖开云 副主编　向　涛　何　婕　胡方霞	
出版发行	中国水利水电出版社 （北京市海淀区玉渊潭南路 1 号 D 座　100038） 网址：www.waterpub.com.cn E-mail: mchannel@263.net（答疑） 　　　　　sales@mwr.gov.cn 电话：（010）68545888（营销中心）、82562819（组稿）	
经　　售	北京科水图书销售有限公司 电话：（010）68545874、63202643 全国各地新华书店和相关出版物销售网点	
排　　版	北京万水电子信息有限公司	
印　　刷	三河市德贤弘印务有限公司	
规　　格	184mm×260mm　16 开本　23.75 印张　593 千字	
版　　次	2021 年 8 月第 1 版　2023 年 7 月第 3 次印刷	
印　　数	12501—15000 册	
定　　价	68.00 元	

前　　言

以计算机为核心的信息技术应用能力已经成为衡量当代大学生综合素养高低的重要指标之一，信息化素养正被越来越多的高校所重视。计算机文化基础类课程正是承载着这个目标，着重培养学生必备的理论基础和全面实用的动手能力。

本书面向高职类和应用技术本科类院校计算机基础教学，共包含七个项目：分别是认识计算机、玩转 Windows 7 操作系统、编辑 Word 文档、制作 Excel 表格、设计 PowerPoint 幻灯片、安全使用 Internet、信息素养拓展。

本书改进了传统的教学组织模式，通过一个个项目来进行教学。每个项目又由若干个相关任务组合而成，每个任务遵循任务说明、预备知识、任务分析、任务实施和任务小结的有序组织结构。让学生在学习相关理论知识之前就能够带着问题进行有目的的学习，调动学习积极性和主动性，培养自主学习能力。项目的分解教学也为学生搭建了知识和应用之间的桥梁，每个项目都循序渐进，能够培养学生分析问题、解决问题的能力，对于提高学生的动手能力大有裨益。每个项目后的项目练习，可以帮助学生巩固并拓展所学知识和技能。

本书紧密结合全国计算机一级考试需求进行内容设计，确保知识覆盖考试点。同时，本书结合当下企业在计算机应用和办公方面的大量真实案例进行任务设计，将教学过程与工作过程相结合，教学内容设计由浅入深、循序渐进，既遵循了教学规律，又培养了学生的岗位动手能力，对于学生将来的工作应用有针对性指导作用。

本书由陈郑军、敖开云任主编，向涛、何婕、胡方霞任副主编。其中陈郑军老师负责项目一、项目二、项目六和项目七的编写以及全书的统稿和其他组织协调工作，敖开云老师负责编写项目三、项目四和项目五，向涛老师负责企业案例收集整理工作，何婕老师负责教材课程大纲编写和 PPT 的制作，胡芳霞老师负责教材内容规划和审稿工作。

本书编写过程中，编者得到了重庆工商职业学院各级领导的大力支持和帮助，同时我们参考了大量相关文献，并吸取了前辈、专家和同仁的宝贵经验，在此一并表示感谢。

由于编者水平所限，疏漏在所难免，恳请读者批评指正。

编　者
2021 年 6 月

目　　录

项目一　认识计算机

【项目描述】

本项目以计算机系统的采购需求为依托，将计算机发展史、计算机中的信息表示、微机的组装三个部分的知识融入其中，让学生能通过一个脉络线索有效地掌握知识。

【学习目标】

1. 了解计算机的发展、类型及其应用领域。
2. 掌握计算机中数据的表示、存储与处理。
3. 掌握多媒体技术的概念与应用。
4. 掌握计算机软硬件系统的组成及主要技术指标。
5. 了解常用外部设备。

【能力目标】

1. 能分辨常见计算机设备的类型、特点。
2. 能完成常见计算机进制转换。
3. 能根据需求组装兼容机或者选购品牌机。
4. 能根据需求选择合适的办公外设产品。

任务 1.1　了解计算机发展史

【任务说明】

计算机从诞生开始经历了几百年的发展，从机械式计算机发展到电子计算机，又从电子计算机发展到超大规模集成电路组成的微型计算机。根据不同的视角可以对计算机发展有不同的分类，那么我们正在使用的计算机归属于其中哪一类呢？

【预备知识】

1.1.1　计算机的产生与发展

计算机是一种能按照事先存储的程序，自动、高速地进行大量数值计算和各种信息处理的现代化智能电子设备。自1946年以来，以计算机技术为核心的现代信息技术迅猛发展，计算机及其应用已渗透到社会的各个领域，并有力地推动了社会的电子信息化进程，深刻地影响和改变着我们的生活、学习和工作。

1. 计算机的诞生

（1）古代计算工具。在漫长的文明史中，人类为了提高计算速度，不断发明和改进各种计算工具。人类使用计算工具的历史可以追溯至两千多年前。

中国古人发明的算筹是世界上最早的计算工具。南北朝时期，著名的数学家祖冲之曾借助算筹成功地将圆周率π值计算到小数点后的第 7 位（介于 3.1415926 和 3.1415927 之间）。唐代时出现了使用更为方便的算盘。算盘是世界上第一种手动式计算器，一直被沿用至今。

1622 年，英国数学家奥特瑞德根据对数原理发明了计算尺，可以用计算尺完成加、减、乘、除、乘方、开方、三角函数、指数、对数等运算。计算尺成为工程人员常备的计算工具，一直被沿用到 20 世纪 70 年代才由袖珍计算器所取代。

随着工业的发展，需要进行大量大规模的复杂计算，传统的计算工具无法将研究人员从繁重的计算工作中解脱出来。

1642 年，法国数学家布莱斯·帕斯卡发明了世界上第一个加法器，它采用齿轮旋转进位方式进行加法运算。1673 年，德国数学家莱布尼兹在加法器的基础上加以改进，设计制造了能够进行加、减、乘、除及开方运算的通用计算器。这些早期计算器都是手动式或机械式的。

（2）近代计算机。近代计算机是指具有完整意义的机械式计算机或机电式计算机，以区别于现代的电子计算机。

1834 年，英国人查尔斯·巴贝奇设计出了分析机，该分析机被认为是现代通用计算机的雏形。巴贝奇也因此获得了国际计算机界公认的、当之无愧的"计算机之父"的称号。

1944 年，在 IBM 公司的支持下，美国哈佛大学的霍德华·艾肯成功研制出机电式计算机——MARK Ⅰ。它采用继电器来代替齿轮等机械零件，装备了 15 万个元件和长达 800km 的电线，每分钟能够进行 200 次以上的运算。MARK Ⅰ 的问世不但实现了巴贝奇的夙愿，而且也代表着自帕斯卡加法器问世以来机械式计算机和机电式计算机的最高水平。

（3）电子计算机。

第二次世界大战中，美国陆军出于军事上的目的与美国宾夕法尼亚大学签订了研制计算炮弹弹道轨迹的高速计算机的合同。1946 年，世界上第一台数字电子计算机在美国宾夕法尼亚大学问世，取名 ENIAC（Electronic Numerical Integrator and Computer），它使用了 18800 多个电子管，运算速度为每秒 5000 次，耗电量 150kW，重量达 30t，占地面积 170m²，是一台庞大的电子计算工具，如图 1-1 所示。尽管 ENIAC 在工作时，常常因为电子管被烧坏而不得不停机维修，还有其他许多弱点，但是在人类计算工具发展史上，它仍然是一座不朽的里程碑。它的问世，开辟了提高运算速度的广阔可能性，标志着电子计算机时代的到来。从此，电子计算机在解放人类智力的道路上突飞猛进地发展。与第一次工业革命中的蒸汽机相比，电子计算机在人类社会所起的作用是有过之而无不及的。

2. 计算机的发展阶段

ENIAC 起初是专门用于弹道计算的，后来经过多次改进，才成为能进行各种科学计算的通用计算机。

图 1-1　第一台计算机 ENIAC

计算机科学理论、工程实践、工艺水平的提高和完善极大地促进了计算机的发展，在短短的 70 多年间，计算机经历了四次更新换代，第五代产品也取得了重大的发展。产品年代的划分没有严格的界线，依据的原则不同年代的划分也有所不同，下面主要从计算机硬件角度划分计算机产品的年代。

（1）第一代计算机（1946—1958）。第一代计算机以电子管作为主要逻辑电路元件，用磁鼓或磁芯作为主存储器，运算速度为几千次/秒，因此，这一代计算机被称为电子管计算机。第一代计算机主要用于科学计算，例如用在数学、物理、化学、生物学、天体物理学等基础研究中，也用在航天、航空、工程设计、气象分析等复杂的科学计算中。用计算机进行计算可以处理手工计算无法完成的工作，对现代科学技术的发展起着巨大的推动作用。

（2）第二代计算机（1959—1964）。第二代计算机采用了性能优异的晶体管代替电子管作为主要逻辑电路元件。晶体管的体积比电子管小得多，这使晶体管计算机的体积大大缩小，但使用寿命和效率却都大大提高，因此，这一代计算机被称为晶体管计算机。第二代计算机除了用于科学计算外，还开始用于实时的过程控制和简单的数据处理。

（3）第三代计算机（1965—1970）。第三代计算机使用了中小规模集成电路作为计算机逻辑部件，取代了分立元件，普遍使用磁芯作为主存储器，并开始使用半导体存储器，运算速度为几十万次/秒到几百万次/秒，因此，这一代计算机被称为中小规模集成电路计算机。由于采用了集成电路作为计算机逻辑部件，计算机的体积变小了，处理速度得到了很大的提高，并出现了多用户操作系统，系统软件和应用软件有了很大发展。第三代计算机被广泛用于各个领域，初步实现了计算机系列化和标准化。

（4）第四代计算机（1971 年至今）。1971 年至今被称为大规模或超大规模集成电路计算机时代。第四代计算机的主要特点是使用大规模或超大规模集成电路作为计算机逻辑部件和主存储器，运算速度可达每秒上亿次以上。数据通信、网络分布式处理及多媒体技术的发展，给人类的生产活动和社会活动带来了巨大的变革。

大规模或超大规模集成电路的出现使计算机朝着微型化和巨型化两个方向发展。尤其是微型机，自 1971 年第一片微处理器诞生之后，以迅猛的气势渗透到工业、教育、生活等许多领域之中。第四代计算机全面建立了计算机网络，实现了计算机之间的信息交流，同时多媒体技术的崛起，使计算机集图形、图像、声音和文字处理于一体。

（5）第五代计算机。从 20 世纪 80 年代开始，美国、日本及欧洲共同体都开展了第五代计算机的研究。第五代计算机系统被认为会拥有智能特性，带有知识表示与推理能力，可以模拟人的设计、分析、决策、计划及其他智能活动，并具有人机自然通信能力，可以作为各种信息化企业的智能助手，计算机技术由此进入一个崭新的发展阶段。

目前的电子计算机虽能在一定程度上辅助人类脑力劳动，但其智能还与人类相差甚远。比如，3 岁小孩能立刻确认面前的人是不是妈妈，而计算机却不能。计算机也不能真正听懂人说话，看懂人写的文章，因此，社会和科学的发展都需要新一代的计算机——第五代计算机。

3．未来计算机的发展方向

未来的计算机将朝着巨型化、微型化、网络化、多媒体化和智能化的方向发展，可能在一些方面取得革命性的突破，如智能计算机（具有人的思维、推理和判断能力）、生物计算机（运用生物工程技术替代现在的半导体技术）和光子计算机（用光作为信息载体，通过对光的处理来完成对信息的处理）等。

（1）光子计算机。光子计算机利用光子取代电子进行数据运算、传输和存储。在光子计算机中，不同波长的光表示不同的数据，可通过对不同的光的处理快速完成复杂的计算工作。制造光子计算机需要开发出可以用一条光束来控制另一条光束变化的光学晶体管。尽管目前可以制造出这样的装置，但是它庞大而笨拙，如果用它来制造一台计算机，体积将犹如一辆汽车，因此，在短期内应用光子计算机是很困难的。

（2）分子计算机。据美国《科学》杂志报道，美国加利福尼亚大学洛杉矶分校的科学家发明了一种新型的分子开关，这使分子计算机的研究又向前迈进了一步。这种分子开关相当于用于电子计算机的最简单的逻辑门，分子运算机所需的电力将比现在的计算机大大减少，从而使它的功效达到硅芯片计算机的百万倍。

（3）神经网络计算机。近年来，欧美等国家大力投入对人工神经网络（Artificial Neural Network，ANN）的研究，并已取得很大进展。人脑是由数千亿个细胞（神经元）组成的网络系统，神经网络计算机就是用简单的数据处理单元模拟人脑的神经元，从而模拟人脑活动的一种巨型信息处理系统。它具有智能特性，能模拟人的逻辑思维及记忆、推理、设计分析、决策等智力活动。

尽管神经网络计算机的研究已取得重要的进展，但仍存在许多亟待解决的问题，如处理精确度不高，抗噪声干扰能力差，光学互连的双极性和可编程问题，系统的集成化和小型化问题等。这些问题直接关系到神经网络计算机的进一步发展、性能的完善及广泛的实用化。

（4）生物计算机。生物计算机又称仿生计算机，它是以生物芯片取代在半导体硅片上集成数以万计的晶体管制成的计算机，涉及计算机科学、脑科学、神经生物学、分子生物学、生物物理、生物工程、电子工程、物理学、化学等有关学科。生物计算机在 20 世纪 80 年代开始研制，其最大特点是采用了生物芯片，由生物工程技术产生的蛋白质构成。在这种芯片中，信息以波的形式传播，运算速度比当今最新一代计算机快 10 万倍，能量消耗仅相当于普通计算机的 1/10，并且拥有巨大的存储能力。由于蛋白质能够自我组合再生新的微型电路，这使得生物计算机具有生物体的一些特点，如能够发挥调节机制自动修复芯片故障，模拟人脑的思考机制等。

生物计算机方面的突破性进展是北京大学在 2007 年提出的并行型 DNA 计算模型。

（5）量子计算机。量子计算机是指利用处于多现实态下的原子进行运算的计算机，这种多现实态是量子力学的标志。在某种条件下，原子世界存在着多现实态，即原子粒子和亚原子粒子可以同时存在于不同位置，可以同时表现出高速和低速，可以同时向上和向下运动。如果用这些不同的原子状态分别代表不同的数字或数据，就可以利用一组具有不同潜在状态组合的原子，在同一时间对某一问题的所有答案进行搜索，再利用一些优化策略，即可快速获得代表正确答案的组合。

2017 年 5 月 3 日，中国科学家潘建伟团队宣布，构建了世界首台针对特定问题的计算能力超越早期经典计算机的光量子计算原型机。这意味着量子计算的技术发展相当迅猛，距离可以破解经典密码的量子计算机诞生也许并不遥远。

与传统的电子计算机相比，量子计算机具有速度快、存储量大、搜索能力强、安全性较高等优点。量子计算机不会取代经典计算机，但将会在执行对现有计算机来说太过复杂的任务时表现出众，特别是需要在大数据中展开搜索和对大数进行质因数分解的任务。这就使得量子计算机能够在一些特定的应用场景有很好的优势，如加密通信、药物设计、交通治理、天气预测、人工智能、太空探索等领域。

1.1.2　计算机的特点与分类

1. 计算机的特点

计算机技术的发展如此迅猛，主要是因为它能给人类带来巨大的经济效益，这与它自身具有的特点是分不开的。计算机主要特点表现在以下几个方面：

（1）运算速度快。电子计算机的工作是基于电子脉冲电路原理，由电子线路构成其各个功能部件，其中电子流动扮演主要角色。电子速度是很快的，现在一个高性能 CPU 每秒就能进行 50 亿次以上的加法运算。很多场合下，我们都对运算速度有较高要求。例加，计算机控制导航，要求"运算速度比飞机飞行速度还快"；气象预报需要分析大量资料，如果用手工计算，则需要十天半月，这就失去了预报的意义，而计算机仅用 10 分钟就能计算出一个地区内数天的气象预报。目前，普通微机每秒钟可执行几千万条指令，巨型机可达数亿条或几百亿条。随着新技术的不断发展，工作速度还在不断增加。这不仅极大地提高了工作效率，还使许多复杂问题的运算处理有了实现的可能性。

（2）运算精度高。电子计算机的计算精度在理论上不受限制，一般的计算机均能达到 15 位有效数字，通过一定的技术手段，可以实现任何精度要求。英国历史上有个著名数学家香克斯（William Shanks），曾经为计算圆周率 π 花了整整 15 年时间才算到 707 位。如果现在让计算机计算圆周率，几个小时就可计算到 10 万位。

（3）具有记忆功能。计算机中有许多存储单元用以记忆信息。内部记忆能力，是电子计算机和其他计算工具的一个重要区别。由于计算机具有内部记忆信息的能力，运算时就不必每次都从外部去取数据，而只需事先将数据输入到内部的存储单元中，运算时计算机会直接从存储单元中获得数据，从而大大提高了运算速度。

计算机存储器的容量可以很大，而且它的记忆力特别强，远远胜于人的大脑。它不但能保存数值型数据，而且还能将文字、图形、图像、声音等转换成能够存储的数据格式保存在存储装置中，可以根据需要随时使用。

（4）具有逻辑运算能力。计算机用数字化信息表示数及各类信息，并采用逻辑代数作为相应的设计手段，不但能进行数值计算，而且能进行逻辑运算，如判断数据之间的关系，如7>5，"李"<"张"，其结果是一个逻辑值："真"或"假"。其根据判定的结果决定下一步的操作。人们正是利用计算机这种逻辑运算能力对文字信息进行排序、索引、检索，使计算机能够灵活巧妙地完成各种计算和操作，能应用于各个科学领域并渗透到社会生活的各个方面。

（5）具有自动执行程序的能力。计算机能按人的意愿自动执行为它规定好的各种操作，只要把需要的各种操作和编好的程序存入计算机中，它会在程序的指挥、控制下，自动执行下去，除非要求采取人—机对话方式，一般不需要人工直接干预运算的处理过程。

2. 计算机的分类

计算机是一种能自动、高速、精确地处理信息的电子设备，可以应用于不同的领域与工作环境中。正是基于这些特点，出现了许多不同种类的计算机。下面详细介绍这些计算机的种类与特点。

（1）按工作原理分类。根据计算机的工作原理可分为电子数字计算机和电子模拟计算机。

1）电子数字计算机。它采用数字技术，即通过由数字逻辑电路组成的算术逻辑运算部件对数字量进行算术逻辑运算。

2）电子模拟计算机。它采用模拟技术，即通过由运算放大器构成的微分器、积分器，以及函数运算器等运算部件对模拟量进行运算处理。

由于当今使用的计算机绝大多数都是电子数字计算机，故一般将计算机称为电子计算机。

（2）按用途分类。根据计算机的用途可将其分为通用计算机和专用计算机。

1）通用计算机是指由程序指挥，可以用来完成不同的任务，成为通用设备的计算机。日常使用的计算机均属于通用计算机。

2）专用计算机是指用来解决某种特定问题或专门与某些设备配套使用的计算机。

（3）按功能强弱和规模大小分类。按照计算机的功能强弱和规模大小可将其分为巨型机、大型机、中/小型机、工作站和微型机。

1）巨型机：也称为超级计算机，在所有计算机中体积最大，有极高的运算速度、极大的存储容量、非常高的运算精度。巨型计算机的运算速度一般在每秒数十亿亿次以上。巨型计算机主要用于尖端科学技术和军事国防系统的研究开发，如天气预报、飞机设计、模拟核试验、破解人类基因密码等。

我国超级计算机中心中曾经连续多年名列世界第一计算速度的"天河二号""神威·太湖之光"都属于巨型机，如图1-2所示。

图1-2　中国巨型机"天河二号""神威·太湖之光"

2）大型机：规模仅次于巨型机。具有非常庞大的主机，通常由多个中央处理器协同工作，运算速度也非常快，具有超大的存储器，使用专用的操作系统和应用软件，有非常丰富的外部设备。和超级计算机不同的是，大型主机使用专用指令系统和操作系统。大型机的功能重点不是数值运算，而在于数据处理，主要应用于银行和电信部门，强调安全性和稳定性。IBM 公司的 Z14 计算机就属于大型机，如图 1-3 所示。

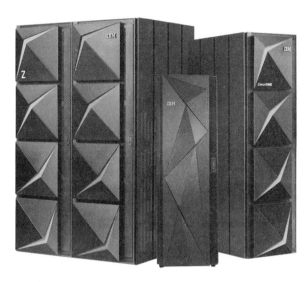

图 1-3　IBM Z14 大型机

3）中/小型机：通常是指采用 RISC、MIPS 等专用处理器，主要支持 UNIX 操作系统的封闭、专用的计算机。这类计算机的机器规模小，结构简单，设计制造周期短，便于及时采用先进工艺技术，软件开发成本低，易于操作维护。

4）工作站：这是介于微型机与小型机之间的一种高档微型机，其运算速度比微型机快，且有较强的联网功能。主要用于特殊的专业领域，如图像处理、计算机辅助设计等。

5）微型机：也称个人计算机，简称 PC，这是 20 世纪 70 年代后期出现的新机种，它的出现引起了计算机业的一场革命。它凭借设计先进、软件丰富、功能齐全、价格便宜等优势而拥有广大的用户。微型机采用微处理器、半导体存储器、输入/输出接口等芯片组成，与小型机相比，它体积更小，价格更低，灵活性更好，可靠性更高，使用更加方便。

随着大规模集成电路的发展，当前微型机与工作站、小型机乃至中型机之间的界限已不明显，现在的微处理器芯片速度已经达到甚至超过 10 年前的一般大型机的中央处理器的速度。

1.1.3　计算机的应用领域

计算机已经广泛地深入到人类社会的各个领域，各行各业都离不开计算机提供的服务。计算机的应用领域主要包括以下几个方面：

1. 数值计算（科学计算）

数值计算是计算机的看家本领，如在数学、物理、化学、生物学、天体物理学等基础研究中，或在航天、航空、工程设计、气象分析等复杂的科学计算中，都可以用计算机来进行计算，甚至可以用其处理手工计算无法完成的工作，这对现代科学技术的发展起着巨大的推动作用。

　　例如，建筑设计中为了确定构件尺寸，通过弹性力学导出一系列复杂方程，长期以来由于计算方法有限而一直无法求解。计算机不但能求解这类方程，并且引起弹性理论上的一次突破，从而出现了有限单元法。

　　2．过程控制

　　过程控制是利用计算机及时采集检测数据，按最优值迅速地对控制对象进行自动调节或自动控制的过程。采用计算机进行过程控制，不仅可以大大提高控制的自动化水平，而且可以提高控制的及时性和准确性，从而改善劳动条件，提高产品质量及合格率。因此，计算机过程控制已在机械、冶金、石油、化工、纺织、水电、航天等部门得到广泛的应用。

　　例如，在汽车工业方面，利用计算机控制机床、控制整个装配流水线，不仅可以实现精度要求高、形状复杂的零件加工自动化，而且可以使整个车间或工厂实现自动化。

　　3．数据处理

　　数据处理是指对各种数据进行收集、存储、整理、分类、统计、加工、利用、传播等一系列活动的统称。据统计，80%以上的计算机主要用于数据处理，这类工作量大面宽，是计算机应用的主导方向。

　　目前，数据处理已广泛地应用于办公自动化、企事业计算机辅助管理与决策、情报检索、图书管理、电影电视动画设计、会计电算化等各方面。信息正在形成独立的产业，多媒体技术使信息展现在人们面前的不仅是数字和文字，也有声情并茂的声音和图像信息。

　　4．计算机辅助系统

　　计算机辅助系统包括计算机辅助设计（CAD）、计算机辅助制造（CAM）、计算机辅助测试（CAT）、计算机辅助教学（CAI）等。设计人员利用 CAD，可以在三维空间中定义几何图形，利用点、直线、圆、圆弧、曲线、曲面等几何元素，正确地构造出产品的几何模型，CAD 主要应用在机械、航天、航空、造船、电子、工程建筑、轻纺等。CAM 并不只是简单地取代传统的设计、加工方法，而是向设计人员提供了崭新的技术手段，既改善了工作条件，又能帮助设计人员思考、改进、完善设计方案，使许多用传统方法难以解决的工程问题得到满意解决。CAT 提高了设计质量，缩短了设计试用期，降低了设计试制费用，增强了产品的市场竞争力。CAI 是利用计算机代替"教师"实施教学计划，或用计算机模拟某个实验过程。把教学内容预先编成程序，存入计算机后，教学过程由学生操作计算机来完成。随着多媒体技术的发展，计算机已能将声音、图像、影视等多种媒体信息进行综合处理，因而使教学过程更加生动直观，更加多样化，极大地提高了教学质量。

　　5．人工智能

　　人工智能（Artificial Intelligence，AI）是研究、开发用于模拟、延伸和扩展人的智能的理论、方法、技术及应用系统的一门新的技术科学。

　　人工智能是计算机科学的一个分支，它企图了解智能的实质，并生产出一种新的能以人类智能相似的方式做出反应的智能机器，该领域的研究包括机器人、语言识别、图像识别、自然语言处理和专家系统等。人工智能从诞生以来，理论和技术日益成熟，应用领域也不断扩大。可以设想，未来人工智能带来的科技产品，将会是人类智慧的"容器"。人工智能可以对人的意识、思维的信息过程进行模拟。人工智能不是人的智能，但能像人那样思考、也可能超过人的智能。

　　人工智能是一门极富挑战性的科学，从事这项工作的人必须懂得计算机、心理学和哲学知识。人工智能是涵括十分广泛的科学，它由不同的领域组成，如机器学习、计算机视觉等等，总的来说，人工智能研究的一个主要目标是使机器能够胜任一些通常需要人类智能才能完成的复杂工作。

6. 计算机网络

计算机网络是利用通信设备和线路将地理位置不同的、功能独立的多个计算机系统连接起来所形成的"网"。利用计算机网络，可以使一个地区、一个国家，甚至在世界范围内的计算机与计算机之间实现软件、硬件和信息资源共享，这样可以大大促进地区间、国际间的通信与数据的传递与处理，同时也改变了人们的时空概念。计算机网络的应用已渗透到社会生活的各个方面。目前，Internet（因特网）已成为全球性的互联网络，利用因特网的强大功能，可以实现数据检索、电子邮件、电子商务、网上电话、网上医院、网上远程教育、网上娱乐休闲等功能。

【任务分析】

根据前面的预备知识，我们知道从计算机硬件角度的计算机年代划分的话，前四代计算机都是以中央处理器和存储器的电子器件特性来决定的，第五代是以 AI 能力特性来衡量的。因此我们可以了解自己所用的计算机的 CPU 特性，在了解自己计算机的能力特性后再去对照第五代计算机特性，从而可以依据前面所学知识进行归类认识。

【任务实施】

假定自己用的计算机 CPU 是截至 2021 年春季最强的 X86 处理器 AMD Threadripper 3990X。它是世界上第一颗 64 核心的桌面级 x86 处理器，单颗售价接近 3 万元人民币。其 CPU-Z 软件评测如图 1-4 所示。

图 1-4　3990X 的 CPU-Z 软件评分

这款处理器包含 8 个 7nm 的 CPU Die 以及一个 12nm 的 I/O Die。单个 CPU Die 面积为 74mm^2，I/O Die 的面积则为 416mm^2，核心总面积为 1008mm^2，晶体管总数超过 395 亿个，是再明显不过的超大规模集成电路的处理器。它拥有 64 个内核，每一个的基础运算性能都是 2.9G（29 亿次/秒）。因此该 CPU 完全符合第四代计算机的特性。

计算机上使用 Windows 7 操作系统，安装了很多学习软件、办公软件和影音娱乐软件。从第五代计算机的核心能力特性来看要求具备一定的智能性，当前计算机还不具备（有些计算机可能具备了一定意义上的智能性，如谷歌公司运行 AlphaGo 的计算机）。再看被划分到第五代计算机的几个特定类型（光子计算机、分子计算机、神经网络计算机、生物计算机、量子计算机），当前计算机也不属于它们中的任何一种。

综合以上信息得出结论，当前用的这台计算机是第四代计算机。

【任务小结】

通过本任务我们学习了：
（1）计算机的产生历程。
（2）计算机的发展趋势。
（3）计算机的基本特性。
（4）计算机的大致分类。

任务 1.2 了解计算机中的信息表示

【任务说明】

作为一名中国人，汉字是我们最熟悉的文字。那么你知道计算机是如何实现汉字的信息表示的吗？

【预备知识】

1.2.1 计算机中数的表示

计算机中的数的表示与我们日常生活的数据表示完全不同，为了更好地学习计算机知识，掌握计算机的工作原理，我们需要熟悉计算机中的数据表示，并能在不同的数表示方式之间进行转换。

1. 常用的进位制

人们习惯用十进制表示一个数，即逢十进一。实际上，人们还使用其他的进位制。如十二进制数（1 打等于 12 个、1 英尺等于 12 英寸、1 年等于 12 个月）、十六进制数（如古代 1 市斤等于 16 两）、六十进制数（1 小时等于 60 分钟、1 分钟等于 60 秒）等。进位制的使用完全是根据人们的习惯和实际需要，并非天经地义。

电子数字计算机内部一律采用二进制数表示任何信息，也就是说，各种类型的信息（数值、文字、声音、图形、图像）必须转换成二进制数字编码的形式，才能在计算机中进行处理。虽然计算机内部只能进行二进制数的存储和运算，但为了书写、阅读方便，可以使用十进制、八进制、十六进制形式表示一个数，但不管采用哪种形式，计算机都要把它们转换成二进制数存入计算机内部。运算结果可以经再次转换后，通过输出设备被还原成十进制、八进制、十六进制形式。

2. 采用二进制数原因

计算机内部一律采用二进制数表示并非偶然之选，这是由于二进制数在电气元件中最容易实现、稳定、可靠，而且运算简单。

（1）二进制数只要求识别"0"和"1"两个数码，因此具有两种不同稳定状态的电气元件都可以实现，如电压的高和低，电灯的亮和灭，电容的充电和放电，三极管的导通和截止等。计算机就是利用输出电压的高或低分别表示数字"1"或"0"的。

（2）二进制的运行规则简单。

例如：

加法	乘法
0+0=0	0×0=0
0+1=1	0×1=0
1+0=1	1×0=0
1+1=10	1×1=1

3. 二进制数的运算

计算机只能进行二进制数的运算，二进制数的基本数字只有0、1，运算规则如下：

（1）二进制数加法。运算规则：$0+0=0$，$0+1=1$，$1+0=1$，$1+1=10$（进位是1，即逢二进一）。例如：

$$
\begin{array}{r}
01101110 \\
+\ \ 00101101 \\
\hline
10011011
\end{array}
\qquad
\begin{array}{r}
10100101 \\
+\ \ 00001111 \\
\hline
10110100
\end{array}
$$

（2）二进制数减法。运算规则：$0-0=0$，$1-0=1$，$1-1=0$，$10-1=1$（有借位，即借一当二）。例如：

$$
\begin{array}{r}
01101110 \\
-\ \ 00101101 \\
\hline
01000001
\end{array}
\qquad
\begin{array}{r}
10100101 \\
-\ \ 00001111 \\
\hline
10010110
\end{array}
$$

（3）二进制数乘法。运算规则：$0×0=0$，$0×1=0$，$1×0=0$，$1×1=1$。例如：

$$
\begin{array}{r}
1110 \\
\times\ \ 1101 \\
\hline
1110 \\
0000 \\
1110 \\
1110 \\
\hline
10110110
\end{array}
$$

（4）二进制数除法。其运算规则与十进制相似，从被除数最高位开始，一般有余数。例如：

$$
\begin{array}{r}
111 \\
10\,\overline{)1110} \\
10 \\
\overline{11} \\
10 \\
\overline{10} \\
10 \\
\overline{0}
\end{array}
$$

4. 不同进制数间转换

（1）将十进制整数转换为二进制整数。把一个十进制整数转换成二进制整数时，只要将这个十进制整数反复除以 2，直到商为 0。每除一次都会得到余数，从最后一位余数读起就是用二进制表示的数。这种转换方法简称"除二取余法"。

例如把十进制整数 13 转换成二进制整数：

$$
\begin{array}{c}
\qquad\qquad\qquad\quad 余数 \\
2\,\underline{)13} \quad \cdots\cdots \quad 1 \\
\quad 2\,\underline{)6} \quad \cdots\cdots \quad 0 \\
\quad\quad 2\,\underline{)3} \quad \cdots\cdots \quad 1 \\
\quad\quad\quad 2\,\underline{)1} \quad \cdots\cdots \quad 1 \\
\quad\quad\quad\quad 0 \quad \cdots\cdots \quad 1
\end{array}
$$

得到 $(13)_{10} = (1101)_2$。

（2）将十进制小数转换为二进制小数。把十进制小数转换成二进制小数时，只要把该数每次乘以 2，然后取其小数继续乘以 2，一直到该数无小数或需要保留二进制的位数为止。将每次计算所得到的整数从上往下读，就将十进制小数转换为二进制小数。这种转换方法简称"乘二取整法"。

例如把 0.8125 转换成二进制数：

步骤	乘 2 取整	整数	
1	0.8125×2=1.625	1	……最高位
2	0.625×2=1.25	1	
3	0.25×2=0.5	0	
4	0.5×2=1.0	1	……最低位

因此 $(0.8125)_{10} = (0.1101)_2$。

例如，把 37.625 转换成二进制数，这个数既有整数部分又有小数部分，就可以将整数部分和小数部分分别处理，应用除二取余法和乘二取整法来分别计算，然后将两部分结果相加。

得到 $(37.625)_{10} = (100101.101)_2$。

（3）将二进制数转换为十进制数。如果想将各种类型进制数转换为十进制数，根据进制数的基本原理直接展开就可以得到相应的十进制数。

十进制数 6384.036 可以表示为：

$$(6384.036)_{10} = 6 \times 10^3 + 3 \times 10^2 + 8 \times 10^1 + 4 \times 10^0 + 0 \times 10^{-1} + 3 \times 10^{-2} + 6 \times 10^{-3}$$

同样，二进制数也可以采用相同的方法展开。

例如把$(100101.011)_2$转换成十进制数。

$$(100101.011)_2 = 1 \times 2^5 + 0 \times 2^4 + 0 \times 2^3 + 1 \times 2^2 + 0 \times 2^1 + 1 \times 2^0 + 0 \times 2^{-1} + 1 \times 2^{-2} + 1 \times 2^{-3}$$
$$= 32 + 4 + 1 + 0.25 + 0.125$$
$$= (37.375)_{10}$$

得到$(100101.011)_2 = (37.375)_{10}$。

（4）二进制数与八进制数之间的转换。八进制数的运算规则是逢八进一，八进制数的基本数字有 8 个，即 0、1、2、3、4、5、6、7。

二进制与八进制之间的转换比较简单，方法是：一个八进制数基本数字对应一个 3 位二进制数。

二进制数与八进制数对照表见表 1-1。

表 1-1　二进制数与八进制数对照表

八进制	二进制	八进制	二进制
0	000	4	100
1	001	5	101
2	010	6	110
3	011	7	111

例如把二进制数 11101010.0011 转换成八进制数。

首先对二进制数的整数和小数部分分别进行分组，每 3 位分为一组，如果整数部分的位数不是 3 的倍数，在最高位添 0，如果小数部分的位数不是 3 的倍数，在最低位添 0，然后把每组二进制数转换为八进制数，最后得到的结果就是八进制数。

其中 $\dfrac{011}{3} \quad \dfrac{101}{5} \quad \dfrac{010}{2} \cdot \dfrac{001}{1} \quad \dfrac{100}{4}$

因此$(11101010.0011)_2 = (352.14)_8$。

这样就把二进制数转换为八进制数了。用同样的方法可以将八进制数转换为二进制数。

例如把八进制数 631.25 转换成二进制数。把每位八进制数转换为 3 位二进制数，如下：

$(6)_8 = (110)_2$

$(3)_8 = (011)_2$

$(1)_8 = (001)_2$

$(2)_8 = (010)_2$

$(5)_8 = (101)_2$

因此$(631.25)_8 = (110\ 011001.010101)_2$。

这样就把八进制数转换为二进制数了。

（5）二进制数与十六进制数之间的转换。十六进制数的运算规则是逢十六进一，十六进制数的基本数字有 16 个，即 0、1、2、3、4、5、6、7、8、9、A（表示 10）、B（表示 11）、

C（表示 12）、D（表示 13）、E（表示 14）、F（表示 15）。

二进制与十六进制之间的转换也比较简单，方法是：一个十六进制数基本数字对应一个 4 位二进制数。

二进制数与十六进制数对照表见表 1-2。

表 1-2　二进制数与十六进制数对照表

十六进制	二进制	十六进制	二进制
0	0000	8	1000
1	0001	9	1001
2	0010	A	1010
3	0011	B	1011
4	0100	C	1100
5	0101	D	1101
6	0110	E	1110
7	0111	F	1111

例如，把二进制数 10111010101.0011 转换成十六进制数。

先对二进制数的整数和小数部分分别进行分组，每 4 位分为一组，如果整数部分的位数不是 4 的倍数，在最高位添 0，如果小数部分的位数不是 4 的倍数，在最低位添 0，然后把每组二进制数转换为十六进制数，最后得到的结果就是十六进制数。

其中　$\underset{5}{\underline{(0101}}\;\underset{D(13)}{\underline{1101}}\;\underset{5}{\underline{0101}}\;\cdot\;\underset{3}{\underline{0011)}}$

因此 $(10111010101.0011)_2 = (5D5.3)_{16}$。

这样就把二进制数转换为十六进制数了。用同样的方法可以将十六进制数转换为二进制数。

如果把十六进制数 8D6.F5 转换成二进制数，我们只需要把每位十六进制数转换为对应的 4 位二进制数即可，如下：

$(8)_{16} = (1000)_2$

$(D)_{16} = (1101)_2$

$(6)_{16} = (0110)_2$

$(F)_{16} = (1111)_2$

$(5)_{16} = (0101)_2$

因此 $(8D6.F5)_{16} = (100011010110.11110101)_2$。

这样就把十六进制数转换为二进制数了。

1.2.2　数据单位

数据在计算机中的存储计算单位有 3 种不同的形式，即二进制位、字节和字长。

1. 二进制位（bit）

无论是数字、字符、汉字、声音、图形还是图像，所有信息在计算机内部都是以二进制数形式进行存储的。例如，字符"A"，在计算机内部是使用二进制数"01000001"表示的。因此，每一位二进制数叫作"二进制位"，又称为"bit"，习惯上用小写的"b"表示。二进制位是计算机中最小的存储单位。

2. 字节（Byte）

一般计算机内部用8位二进制数表示一个西文字符，例如字符"A"，在计算机内部是用8位二进制数"01000001"表示的，因此，通常把8个二进制位组合在一起构成一个单位，我们称它为"字节"，又称为"Byte"，习惯上用大写的"B"表示。字节是计算机存储和运算的基本单位。

3. 字长

计算机对数据进行的处理实际上是对二进制数进行运算处理。不同型号的计算机对二进制数的处理能力是不相同的，我们把中央处理器（CPU）一次能够同时处理的二进制数的位数称为"字长"。例如，8位机表示该计算机的中央处理器一次能够同时处理8位二进制数；32位机表示该计算机的中央处理器一次能够同时处理32位二进制数。因此，字长越长，计算机一次处理的信息位就越多，精度就越高，字长是计算机性能的一个重要指标。

4. 单位换算

衡量计算机存储容量的单位有B（字节）、KB（千字节）、MB（兆字节）、GB（吉字节）、TB（太字节）、PB（拍字节）、EB（艾字节）、ZB（泽字节）、YB（尧字节）等。

其中：1KB = 1024B

　　　　1MB = 1024KB

　　　　1GB = 1024MB

　　　　1TB = 1024GB

例如，一个16GB容量的U盘理论上能存放多少信息？

16GB = 16 × 1024MB=16 ×1024 ×1024KB

　　　= 16 × 1024 × 1024 ×1024B

　　　= 17179869184B（约为172亿字节）

注意：目前U盘、硬盘生产企业都是按1000进制计算容量，所以实际容量并没有标称值大。经换算标称值的1GB=1000×1000×1000B ≈ 0.9313GB，但是实际上硬盘、U盘、存储卡还要留出一部分空间进行磁盘分区用途，所以实际容量还会更小些。所以我们购买的标称16GB的容量大约只有：16×0.9313GB ≈ 14.9GB。

1.2.3　字符编码方式

在计算机硬件中，编码是指用代码来表示各组数据资料，使其成为可利用计算机进行处理和分析的信息。代码是用来表示事物的记号，它可以用数字、字母、特殊的符号或它们之间的组合来表示。我们常见的字符编码中，英文常使用ASCII，中文则使用国标码，通用使用的Unicode编码。

1. ASCII

ASCII，即美国信息交换标准代码（American Standard Code for Information Interchange），

它是计算机尤其是微机普遍采用的一种编码方式。ASCII 字符共有 128 个，其中包括英文大小写字母、数字 0～9、各种标点符号及 33 个控制字符（即非打印字符，主要用来控制计算机执行某一规定动作）。如果用字节表示字符，则每一个字符用一个字节表示，从 00000000～11111111 有 256 种组合状态（$2^8 = 256$）。ASCII 有 128 个字符，因此可以使用字节的低七位的不同组合码来表示，每一个 ASCII 字符固定对应低七位的某种组合状态，而最高位固定为 0。例如，01000001 是十六进制数 41、十进制数 65，代表大写字母 A；而 01100001 是十六进制数 61、十进制数 97，代表小写字母 a。ASCII 码表详见表 1-3。

表 1-3　标准 ASCII 字符编码表

十六进制	十进制	字符	十六进制	十进制	字符	十六进制	十进制	字符	十六进制	十进制	字符
00	0	NUL	20	32	SP	40	64	@	60	96	'
01	1	SHO	21	33	!	41	65	A	61	97	a
02	2	STX	22	34	"	42	66	B	62	98	b
03	3	ETX	23	35	#	43	67	C	63	99	c
04	4	EOT	24	36	$	44	68	D	64	100	d
05	5	ENQ	25	37	%	45	69	E	65	101	e
06	6	ACK	26	38	&	46	70	F	66	102	f
07	7	BEL	27	39	`	47	71	G	67	103	g
08	8	BS	28	40	(	48	72	H	68	104	h
09	9	HT	29	41	)	49	73	I	69	105	i
0A	10	LF	2A	42	*	4A	74	J	6A	106	j
0B	11	VT	2B	43	+	4B	75	K	6B	107	k
0C	12	FF	2C	44	,	4C	76	L	6C	108	l
0D	13	CR	2D	45	-	4D	77	M	6D	109	m
0E	14	SO	2E	46	.	4E	78	N	6E	110	n
0F	15	SI	2F	47	/	4F	79	O	6F	111	o
10	16	DLE	30	48	0	50	80	P	70	112	p
11	17	DC1	31	49	1	51	81	Q	71	113	q
12	18	DC2	32	50	2	52	82	R	72	114	r
13	19	DC3	33	51	3	53	83	S	73	115	s
14	20	DC4	34	52	4	54	84	T	74	116	t
15	21	NAK	35	53	5	55	85	U	75	117	u
16	22	SYN	36	54	6	56	86	V	76	118	v
17	23	ETB	37	55	7	57	87	W	77	119	w
18	24	CAN	38	56	8	58	88	X	78	120	x
19	25	EM	39	57	9	59	89	Y	79	121	y

十六进制	十进制	字符	十六进制	十进制	字符	十六进制	十进制	字符	十六进制	十进制	字符
1A	26	SUB	3A	58	:	5A	90	Z	7A	122	z
1B	27	ESC	3B	59	;	5B	91	[	7B	123	{
1C	28	FS	3C	60	<	5C	92	\	7C	124	|
1D	29	GS	3D	61	=	5D	93	]	7D	125	}
1E	30	RS	3E	62	>	5E	94	^	7E	126	~
1F	31	US	3F	63	?	5F	95	_	7F	127	DEL

微机普遍采用这种编码方式，因此为计算机软件的通用性打下了良好的基础。

2. Unicode 编码

和汉语一样使用表意字符而非字母的语言中常用字符多达几千个，而 ASCII 采用的是单字节编码，一张代码页中容纳的字符最多只有 $2^8=256$ 个，对于使用表意字符的语言实在无能为力。既然一个字节不够，人们就采用两个字节，所以出现了使用双字节编码的字符集。不过双字节字符集中虽然表意字符使用了两个字节编码，但其中的 ASCII 码和日文片假名等仍用单字节表示。如此一来给程序员带来了不小的麻烦，因为每当涉及到字符串的处理时，总是要判断其中的一个字节表示的是一个字符还是半个字符，如果是半个字符，是前一半还是后一半。

人们在不断寻找着更好的字符编码方案，于是 Unicode1990 年开始研发，1994 年正式公布。Unicode 是国际组织制定的、可以容纳世界上所有文字和符号的字符编码方案。Unicode 用数字 0-0x10FFFF 来映射这些字符，最多可以容纳 1114112 个字符，或者说有 1114112 个码位（码位是指可以分配给字符的数字）。UTF-8、UTF-16、UTF-32 都是将数字转换到程序数据的编码方案。

Unicode 编码能够使计算机实现跨语言、跨平台的文本转换及处理。

【任务分析】

汉字的计算机信息表示，也许在很多人看来是理所当然的事情，但这实际上是一个浩大的系统工程，在经过大批的专家学者、技术工作人员长期的努力，经历了较为漫长的曲折过程，才逐步产生完善。正是如此，2000 年中国工程院评选的 25 项"20 世纪我国重大工程技术成就"中，"汉字信息处理与印刷革命"排名第二。

计算机时候诞生是完全基于英文环境的。计算机能处理的是数值型和字符型数据，这些数据是由 ASCII 组成，因此计算机只支持由 ASCII 表中定义的字符，此范围外的一切"符号"，计算机都不能识别。如果要实现汉字的计算机表示，就需要结合汉字的特点，设计出计算机的汉字编码。

【任务实施】

我国用户在使用计算机进行信息处理时，一般都会用到汉字，所以必须解决汉字的输入、输出以及处理等一系列问题，主要就是解决汉字的编码问题。

　　汉字是一种字符数据，在计算机中也要用二进制数表示，计算机要处理汉字，同样要对汉字进行编码：输入汉字要用输入码，存储和处理汉字要用机内码，汉字信息传递要用国标码，输出时要用输出码等，因此就要求有较大的编码量。

　　由于汉字是象形文字，数目比较多，常用的汉字就有 3000～5000 个，不可能采用传统键盘实现，因此每个汉字必须有自己独特的编码形式。

1. 汉字国标码

　　国标码是中华人民共和国国家信息交换汉字编码，它是一种机器内部编码，可将不同系统使用的不同编码全部转换为国标码，以实现不同系统之间的信息交换。1980 年，为了让每一个汉字有一个全国统一的代码，我国颁布了第一个汉字编码的国家标准——GB2312－1980《信息交换用汉字编码字符集 基本集》。这个字符集是我国中文信息处理技术的发展基础，也是目前国内所有汉字系统的统一标准。

　　整个 GB2312 字符集分成 94 个区，每区有 94 个位，每个区位上只有一个字符，即每区含有 94 个汉字或符号。换言之，GB2312 将包括汉字在内的所有字符编入一个 94×94 的二维表，行就是"区"、列就是"位"，每个字符由区、位唯一定位，其对应的区、位编号合并就是区位码。比如"中"字在 54 区 48 位，所以"中"字的区位码是 5448。GB 类汉字编码为双字节编码，因此，45 相当于高位字节，48 相当于低位字节。

　　需要说明的是，国标码使用了区位码，但不是区位码。为了兼容 ASCII，国标码对区位码进行了再处理，区码和位码都向后偏移了 32。因此"中"字的国标码表示为(86, 80)，十六进制为(56H, 50H)。

2. 汉字机内码

　　国标码还不能直接在计算机上使用，因为这样还是会和 ASCII 中除控制字符外的其他字符冲突，冲突的结果就是导致乱码。

　　拿"中"字举个例子，它的国标码中的高位字节为 86，这会与 ASCII 中大写字母"V"冲突，低位字节为 80，与"P"冲突。因此为避免这种情况，规定国标码中的每个字节的最高位都从 0 换成 1，即相当于每个字节都再加上 128，从而得到国标码的"机内码"表示形式，简称"内码"。由于 ASCII 码只用了一个字节中的低 7 位，利用这个特性，这个首位上的"1"就可以作为识别汉字编码的标志，计算机在处理到首位是"1"的编码时就把它理解为汉字，在处理到首位是"0"的编码时就把它理解为 ASCII 字符。

　　例如，"中"字从国标码转换为内码的过程为，高位字节(86+128)=214，低位字节(80+128)=208，所以"中"字的内码十进制表示为(214,208)，十六进制表示为(D6, D0)。这样就不再与 ASCII 冲突，完全兼容 ASCII。因此，内码才是字符用 GB2312 编码后的在计算机中存储的形式。

3. 汉字字形码

　　汉字字形码是汉字字库中存储的汉字字形的数字化信息，用于显示和打印。目前大多是以点阵方式形成汉字，所以汉字字形码主要是指汉字字形点阵的代码。字形点阵有 16×16 点阵、24×24 点阵、32×32 点阵、64×64 点阵、96×96 点阵、128×128 点阵等。例如，汉字"士"的点阵图如图 1-5 所示。

　　不同类型的汉字字库就是由不同的汉字字形码组成的。

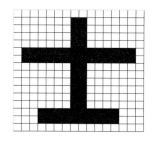

图 1-5　汉字点阵效果

4. 汉字地址码

汉字地址码是指汉字库中存储汉字字形信息的逻辑地址码。它与汉字内码有着简单的对应关系，以简化内码到地址码的转换。

5. 汉字输入码

汉字输入码是为了将汉字通过键盘输入计算机而设计的代码，其表现形式多为字母、数字和符号。输入码的长度也不同，多数为 4 个字节。目前使用较普遍的汉字输入方法有拼音码、五笔字型码、自然码、表形码、认知码、区位码和电报码等。

综合来说，通过汉字计算机表示，要先使用汉字输入码录入汉字，然后计算机将录入的汉字用机内码存储，最后通过字形码实现汉字显示或者打印。

【任务小结】

通过本任务我们主要学习了：
（1）数字在计算机内的表示。
（2）数字进制间的相互转换。
（3）计算机内数据的存储单位及相互换算。
（4）计算机内字符的编码。
（5）汉字的编码。

任务 1.3　了解微机的组装

【任务说明】

计算机应用已经深入到我们生活的方方面面，我们用它工作，也用它娱乐。有没有想过给自己组装或选购一台台式机呢？

【预备知识】

1.3.1　计算机基本工作原理

1. 计算机原理的基本术语

（1）指令。指令是指计算机执行一个基本操作的命令。一条指令由操作码和操作数两部分组成。操作码指明计算机要完成的操作的性质，如加、减、乘、除，操作数指明了计算机操作的对象。例如，二进制运算式子 1001+1010 = 10011 中，"+"表示操作码，而"1001"和"1010"代表操作数。一台计算机中所有指令的集合称为该计算机的指令系统。计算机的指令系统是计算机功能的基本体现，不同的计算机的指令系统一般不同。

（2）程序。人们为解决某一问题，将多条指令进行有序排列，这一指令序列就是程序。程序是人们解决问题步骤的具体体现。

（3）地址。整个内存被分成若干个存储单元，每个存储单元一般可存放 8 位二进制数（按字节编址）。每个存储单元可以存放数据或程序代码。为了能有效地存取该单元内存储的内容，指令中的操作数有时又可以用地址码来表示。

2．计算机系统组成

冯·诺依曼是美籍匈牙利数学家，他在 1945 年提出了关于计算机组成和工作方式的基本设想。尽管计算机制造技术已经发生了极大的变化，但是就其体系结构而言，至今仍然是根据冯·诺依曼的设计思想制造的。冯·诺依曼设计思想可以简要地概括为以下三大要点：

（1）用二进制形式表示数据和指令。

（2）把程序（包括数据和指令序列）事先存入主存储器中，使计算机运行时能够自动按顺序从存储器中取出数据和指令，并加以执行，即所谓的程序存储和程序控制思想。

（3）确立了计算机硬件系统的五大部件：运算器、控制器、存储器、输入设备和输出设备，并规定了这五部分的基本功能。

冯·诺依曼结构是以运算器、控制器为中心的，其基本组成如图 1-6 所示。

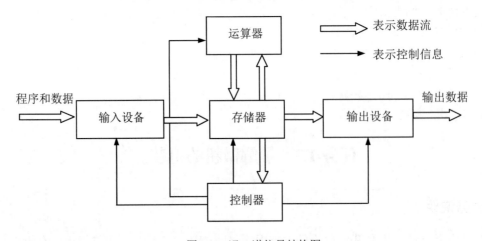

图 1-6　冯·诺依曼结构图

从计算机系统的组成来看，它包括两大部分：硬件系统和软件系统。所谓硬件就是指组成计算机的物理设备，微机系统中常用的硬件主要有主机、显示器、打印机、键盘、鼠标、硬盘、光驱等；而软件是指挥和控制计算机运行的各种程序的总称，如操作系统、办公软件、杀毒软件等。硬件和软件是相辅相成的，两者缺一不可，硬件是基础，软件是建立在硬件之上的，它们必须有机地结合在一起，才能充分发挥计算机的作用。

3．计算机基本工作原理

根据冯·诺依曼的设计思想，计算机能自动执行程序，而执行程序又归结为逐条执行指令，其基本工作原理如下：

（1）程序存储：事先把解决问题的程序编写出来，通过输入设备把要处理的数据和程序送到存储器中保存起来。

（2）取出指令：从存储器某个地址中取出要执行的指令并送到 CPU 内部的指令寄存器暂存。

（3）分析指令：把保存在指令寄存器中的指令送到控制器，并翻译该指令（即指令译码）。

（4）执行指令：根据指令译码，控制器向各个部件发出相应控制信号，完成指令规定的操作。

（5）为执行下一条指令做好准备，程序计数器自动加 1，即生成下一条指令地址，然后循环执行步骤（2）～（5），直至收到程序结束指令为止。

1.3.2　计算机的硬件系统

1．CPU

按冯·诺依曼体系结构，计算机硬件系统分为五部分，即运算器、控制器、存储器、输入设备和输出设备。其中运算器和控制器合称中央处理器或称微处理器，简称 CPU，是计算机的心脏。

（1）运算器。运算器是电子计算机用来进行各种运算的部件，它是由能够进行运算的加法器、若干个暂时存放数据的寄存器、逻辑运算线路和运算控制线路组成，其功能是进行算术运算和逻辑运算。一切运算都在运算器中进行。

（2）控制器。控制器是计算机指挥中心，它是由脉冲发生器（主频）、节拍发生器、指令计数器、指令寄存器等和逻辑控制线路组成的。工作时从主存储器中提取指令（1 至几个字节），根据指令的功能译成相应的电信号，控制计算机各部件协调一致地工作。

2．存储器

计算机有记忆能力，能够存储程序和数据，这种存储记忆装置称为存储器。存储器分成主存储器（也称为内存）和辅助存储器（也称为外存）。

（1）内存。内存分为只读存储器和随机读写存储器，它们都由超大规模集成电路构成，信息存取速度快，从存储器中读出该信息时，原信息不会被破坏，依然存在。

1）只读存储器（ROM）。ROM 是固化在机器内（系统板上）的只读存储器，其特点是存储器内的程序和数据是在计算机制造过程中用特殊方法写入的，以后就固定在里面，不用特殊方法不能修改，只能进行读操作；里面的内容不会丢失，加电后会自动恢复。

ROM 里主要装有 BIOS 基本的输入/输出程序、检测程序、初始化程序、Boot 引导程序及服务程序等，机器加电启动时，首先执行 ROM 内的程序，其容量一般比较小，为几百 KB 至几 MB（字节）。

2）随机读写存储器（RAM）。人们一般所说的计算机内存都是针对 RAM 而言的，RAM 也称可读写存储器，这种存储器是由若干字节组成的序列，每个字节都可以存放信息。当前微机的 RAM 容量一般以 GB 为单位，现在主流计算机的内存配置一般都是 4GB 及以上。

RAM 是用来存放当前要运行的程序、数据及运算过程中的中间结果。这里要特别注意"当前"两个字。换句话说，程序必须要放到 RAM 后才能运行。

与外存相比较，内存的主要优点是存取速度快，主要缺点是容量较小，断电后信息全部消失。如果不做特殊说明，内存指的都是随机读写存储器。

（2）外存。外存主要采用磁性材料作为存储介质，如磁盘、磁带、硬盘、光盘、U 盘等，主要功能是用来存放当前暂时不用和需要长期保留的信息。

外存的主要优点是容量大（理论上讲可以无穷大），能够长期保存信息，断电后信息依然存在，其主要缺点是存取速度相对较慢。

3. 输入/输出设备（IO Device）

（1）输入设备。输入设备（Input Device）是向计算机输入数据和信息的设备，是计算机与用户或其他设备通信的桥梁，是用户和计算机系统之间进行信息交换的主要装置之一。输入设备的任务是把数据、指令及某些标志信息等输送到计算机中去。键盘、鼠标、摄像头、扫描仪、光笔、手写输入板、游戏杆、语音输入装置、触控屏等都属于输入设备。

（2）输出设备。输出设备（Output Device）是计算机硬件系统的终端设备，用于接收计算机数据的输出显示、打印、声音、控制外围设备操作等，也能将各种计算结果数据或信息以数字、字符、图像、声音等形式表现出来。常见的输出设备有显示器、打印机、绘图仪、影像输出系统、语音输出系统、磁记录设备等。

也有一些设备，既是输入设备，又是输出设备，例如磁盘驱动器、触控屏等。

1.3.3 计算机的软件系统

软件系统（Software Systems）是指由系统软件和应用软件组成的计算机软件系统，它是计算机系统中由软件组成的部分。

1. 系统软件

系统软件是指控制和协调计算机及外部设备，支持应用软件开发和运行的系统，是无需用户干预的各种程序的集合。它的主要功能是调度、监控和维护计算机系统，负责管理计算机系统中各种独立的硬件，使它们可以协调工作。系统软件使得计算机使用者和其他软件将计算机当作一个整体，而不用顾及底层每个硬件是如何工作的。

具有代表性的系统软件有：操作系统、硬件驱动程序、数据库管理系统以及各种程序设计语言的编译系统等。其中最重要的系统软件是操作系统。

（1）操作系统（Operating System）。在计算机软件中最重要且最基本的就是操作系统（OS）。它是最底层的软件，它控制计算机运行的所有程序并管理整个计算机的资源，是计算机裸机与应用程序和用户之间的桥梁。没有它，用户也就无法使用任何其他软件或程序。

操作系统是计算机系统的控制和管理中心，从资源角度来看，它具有处理机、存储器管理、设备管理、文件管理等 4 项功能。

常用的操作系统有 DOS 操作系统、Windows 操作系统、UNIX 操作系统、Linux 操作系统、Netware 操作系统等。

实际应用中操作系统可以根据不同标准划分为不同的类型：

1）按与用户对话的界面不同，可以分为命令行界面操作系统和图形用户界面操作系统。

2）按同时使用的用户数量为标准，可以分为单用户操作系统和多用户操作系统。

3）按是否能够运行多个任务为标准，分为单任务操作系统和多任务操作系统。

4）按系统单功能为标准，分为批处理系统、分时操作系统、实时操作系统、网络操作系统。

（2）驱动程序。驱动程序（Device Driver）全称为"设备驱动程序"，是一种可以使计算机和设备通信的特殊程序，相当于硬件的接口，操作系统只能通过这个接口，才能控制硬件设备的工作，假如设备的驱动程序未能正确安装，该设备便不能正常工作。

驱动程序在系统中的地位十分重要，一般当操作系统安装完毕后，首要的便是安装硬件设备的驱动程序。不过，大多数情况下，我们并不需要安装所有硬件设备的驱动程序，例如硬盘、显示器、光驱等就不需要安装驱动程序，而显卡、声卡、扫描仪、摄像头、调制解调器等就需要安装驱动程序。另外，不同版本的操作系统对硬件设备的支持也是不同的，一般情况下操作系统版本越高，所支持的硬件设备也越多。

（3）语言处理程序。计算机在执行程序时，首先要将存储在存储器中的程序指令逐条地取出来，并经过译码后向计算机的各部件发出控制信号，使其执行规定的操作。计算机的控制装置能够识别的指令是用机器语言编写的，而用机器语言编写程序并不容易。绝大多数用户都是用某种程序设计语言（即高级语言），如 Java 语言、C#语言、Python 语言等来编写程序。但是计算机不认识这些用高级语言编写的程序，必须要经过翻译、连接变成机器指令后才能被计算机执行，而负责这种翻译的程序称为编译程序。为了在计算机上执行由某种高级语言编写的源程序，就必须配置有该种语言的编译系统。

（4）数据库管理系统。数据库管理系统（DataBase Management Systems，DBMS）是指对数据库中进行组织、管理、查询并提供一定处理能力的系统软件。它是数据库系统的核心组成部分，为用户或应用程序提供了访问数据库的方法，数据库的一切操作都是通过 DBMS 进行的。

常见的数据库管理系统：Oracle、MySQL、MS SQL Server 等。

2. 应用软件

应用软件是指专门为解决某个应用领域内的具体问题而编制的软件。常见的应用软件有以下几类：

（1）文字处理软件。用于输入、存储、修改、编辑、打印文字资料（文件、稿件等）。常用的软件有 WPS、Office 等。

（2）信息软件管理。用于输入、存储、修改、检索各种信息，例如工资管理系统、人事管理系统等。这种软件发展到一定水平后，可以将各个单项软件联接起来，构成一个完整的、高效的管理系统，简称 MIS。

（3）计算机辅助设计软件。用于高效的绘制、修改工程图纸，进行常规的设计和计算，帮助用户寻求较优的设计方案。常用的软件有 AutoCAD 等。

（4）实时控制软件。用于随时收集生产装置、飞行器等的运行状态信息，并以此为根据按预定的方案实施自动或半自动控制，从而安全、准确地完成任务或实现预定目标。

1.3.4 微机的常见硬件

通常我们所说的PC或者个人计算机就是指微型计算机，是指使用微处理器的个人计算机，它主要由主机、视频设备、键盘和鼠标、音频设备等组成，目前市场上常见的几种微机如图1-7所示。

1. 主机

主机是计算机硬件中最重要的设备，相当于人的大脑。主机箱内部包括主板、CPU（中央处理器）、存储器、显卡、声卡、网卡等，如图 1-8 所示。主机箱有卧式和立式两种，卧式的主机箱已被淘汰，目前市场上主要是立式的主机箱，如图 1-9 所示。

图 1-7 常见的几种微机

图 1-8 主机箱内部结构

图 1-9 卧式机箱和立式机箱

主机箱的正面有电源开关、复位按钮、光驱等。主机箱的背面有很多大大小小、形状各异的插孔,这些插孔的作用是通过电缆将其他设备连接到主机上。优秀的主机箱除了结构合理、易用、散热效果好外,还要考虑美观和防电磁辐射等方面。

(1) 主板。主板也称为主机板、系统板或母板。它是一块多层印制电路板,上面分布着南北桥芯片,声音处理芯片、各种电容器、电阻器以及相关的插槽、接口、控制开关等,如图 1-10 所示。

主板上的插槽主要包括 CPU 插槽、内存条插槽、AGP 插槽和 PCI 插槽。其中,CPU 插槽用于放置 CPU,内存条插槽用于放置内存条,AGP 插槽用于放置 AGP 接口的显卡,而 PCI 插槽则用于放置网卡、声卡等。

(2) CPU。中央处理单元(Central Processing Unit,CPU),也称为微处理单元(Micro

Processing Unit，MPU），它是运算器和控制器的总称，是微机的心脏。它是决定微机性能和档次的最重要部件。微机常用的微处理器芯片主要是由 Intel 公司和 AMD 公司生产的，如图1-11 所示。

图 1-10　主板

图 1-11　CPU

CPU 安装在主板上的 CPU 专用插槽内。由于 CPU 的线路集成度高、功率大，因此在工作时会产生大量的热量，为了保证 CPU 能正常工作，必须配置高性能的专用风扇给它散热。当散热不好时 CPU 就会停止工作或被烧毁，出现"死机"等现象，因此，在高温环境下使用微机时应注意通风降温。

（3）内存。内存（RAM）是计算机中重要的部件之一，它是与 CPU 进行沟通的桥梁。计算机中所有程序的运行都是在内存中进行的，因此内存的性能对计算机的影响非常大，内存的运行也决定着计算机的稳定运行。只要计算机在运行中，CPU 就会把需要运算的数据调到内存中进行运算，运算完成后 CPU 再将结果传送出来。内存是由内存芯片、电路板、金手指等部分组成的，如图 1-12 所示。

图 1-12　内存条

内存的频率和容量大小影响计算机的运行速度。目前市面上主流内存条是 DDR4 内存条，其频率在 1600～4000MHz 之间，容量有 4GB、8GB、16GB、32GB 等。

（4）外存储器。计算机的大量数据必须在外存储器中保存，在需要时再调入内存储器使用。外存储器主要包括硬盘存储器、光盘存储器、U 盘存储器等。光盘必须要有光盘驱动器才能使用。

1）光盘和光驱。光盘和光驱是激光技术在计算机中的应用。光盘具有存储信息量大、携带方便、可以长久保存等优点，应用范围相当广泛，也是多媒体计算机必不可少的存储介质。光盘分为只读光盘（CD-Audio、CD-Video、CD-ROM、DVD-Audio、DVD-Video、DVD-ROM 等）和可读写光盘（CD-R、CD-RW、DVD-R、DVD+R、DVD+RW、DVD-RAM、Double layer 等），分别和相应的光驱配套使用。只读光盘一次完成数据写入，以后只能读取，不能修改；可读写光盘也称为可擦写光盘，有的只能一次写入，有的可多次擦写使用。光盘和光驱如图 1-13 所示。

图 1-13　光盘和光驱

普通 CD 光盘的容量为 650～700MB，DVD 光盘的容量为 4.7GB，HD DVD 的容量最大可以达到 60GB，BD 光盘目前已经出现 100GB 容量。光盘寿命较长，保存合理的情况下其有效时间可达几十年甚至百年。

光驱的品牌较多，目前市场上比较知名的光驱品牌有三星（SAMSUNG）、先锋（Pioneer）、联想（Lenovo）、华硕（ASUS）、LG 电子、建兴（LITE-ON）、明基（BENQ）、惠普（HP）等数十种。

2）硬盘。硬盘存储器简称硬盘，是微机中最主要的数据存储设备，主要用来存放大量的系统软件、应用软件、用户数据等，主要可分为机械硬盘和固态硬盘，如图 1-14 所示。

图 1-14　机械硬盘和固态硬盘

机械硬盘包含一个或多个固定圆盘，盘外涂有一层能通过读写磁头对数据进行磁记录的材料。它的特点是速度高、容量大。硬盘容量和硬盘转速是硬盘的两大重要技术指标，近年来，硬盘容量提高很快，现在的硬盘容量一般在 500GB 以上，硬盘的转速主要有 5400r/min 和 7200r/min 两种。

固态硬盘（Solid State Drives），简称固盘，它是用固态电子存储芯片阵列而制成的硬盘，由控制单元和存储单元（Flash 芯片、DRAM 芯片）组成。固态硬盘在接口的规范和定义、功能及使用方法与普通硬盘的完全相同。由于固态硬盘没有普通硬盘的旋转介质，因而抗震性极佳，同时工作温度范围很宽，体积小巧轻便，并且具有远超机械硬盘的读写性能。

3）U 盘。U 盘全称为"USB 闪存盘"，英文名"USB flash disk"。它是一种采用 USB 接口的无需物理驱动器的微型高容量移动存储产品，可以通过 USB 接口与计算机连接，实现即插即用。U 盘常见外形如图 1-15 所示。

图 1-15　U 盘

有很多公司声称自己第一个发明了 USB 闪存盘，包括以色列 M-Systems 和新加坡 Trek 公司等，但是真正获得 U 盘基础性发明专利的却是中国朗科科技。2002 年 7 月，朗科获得国家知识产权局正式授权，2004 年 12 月 7 日，朗科获得美国国家专利局正式授权的闪存盘基础发明专利。这一专利权的获得结束了专利争夺，中国朗科科技是 U 盘的全球第一个发明者。

因为朗科生成的产品命名为"优盘"，后续其他公司相似产品不能再用这个名称，所以改称谐音的"U 盘"。后来，U 盘这个称呼因其简单易记而广为人知，成为通用称呼。

（5）显卡。显卡又称显示器适配器，它一般与显示器配套使用，一起构成微机的显示系统。显卡外形如图 1-16 所示，它的性能将从根本上决定显示的效果。常见的显卡有 PCI 显卡、AGP 显卡和新推出的 PCI-E 显卡。描述显卡性能的主要指标有流处理器数量、核芯频率、显存、位宽等，这些指标数值越大性能越强。目前部分主板提供了集成显卡，也有部分 CPU 内部也集成了核心显卡，这些足以取代过去传统低端显卡的作用。因此普通影音和办公场合集成显卡可以不用单独配置独立显卡。

图 1-16　顶级台式机显卡

通常在我们的印象中，计算机中负责处理运算的都是 CPU，但人工智能的运算却主要是使用显卡的处理器 GPU。在我们比特币"挖矿"中，矿机的灵魂就是高端显卡，一台矿机通常具备多张显卡，从而具有超强的计算能力。

（6）声卡。声卡是多媒体计算机中的一块语音合成卡，计算机通过声卡来控制声音的输入与输出，声卡的外形如图 1-17 所示。

图 1-17　台式机声卡

声卡获取声音的来源可以是模拟音频信号和数字音频信号。声卡还具备模数转换（A/D）和数模转换（D/A）功能。例如，它既可以把来自麦克风、收录机、CD 唱机等设备的语音、音乐信号变成数字信号，并以文件的形式保存，还可以把数字信号还原成真实的声音输出。有的声卡被集成在主板上，有的声卡独立插在主板的扩展插槽里。声卡的主要性能指标有采样精度、采样频率、声道数、信噪比等。

一般情况下主板都集成了声卡，如果对声音效果没有特别要求，就不用单独购买声卡。

（7）网卡。网卡又称网络接口卡（Network Interface Card，NIC），它是专为计算机与网络之间的数据通信提供物理连接的一种接口卡，分为有线网卡和无线网卡两大类，如图 1-18 所示。

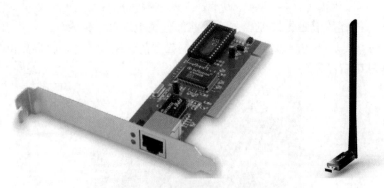

图 1-18　有线网卡和无线网卡

网卡的作用有以下两个方面：

1）接收和解包网络上传来的数据，再将其传输给本地计算机。

2）打包和发送本地计算机上的数据，再将数据包通过通信介质（如双绞线、同轴电缆、无线电波等）送入网络。

2. 视频设备

视频设备包括输入视频的摄像头和输出视频的显示器。

（1）摄像头。摄像头可分为数字摄像头和模拟摄像头两大类，连接计算机的摄像头几乎都是数字摄像头。它一般通过 USB 接口连接计算机，可以将视频采集设备产生的模拟视频信号转换成数字信号，传递给计算机用于显示或者存储。

摄像头的主要技术指标是分辨率，分辨率越高，获取的图像越清晰。如图 1-19 所示的罗技摄像头就是一款广受好评的产品，不仅具备摄像能力，还可以输入音频。

（2）显示器。显示器是计算机中不可缺少的输出设备，它

图 1-19　罗技 C505e 摄像头

可以显示程序的运行结果，也可以显示输入的程序或数据等。显示器主要有阴极射线管（CRT）和液晶（LCD、LED）两种类型，CRT 显示器已经基本被淘汰，目前市场主体是液晶显示器。显示器常见外形如图 1-20 所示。

图 1-20　CRT 显示器和 LCD 曲面液晶显示器

显示器的外形很像电视机，但与电视机有本质的区别。显示器支持高分辨率，如 19 英寸显示器可以支持 1920×1080 像素的高分辨率，很多 27 寸显示器都能支持 3840×2160 像素分辨率。显示器一般连有两根线，一根为电源线，提供显示器的电源；另一根为数据线，通过 VGA、DVI 或 HDMI 接口与机箱内的显卡连接，以接收显示数据。

3. 键盘和鼠标

键盘和鼠标是常用的输入设备。

（1）键盘。键盘是计算机最重要的输入设备，通过键盘可以将英文字母、数字、标点符号等输入到计算机中，从而向计算机发出命令、输入数据等。配合不同的输入法可以将不同的文字录入到计算机，常见台式机键盘外形如图 1-21 所示。

图 1-21　台式机键盘

键盘主要依据工作原理或者按键数量来进行划分，前者主要包括机械键盘和塑料薄膜式键盘，后者常见的有 84 键（笔记本键盘）、101 键、102 键和 104 键键盘。

（2）鼠标。鼠标是计算机在图形窗口界面中操作时必不可少的输入设备，它是一种屏幕定位装置，虽然不能直接输入字符和数字，但是在图形处理软件的支持下，使用鼠标在屏幕上处理图形要比使用键盘方便得多。

鼠标主要依据工作原理和信号传输方式进行分类，按工作原理划分可以分为机械式鼠标和光电式鼠标，机械鼠标目前已经被淘汰；按信号传输方式分为有线鼠标和无线鼠标，如图 1-22 所示。

图 1-22　有线鼠标和无线鼠标

4. 音频设备

计算机的音频设备主要对接声卡接口，音频设备主要包括输入音频的麦克风、输出音频的音箱或耳机以及既能输入也能输出的耳麦。麦克风连接声卡输入口，音箱和耳机连接声卡输出口，耳麦需要同时连接这两个接口（采用 USB 接口的例外）。

【任务分析】

个人计算机的选购主要由购买用途和预算开支来决定，比如大学生学习用机可能更适合便携笔记本，方便比较拥挤的寝室和教室使用，假期还可以带回家。如果要满足上班族的影音娱乐需求，则更适合一台大屏幕的台式机。如果预算充裕，也可以购买两种类型的计算机。

就本任务需求而言，根据功能需求，CPU 可以选择 Intel 的主流 i3 处理器（带核显）；内存买单条，一方面节省接口，便于后期增加内存，另一方面单条性能更稳定；内存容量建议选择 8GB 以上，最好 16GB，大内存可以很大程度上改善性能。主板则选择大品牌、支持主流 i3 处理器、并且集成声卡和网卡的主板。目前 CPU 集成的显卡和主板集成的声卡和网卡已经能完全满足用户需求了，所以不用单独购买。作为学习机来说，所需存储信息量可能并不大，因此普通容量的固态硬盘即可满足。显示器方面，建议购买 27 寸的显示器，便于有更好的视觉体验；音频设备方面建议可以不买音箱，直接购买好一点的耳机，避免声音外放影响其他人学习；建议购买无线键盘和鼠标套装，减少连线以提高美感。

【任务实施】

在去计算机卖场之前，我们可以通过中关村在线提供的"模拟攒机"（http://zj.zol.com.cn/）来初步搭配自己的计算机，并对各个组件的报价有所了解。

1. 打开中关村在线的模拟攒机（界面如图 1-23 所示）

新手可以去查阅"攒机指南"，也可以去查看系统提供的"网友方案""配置排行榜"和"网友首选配件"栏目。如果已经确定配件配置，就可以直接开始自行选择配件并攒机了。

图 1-23　ZOL 模拟攒机首页

2. 模拟攒机

（1）CPU 选择。单击"选择配件"下的"CPU"，就可以在右侧选择自己需要的 CPU 信息，可以从处理器类型、价格等方面进行筛选。

根据任务分析，我们需要购买的是一个 i3 处理器，所以直接在类型上选择"酷睿 i3"，网站就会将所有正在热销的 i3 处理器罗列出来，并标有其性能指标和价格参数。这里选择如图 1-24 所示的酷睿 i3 10100，它虽然不是最新 11 代处理器，但是性能已经足够，而且支持集成显卡，性价比兼顾，也是目前选择人数最多的处理器。盒装 CPU 自带风扇，在办公学习场合应用已经足够。

图 1-24　CPU 选择

（2）主板选择。由于 CPU 已经定位，所以主板只要是支持 LGA1200 的、集成声卡和网卡的即可。搜索时以价格为筛选关键字，选择 400～500 区间的主板。这里选择微星主板，其价格和性能都符合需求，也是大品牌产品，如图 1-25 所示。

图 1-25　选择主板

（3）内存选择。搜索时直接以单条、8GB、DDR4 为筛选关键字即可，这里选择的威刚万紫千红 8GB DDR4 2666 内存条，容量大频率高，如图 1-26 所示。

图 1-26 选择内存条

（4）固态硬盘。在已经有机械硬盘的情况下，固态硬盘不是必需品，不过为了提高系统响应速度，我们可以选购一个小容量固态硬盘作为系统盘使用。搜索时直接以价格为筛选关键字，选择 300 元以下的。这里选择金士顿 A400，容量和性价符合要求，如图 1-27 所示。

图 1-27 选择固态硬盘

（5）机箱选择。因为没有选择顶级处理器和高功率的显卡，所以整机电源在普通机箱电源的承载能力以内。机箱选择主要以美观和接口作为指标，这里选用标配电源的爱国者 YOGO M2，如图 1-28 所示。

图 1-28 选择机箱

（6）显示器选择。显示器建议选择 20～27 寸之间的 LED 显示器，用来办公或学习都可以有较好的体验，且支持全高清分辨率。这里选择 AOC I2769V 显示器，AOC 是国产显示器中做得非常好的品牌，如图 1-29 所示。

图 1-29 选择显示器

（7）键盘和鼠标。无线键鼠套装可以让我们更灵活地搭配计算机，使用方便。这里选用了国产品牌双飞燕 3100N 键鼠套装，如图 1-30 所示。

图 1-30　选择键盘和鼠标

（8）光驱。光驱目前用途越来越少，不过可以买一个备用，在特殊情况下应急用，比如安装操作系统或者使用光驱启动系统时。这里选用了华硕外置 DVD 刻录机，如图 1-31 所示。

图 1-31　选择外置 DVD 光驱

3. 配置点评

按照需求总共选购了 8 个部件，合计 3348 元，如图 1-32 所示。配置在数据运算处理性能、多媒体性能和品牌三个方面都完全胜任需求。实际采购中，大家可以结合自己需求增减一些设备或者升降一些配置以达到自己的需求。

配置	品牌型号	数量	价格	京东价	商家数量	操作
CPU	Intel 酷睿i3 10100	1	¥899	¥999	48家商家	查询底价
主板	微星H410M-A PRO	1	¥489	-	26家商家	查询底价
内存	威刚万紫千红 8GB DDR4 2666	1	¥309	¥299	8家商家	查询底价
固态硬盘	金士顿A400（240GB）	1	¥225	¥245	18家商家	查询底价
机箱	爱国者YOGO M2	1	¥199	¥179	7家商家	查询底价
显示器	AOC I2769V	1	¥889	¥889	45家商家	查询底价
键鼠装	双飞燕3100N键鼠套装	1	¥89	¥88	2家商家	查询底价
光驱	华硕SDRW-08D2S-U	1	¥249	¥199	1家商家	查询底价

✏ 编辑此配置　　　　　　　　　　　　　　　　　　　总计：¥3348元

图 1-32　总配置单

【任务小结】

通过本任务我们主要学习了：

（1）计算机的基本工作原理。

（2）计算机的硬件系统。

（3）计算机的软件系统。

（4）微机常见硬件。

【项目练习】

一、单选题

1. 第一代电子数字计算机适应的程序设计语言为（　　）。

    A. 机器语言　　　B. 高级语言　　　C. 数据库语言　　　D. 可视化语言

2. 既可以接收、处理和输出模拟量，也可以接收、处理和输出数字量的计算机是（　　）。

    A. 电子数字计算机　　　　　　　　B. 电子模拟计算机

    C. 数模混合计算机　　　　　　　　D. 专用计算机

3. 计算机能自动、连续地工作，完成预定的处理任务，主要是因为（　　）。

    A. 使用了先进的电子器件　　　　　B. 事先编程并输入计算机

    C. 采用了高效的编程语言　　　　　D. 开发了高级操作系统

4. 计算机的应用领域可大致分为几个方面，下列四组中，属于其应用范围的是（　　）。

    A. 计算机辅助教学、专家系统、操作系统

    B. 工程计算、数据结构、文字处理

    C. 实时控制、科学计算、数据处理

    D. 数值处理、人工智能、操作系统

5. 关于信息，下列说法错误的是（　　）。

    A. 信息可以传递　　　　　　　　　B. 信息可以处理

    C. 信息可以和载体分开　　　　　　D. 信息可以共享

6. 计算机系统由两大部分构成，它们是（　　）。

    A. 系统软件和应用软件　　　　　　B. 主机和外部设备

    C. 硬件系统和软件系统　　　　　　D. 输入设备和输出设备

7. 计算机中存储容量的基本单位是字节 Byte，用字母 B 表示。1MB=（　　）。

    A. 1000KB　　　B. 1024KB　　　C. 512KB　　　D. 500KB

8. 能把汇编语言源程序翻译成目标程序的程序，称为（　　）。

    A. 编译程序　　　B. 解释程序　　　C. 编辑程序　　　D. 汇编程序

9. 下列四项设备属于计算机输入设备的是（　　）。

    A. 声音合成器　　　B. 激光打印机　　　C. 光笔　　　D. 显示器

10. 在下列存储器中，访问周期最短的是（　　）。

    A. 硬盘存储器　　　　　　　　　　B. 外存储器

    C. 内存储器　　　　　　　　　　　D. 软盘存储器

11. 以下不属于外部设备的是（　　）。

    A．显示器　　　　B．只读存储器　　　C．键盘　　　　　D．硬盘

12. 下面关于微处理器的叙述中，不正确的是（　　）。

    A．微处理器通常以单片集成电路制成

    B．它至少具有运算和控制功能，但不具备存储功能

    C．Pentium 是目前 PC 机中使用最广泛的一种微处理器

    D．Intel 公司是国际上研制、生产微处理器最有名的公司

13. 计算机的字长取决于（　　）。

    A．数据总线的宽度　　　　　　　　B．地址总线的宽度

    C．控制总线的宽度　　　　　　　　D．通信总线的宽度

14. 计算机内部采用二进制数进行运算、存储和控制的主要原因是（　　）。

    A．二进制数的 0 和 1 可分别表示逻辑代数的"假"和"真"，适合计算机进行逻辑运算

    B．二进制数数码少，比十进制数容易读懂和记忆

    C．二进制数数码少，存储起来占用的存储容量小

    D．二进制数数码少，在计算机网络中传送速度快

15. 汉字编码及 ASCII 码，用来将汉字及字符转换为二进制数。下列四种说法中正确的是（　　）。

    A．汉字编码有时也可以用来为 ASCII 码中的 128 个字符编码

    B．用 7 位二进制数编码的 ASCII 码最多可以表示 256 个字符

    C．存入 512 个汉字需要 1KB 的存储容量

    D．存入 512 个 ASCII 码字符需要 1KB 的存储容量

二、简答题

1. 计算机的发展经历了哪几代？每一代的主要划分特征是什么？
2. 计算机有哪些应用领域？请举例说明。
3. 简述计算机的特点。
4. 简述计算机的各种分类方法。
5. 计算机采用二进制的主要原因是什么？
6. 汉字内码与外码有何不同？
7. 计算机的硬件系统包括哪些内容？
8. 计算机的软件系统包括哪些内容？
9. 简述计算机的基本工作原理。

三、计算题

1. 数值转换。

（1）$(213.625)_{10}$ = (　　　　　　　　　　)$_2$

（2）$(111001.101)_2$ = (　　　　　　　　　　)$_{10}$

（3）$(100110111.1101)_2$ = (　　　　　　　　　　)$_8$

（4）$(501.32)_8 = ($　　　　　　　$)_2$

（5）$(10010111010.11)_2 = ($　　　　　　　$)_{16}$

（6）$(7AD.2B)_{16} = ($　　　　　$)_2$

2．单位换算

（1）1TB=（　　）GB

（2）1GB=（　　）MB

（3）1MB=（　　）KB

（4）1KB=（　　）B

（5）1B=（　　）Byte

项目二　玩转 Windows 7 操作系统

【项目描述】

本项目将以新计算机的操作系统安装项目为依托，学习掌握计算机操作系统知识系统，通过三个子项目让学生分别学习掌握 Windows 7 操作系统安装、Windows 7 操作系统基本操作、软件安装（输入法安装）和硬件安装（打印机安装）等多个方面的基础知识与技能。通过一个个典型任务，学生能以任务为线索将 Windows 7 操作系统知识点串起来，更直观、更清晰地理解与掌握。

【学习目标】

1. 了解系统引导过程。
2. 熟悉分区类型、各自特点和常用工具。
3. 熟悉常用输入法的特点。
4. 掌握 Windows 操作系统的基本概念和常用术语。
5. 了解常用外部设备。

【能力目标】

1. 能够安装 Windows 7 操作系统。
2. 能够备份和还原 Windows 7 操作系统。
3. 能够管理 Windows 7 里的资源。
4. 能够配置 Windows 7 常用功能。
5. 能够安装打印机。

任务 2.1　安装 Windows 7

【任务说明】

通过前面的学习我们完成了一台学习用机的配置，那么该如何给它安装 Windows 7 操作系统呢？

【预备知识】

2.1.1　微机操作系统

从 1946 年第一台电子计算机诞生以来，它的每一代进化都以减少成本、缩小体积、降低功耗、增大容量和提高性能为目标，计算机硬件的发展同时也加速了操作系统（简称 OS）的形成和发展。

1. 操作系统发展过程

最初的计算机并没有操作系统，人们只能通过各种操作按钮来控制计算机，后来出现了汇编语言，操作人员通过有孔的纸带将程序输入计算机进行编译。这些将语言内置的计算机只能由操作人员自己编写程序来运行，不利于设备、程序的共用。为了解决这种问题，操作系统应运而生，很好地实现了程序的共用以及对计算机硬件资源的管理。

随着计算技术和大规模集成电路的发展，微型计算机迅速发展起来，从 20 世纪 70 年代中期开始出现了计算机操作系统。1976 年，美国 Digital Research 软件公司研制出 8 位的 CP/M 操作系统。这个系统允许用户通过控制台的键盘对系统进行控制和管理，其主要功能是对文件信息进行管理，以实现硬盘文件或其他设备文件的自动存取。此后出现的一些 8 位操作系统多采用 CP/M 结构。

2. DOS（磁盘操作系统）操作系统

计算机操作系统的发展经历了两个阶段。第一个阶段为单用户、单任务的操作系统，继 CP/M 操作系统之后，还出现了 C-DOS、M-DOS、TRS-DOS、S-DOS 和 MS-DOS 等磁盘操作系统。

其中值得一提的是 MS-DOS，它是在 IBM-PC 及其兼容机上运行的操作系统，它起源于 SCP 86-DOS，是 1980 年基于 8086 微处理器而设计的单用户操作系统。后来，微软公司获得了该操作系统的专利权，将其配备在 IBM-PC 机上，并命名为 PC-DOS。1981 年，微软的 MS-DOS 1.0 版与 IBM 的 PC 面世，这是第一个实际应用的 16 位操作系统，微型计算机由此进入一个新的纪元。1987 年，微软发布 MS-DOS 3.3 版本，微软因此取得微机操作系统的霸主地位。在所有 MS-DOS 独立版本中，MS-DOS 6.22 是最受欢迎的，使用时间也最长，如图 2-1 所示。

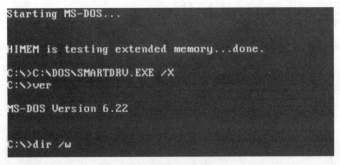

图 2-1　MS-DOS 运行界面

3. 操作系统新时代

计算机操作系统发展的第二个阶段是多用户多道作业和分时系统，最具有代表性的就是 Windows 操作系统。Windows 是 Microsoft 公司在 1985 年 11 月发布的第一代窗口式多任务系统，它使 PC 机开始进入了图形用户界面时代。

1990 年，Microsoft 公司推出了如图 2-2 所示的 Windows 3.0，它的功能进一步加强，具有强大的内存管理功能，且提供了数量相当多的 Windows 应用软件，因此成为 386、486 微机新的操作系统标准。随后，Miorosoft 公司发表 Windows 3.1 版，而且推出了相应的中文版，较 3.0 版增加了一些新的功能，受到了用户欢迎，成为当时最流行的 Windows 版本。

图 2-2　Windows 3.0 外观

1995 年，Microsoft 公司推出了 Windows 95。在此之前的 Windows 都是由 DOS 引导的，还不是一个完全独立的系统，而 Windows 95 是一个完全独立的系统，并在很多方面做了改进，如集成了网络功能和即插即用功能，是微软第一个全新的 32 位操作系统。Windows 95 是微软公司最成功的操作系统之一。

1998 年，Microsoft 公司推出了 Windows 95 的改进版 Windows 98，Windows 98 的一个最大特点就是把微软的 Internet 浏览器技术整合到了 Windows 98 里面，使得访问 Internet 资源就像访问本地硬盘一样方便，从而更好地满足了人们越来越多的访问 Internet 资源的需要。Windows 98 立即就成为当时的主流操作系统。

微软在 2000 年 9 月发布了 Windows Me，这个真正的 Windows 98 后辈也是微软最后一个基于 DOS 的 Windows 系统。Windows Me 加入了大量新功能，如大家耳熟能详的 Windows Media Player、MSN 等，但由于 DOS 核心不堪重负导致 Windows Me 的频频宕机让微软饱受批评。

图 2-3　Windows 95、Windows 98、Windows Me 启动时画面

微软同年发行的、面向企业用户的 Windows 2000 远比 Windows Me 好用、稳定。Windows 2000 使用了 Windows NT 核心。在此前的 Windows 中，Windows 1.X～3.X 只是 DOS 的 GUI，Windows 9X 则是基于 DOS 的操作系统，这一切都离不开 DOS。然而 DOS 本身的设计理念已经大幅落后于时代，微软有必要为 Windows 换上一个新引擎——这个引擎就是 Windows NT。

Windows XP 发布于 2001 年 8 月，使用 Windows NT 5.1 内核。实际上，它的内核和 Windows 2000 的 Windows NT 5.0 内核相比并没有多大的变化。但是，Windows XP 的图形界面却焕然一新，如果说 Windows 2000 只是一艘换了引擎但还披着 Windows 9X 外皮的飞船，Windows XP

则是微软全新的旗舰。Windows NT 的很多特性都得以在重新设计的界面中提供了入口，如驱动程序回滚、系统还原等等，ClearType 字体渲染机制的引入让逐渐普及的液晶显示器中的字体更具可读性。从 Windows XP 开始，Windows 系统开始利用 GPU 来加强系统的视觉效果，半透明、阴影等视觉元素开始出现在 Windows 系统中。

　　Windows Vista 推出于 2006 年底至 2007 年初，和 Windows XP 的诞生相隔了 5 年多。从 Windows 2000 到 Windows XP 微软只用了一年时间，但微软为 Windows Vista 准备了 5 年，新系统开发工作量可见一斑。但是兼容性和性能问题挡住了大部分用户，巨大的变化直接让之前很多老软件老硬件在新 Windows 上运行出错，也直接导致 Windows Vista 难以被老用户接受，最终迎来市场滑铁卢。所幸，微软的努力并没有白费，一切都在 Windows 7 中得到了回报。

图 2-4　NT 内核的 Windows 2000、Windows XP、Windows Vista、Windows 7 的 Logo

　　微软在 2009 年底发布 Windows 7，在很多人心目中，Windows 7 是一个完美的桌面操作系统——它快捷高效，简洁易用，功能强大，运行稳定，支持度高。Windows 7 使用了 Windows NT 6.1 内核，和 Windows Vista 使用的 Windows NT 6.0 相比，内核方面只做了小幅优化，没有大改，这使得 Windows 7 和 Windows Vista 之间并没有严重的兼容性问题。Windows 7 发布距 Windows Vista 的诞生相隔三年，在这三年间，人们的 PC 发生了很大的变化。双核 CPU 和 2G 内存成为了标配，微软在过去三年间积极和软硬件厂商合作，新版的软硬件对 Windows NT 6.X 已经有了良好的支持。此时，只要用主流的 PC，运行 Windows Vista 是毫无负担的，何况是比 Windows Vista 更省资源的 Windows 7——Windows 7 也是第一款比前代更省资源的 Windows 系统。

　　此外，Windows 7 相比 Windows Vista 也作了不少改进。Windows 7 优化了磁盘性能，增加了 SSD Trim 支持。在图形界面方面，Windows 7 的超级任务栏和 Aero Snap 功能都大受欢迎。

　　2012 年 10 月 25 日，微软在纽约宣布 Windows 8 正式上市，自称触摸革命将开始。就像当年 PC 慢慢进入人们生活那样，平板电脑正在逐步蚕食 PC 的市场。Windows 7 是一款异常优秀的个人用桌面操作系统，但是并不适合触控使用，Windows 8 正是微软在新变化面前所做的革命。Windows 8 的变化极大：系统界面上，Windows 8 采用 Modern UI 界面，各种程序以磁贴的样式呈现；操作上，大幅改变以往的操作逻辑，提供屏幕触控支持；硬件兼容上，Windows 8 支持来自 Intel、AMD 和 ARM 的芯片架构，可应用于台式机、笔记本电脑、平板电脑上。Windows 8 操作系统发布后，由于其巨大的变化和侧重对触控的支撑，对 Windows 7 用户并没有多少吸引力，甚至很多 Windows 8 用户又重新安装 Windows 7。

　　2015 年 7 月 29 日微软正式发布了 Windows 10。Windows 10 整合了 Windows 7 和 Windows 8 的特点，既支持触控，又保留了很多 Windows 7 的特性。此外 Windows 10 还采用了免费推送的方式，在正式版本发布一年内，所有符合条件的 Windows 7、Windows 8.1 的用户都将可以免费升级到 Windows 10，Windows Phone 8.1 则可以免费升级到 Windows 10 Mobile 版。所有升级到 Windows 10 的设备，微软都将在该设备生命周期内提供支持。

图 2-5　Windows 8 和 Windows 10

Windows 8 和 Windows 10 相对 Windows 7 来说，有一项非常引人注目的功能就是快速启动。操作系统将系统加载文件直接保存在硬盘中，形成一个启动镜像，每次开机只需要读取一个文件即可完成启动，所以速度非常快，在固态硬盘支持下通常只要不到 10 秒即可完成系统启动。

4．Windows 7 简介

Windows 7 是由微软公司（Microsoft）开发的操作系统，内核版本号为 Windows NT 6.1。

Windows 7 可供家庭及商业工作环境、笔记本电脑、平板电脑、多媒体中心等使用，它延续了 Windows Vista 的 Aero 风格，并且在此基础上增添了新功能。

（1）Windows 7 可供选用版本。Windows 7 可供选择的版本有：入门版（Starter）、家庭普通版（Home Basic）、家庭高级版（Home Premium）、专业版（Professional）、企业版（Enterprise）（非零售）、旗舰版（Ultimate）。其中旗舰版功能最强大。

2009 年 7 月 14 日，Windows 7 正式开发完成，并于同年 10 月 22 日正式发布。2009 年 10 月 23 日，微软于中国正式发布 Windows 7。2015 年 1 月 13 日，微软正式终止了对 Windows 7 的主流支持，但仍然继续为 Windows 7 提供安全补丁支持，直到 2020 年 1 月 14 日正式结束对 Windows 7 的所有技术支持。尽管如此，2020 年 5 月 25 日百度的市场统计显示，Windows 7 市场份额仍然占据 48.24%，远超 Windows 10 的 33% 份额。截止 2021 年 2 月的国内调查反映，Windows 7 使用比例仍然最大。

（2）Windows 7 常用快捷键见表 2-1。

表 2-1　Windows 7 常用快捷键

类别	组合键及其功能
轻松访问	1．Alt+F4：关闭当前窗口或程序 2．Ctrl+Alt+Delete：显示常见选项 3．Ctrl+Shift+Esc：快速打开任务管理器
对话框	1．Alt+Tab：在选项卡上向前移动 2．Alt+Shift+Tab：在选项卡上向后移动 3．Tab：在选项上向前移动 4．Shift+Tab：在选项上向后移动 5．Alt+加下划线的字母：执行与该字母匹配的命令（或选择选项）

续表

类别	组合键及其功能
Windows 徽标键	Windows 徽标键 + D——显示桌面
	Windows 徽标键 + M——最小化所有窗口
	Windows 徽标键 + Shift + M ——将最小化的窗口还原到桌面
	Windows 徽标键 + E ——打开计算机
	Windows 徽标键 + L ——锁定计算机
	Windows 徽标键 + R ——打开 "运行" 对话框
	Windows 徽标键 + T—— 循环切换任务栏上的程序
	Windows 徽标键 + Tab—— 使用 Aero Flip 3-D 循环切换任务栏上的程序
	Windows 徽标键 + 向上键——最大化窗口
	Windows 徽标键 + 向左键——将窗口最大化到屏幕的左侧
	Windows 徽标键 + 向右键——将窗口最大化到屏幕的右侧
	Windows 徽标键 + 向下键——向下还原窗口
	Windows 徽标键 + Home ——最小化除活动窗口之外的所有窗口
	Windows 徽标键 + P ——选择演示显示模式
	Windows 徽标键 + Shift + 向左键或向右键 ——将窗口从一个监视器移动到另一个监视器
	Windows 徽标键 + U ——打开轻松访问中心
	Windows 徽标键 + X ——打开 Windows 移动中心

2.1.2 BIOS 与 UEFI

1. BIOS 简介

所谓 BIOS,实际就是微机的基本输入输出系统(Basic Input-Output System),其内容集成在微机主板上的一个 ROM 芯片上,主要保存着有关微机系统最重要的基本输入输出程序、系统信息设置、开机上电自检程序和系统启动自举程序等。BIOS 配置界面如图 2-6 所示。

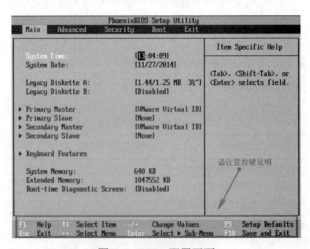

图 2-6　BIOS 配置画面

(1) BIOS 的功能。BIOS ROM 芯片不但可以在主板上看到,而且 BIOS 管理功能如何在很大程度上决定了主板性能优越与否。BIOS 管理功能主要包括:

1）BIOS 中断服务程序。BIOS 中断服务程序实质上是微机系统中软件与硬件之间的一个可编程接口，主要用于程序软件功能与微机硬件之间实施衔接。

2）BIOS 系统设置程序。微机部件配置记录是放在一块可读写的 CMOS RAM 芯片中的，芯片主要保存着系统基本情况，如 CPU 特性及软硬盘驱动器、显示器、键盘等部件的信息。BIOS 的 ROM 芯片中装有"系统设置程序"，主要用来设置 CMOS ROM 中的各项参数，在开机时按下 Delete 键即可进入程序设置状态，并供操作人员使用，CMOS 的 RAM 芯片中关于微机的配置信息不正确时，将导致系统故障。

3）POST 上电自检。微机接通电源后，系统首先由 POST（Power On Self Test，上电自检）程序来对内部各个设备进行检查。通常完整的 POST 自检包括对 CPU、640KB 基本内存、1MB 以上的扩展内存、ROM 芯片、CMOS 存储器、串并口、显卡、软硬盘子系统及键盘进行测试，一旦在自检中发现问题，系统将给出提示信息或鸣笛警告。

4）BIOS 系统启动自举程序。系统在完成 POST 自检后，ROM BIOS 就首先按照系统 CMOS 设置中保存的启动顺序搜寻软硬盘驱动器及 CD-ROM、网络服务器等有效地启动驱动器，读入操作系统引导记录，然后将系统控制权交给引导记录，并由引导记录来完成系统的顺利启动。

（2）CMOS 的功能。CMOS 是微机主板上的一块可读写的 RAM 芯片，主要用来进行 BIOS 设置。CMOS RAM 芯片由系统通过一块后备电池供电（如图 2-7 所示），因此无论是在关机状态中，还是遇到系统掉电情况，CMOS 信息都不会丢失。

图 2-7　CMOS 电池

2．UEFI 简介

UEFI 是 Unified Extensible Firmware Interface（统一可扩展固件接口），它是基于 EFI 1.10 标准发展起来的，所有者是一个名为 Unified EFI Form 的国际组织。UEFI 是一种详细描述类型接口的标准，可以让 PC 从预启动的操作环境加载到操作系统上。UEFI 运行界面如图 2-8 所示。

（1）UEFI 的来历。EFI 是 Extensible Firmware Interface（可扩展固件接口）的缩写，是由英特尔公司倡导推出的一种在类 PC 系统中替代 BIOS 的升级方案。与传统 BIOS 相比，EFI 通过模块化、C 语言的参数堆栈传递方式和动态链接的形式构建系统，较 BIOS 而言更易于实现，容错和纠错特性更强。

虽然 EFI 与 UEFI 的叫法不同，但是两者在本质上是基本相同的。自 2000 年 12 月 12 日正式发布 EFI 1.02 标准后，EFI 一直作为代替传统的 BIOS 的先进标准而存在，由英特尔拥有。而从 2007 年开始，英特尔将 EFI 标准的改进与完善工作交给 Unified EFI Form 全权负责，随后登场的 EFI 标准则正式更名为 UEFI，以示区别。

图 2-8　UEFI 界面

UEFI 是 EFI 的改良与发展，实际上前者与后者相比在 UGA 协议、SCSI 传输、USB 控制和 I/O 设备方面都作了改进，还添加了网络应用程序接口、x64 绑定、服务绑定等新内容。此外参与 UEFI 标准开发的并不仅仅有英特尔一家公司，还有 AMD、苹果、戴尔、惠普、IBM、联想、微软等多个龙头企业，因此 UEFI 在兼容性上有更好的表现，通用性更强。

（2）UEFI 和 BIOS 的区别。

1）支持更大的硬盘。与传统 BIOS 相比，UEFI 对于新硬件的支持远超对方，其中最能体现这一点的就是，可以在 UEFI 下使用 2.2TB 以上硬盘作为启动盘，而在传统 BIOS 下，如果不借助第三方软件，这种大容量硬盘则只能当作数据盘使用。

2）界面图形化且功能更强大。UEFI 内置图形驱动功能，可以提供高分辨率的图形化界面，用户进入后完全可以像在 Windows 系统下那样使用鼠标进行设置和调整，操作上更为简单快捷。同时由于 UEFI 使用的是模块化设计，在逻辑上可分为硬件控制与软件管理两部分，前者属于标准化的通用设置，而后者则是可编程的开放接口，因此主板厂商可以借助后者的开放接口在自家产品上实现各种丰富的功能，包括截图、数据备份、硬件故障诊断、脱离操作系统进行 UEFI 在线升级等，功能上也要比传统 BIOS 更多、更强。

当然 UEFI 相比传统 BIOS 的优点并不仅仅是以上数点，实际上它还包括如下特点：

● 编码 99% 都由 C 语言完成。

● 不再使用中断、硬件端口操作的方法，而采用了 Driver/Protocol 的方式。

● 将不支持 x86 模式，而直接采用 Flat mode。

● 不再输出单纯的二进制代码，改为 Removable Binary Drivers 模式。

● 操作系统的启动不再是调用 INT 19H 中断，而是直接利用 Protocol/Device Path 实现。

● 更方便第三方开发。

3）安全性不如 BIOS。由于 UEFI 程序是用高级语言编写的，与使用汇编语言编写的传统 BIOS 相比，更容易受到病毒的攻击，程序代码也更容易被改写，因此目前 UEFI 虽然已经被广泛使用，但是在安全性和稳定性上仍然有待提升。

2.1.3 磁盘分区与分区格式

1. 磁盘分区

磁盘分区是使用分区编辑器将完整磁盘划分几个逻辑部分，划分出的每个逻辑部分就成为分区。分区表就是用于保存磁盘上各逻辑部分分区的分配信息的地方，倘若硬盘丢失或分区表损坏，数据就无法按顺序读取和写入，计算机操作系统将无法操作。

（1）MBR 分区表。传统的分区方案也叫主引导记录，简称为 MBR（Master Boot Record）分区方案。它是将分区信息保存到磁盘的第一个扇区（MBR 扇区）中的 64 个字节中，每个分区项占用 16 个字节，这 16 个字节中存有活动状态标志、文件系统标识、起止柱面号、磁头号、扇区号、隐含扇区数目（4 个字节）、分区总扇区数目（4 个字节）等内容。由于 MBR 扇区只有 64 个字节用于分区表，所以只能记录 4 个分区的信息。这就是硬盘主分区数目不能超过 4 个的原因。后来为了支持更多的分区，引入了扩展分区及逻辑分区的概念，但每个分区项仍用 16 个字节存储。

主分区数目不能超过 4 个，但很多时候 4 个主分区并不能满足需要。最关键的是 MBR 分区方案无法支持超过 2TB 容量的磁盘，因为这一方案用 4 个字节存储分区的总扇区数，最大能表示 2 的 32 次方的扇区个数，按每扇区 512 字节计算，每个分区最大不能超过 2TB。磁盘容量超过 2TB 以后，分区的起始位置也就无法表示了。在硬盘容量突飞猛进的今天，2TB 的限制早已被突破。由此可见，MBR 分区方案现在已经无法再满足大硬盘需要了。

（2）GPT 分区表。一种由基于 Itanium 处理器的计算机中可扩展固件接口（EFI）使用的磁盘分区架构。与主引导记录（MBR）分区方法相比，GPT 具有更多的优点，因为它允许每个磁盘多达 128 个分区，支持高达 18EB 卷大小，允许将主磁盘分区表和备份磁盘分区表用于冗余，还支持唯一的磁盘和分区 ID（GUID）。另外，GPT 分区磁盘有多余的主要及备份分区表来提高分区数据结构的完整性。

2. 分区格式

（1）FAT16。计算机老手对这种硬盘分区格式是最熟悉不过了，我们大都是通过这种分区格式认识和踏入计算机门槛的。它采用 16 位的文件分配表，能支持的最大分区为 2GB，是曾经应用最为广泛和获得操作系统支持最多的一种磁盘分区格式，几乎所有的操作系统都支持这一种格式，从 DOS、Windows 3.X、Windows 95、Windows 97 到 Windows 98、Windows NT、Windows 2000、Windows XP 以及 Windows Vista 和 Windows 7 的非系统分区和一些流行的 Linux 都支持这种分区格式。

但是 FAT16 分区格式有一个最大的缺点，那就是硬盘的实际利用效率低。为了克服 FAT16 的这个弱点，微软公司在 Windows 98 操作系统中推出了一种全新的磁盘分区格式 FAT32。

（2）FAT32。这种格式采用 32 位的文件分配表，使其对磁盘的管理能力大大增强，突破了 FAT16 对每一个分区的容量只有 2GB 的限制。运用 FAT32 的分区格式后，用户可以将一个大硬盘定义成一个分区，而不必分为几个分区使用，大大方便了对硬盘的管理工作。而且，FAT32 还具有一个最大的优点：在一个不超过 8GB 的分区中，FAT32 分区格式的每个簇容量都固定为 4KB，与 FAT16 相比，可以大大地减少硬盘空间的浪费，提高了硬盘利用效率，但是，FAT32 的单个文件不能超过 4GB。

支持这一磁盘分区格式的操作系统有 Windows 97/98/2000/XP/Vista/7/8 等。但是，这种分区格式也有它的缺点：首先是采用 FAT32 格式分区的磁盘，由于文件分配表的扩大，运行速度比采用 FAT16 格式分区的硬盘要慢；另外，由于 DOS 系统和某些早期的应用软件不支持这种分区格式，所以采用这种分区格式后，就无法再使用老的 DOS 操作系统和某些旧的应用软件了。

（3）NTFS。NTFS 是一种新兴的磁盘格式，早期在 Windows NT 网络操作系统中常用，但随着安全性的提高，Windows Vista 和 Windows 7 操作系统中也开始使用这种格式，并且在 Windows Vista 和 Windows 7 中只能使用 NTFS 格式作为系统分区格式。其显著的优点是安全性和稳定性极其出色，在使用中不易产生文件碎片，对硬盘的空间利用及软件的运行速度都有好处。而且单个文件最大可以达到 16EB。它能对用户的操作进行记录，通过对用户权限进行非常严格的限制，使每个用户只能按照系统赋予的权限进行操作，充分保护了网络系统与数据的安全。

3．分区工具

（1）DiskGenius 是一款非常专业的磁盘数据恢复软件，如图 2-9 所示。它集数据恢复、分区管理、备份还原等多种功能于一身，还拥有文件预览、扇区编辑、加密分区恢复、Ext4 分区恢复、RAID 恢复等高级功能，支持各种情况下的文件恢复、分区恢复。非常值得一提，它还有其动态分区大小调整功能，能在不损坏现有磁盘数据的情况下有限度地调整一些分区大小，特别适用于 C 盘空间不足的情形，可以将同一个磁盘的相邻分区空余空间分配给 C 盘。

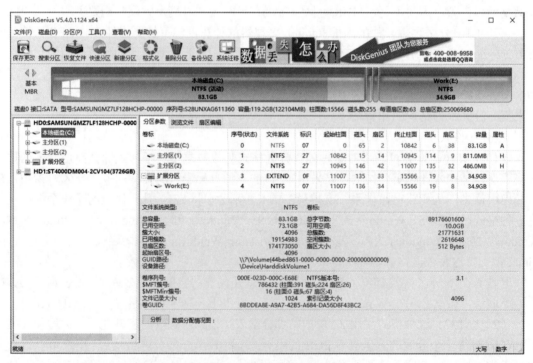

图 2-9　DiskGenius 界面

（2）操作系统自带的磁盘管理程序。磁盘管理是 Windows 中的一个系统实用程序，通过它我们可以完成新的驱动器分区管理、压缩分区大小、更改驱动器号或分配新的驱动器号等。通常情况下，可以通过右键单击桌面"我的电脑"图标，再在弹出菜单中选择"管理"，然后选择"磁盘管理";也可以通过运行"Diskmgmt.msc"命令快速进入"磁盘管理"界面,如图2-10所示。

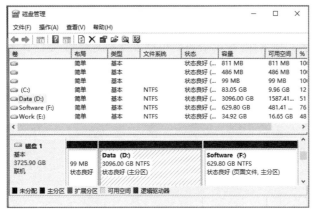

图 2-10   "磁盘管理"界面

【任务分析】

用 Windows 7 系统光盘安装系统时,首先需要设置光盘启动,让光盘的安装程序能够引导系统,然后用户就可以根据安装程序的提示进行系统安装。

(1)设置光驱优先启动。无论是 BIOS 系统还是 UEFI,一般都可以通过按 Delete 或 F2键进入配置,然后对系统启动设备顺序进行设定,将光驱调整为第一优先级,如图 2-11 所示。

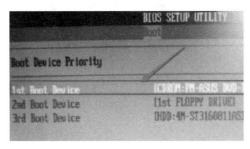

图 2-11   BIOS 设置光驱第一优先启动

(2)临时设置光驱启动。现在的主板基本都支持在不改变 BIOS(或 UEFI)设置的情况下,在重新启动系统时临时选择一个启动设备。比如,华硕 UEFI 可以在启动时按 F2 键进入主界面并选启动菜单,再在菜单中选择光驱启动即可,UEFI BIOS 引导界面如图 2-12 所示。其他类型主板如果开机屏幕没有提示,可以查看说明书或者在百度查询相关功能键。

图 2-12   UEFI BIOS 引导界面

两种方式的区别是，在第一种方式中，更改启动设备优先级后，需要重启才能生效，且安装程序将光盘数据拷贝到硬盘后，又需要重新设置回硬盘启动；而第二种方式是临时选择一个设备，并立即从该设备启动，下次系统重启时还是采用原来的启动顺序。因此推荐使用第二种方式。

在安装系统的时候，需要根据未来系统可能安装程序的需要设计系统分区的大小。一般情况下系统安装分区容量不少于 50GB，如果需要安装很多大型软件则建议分配 100GB，多余的硬盘空间还可以作为系统缓存空间。如果是全新硬盘，可以在安装系统时先分出系统安装空间，剩余空间安装好系统后再拆分。如果是已经分好分区的硬盘，则可以在安装时将原来的系统分区格式化，避免原来的数据影响后续的安装。

【任务实施】

（1）把系统光盘放入光驱（或外置光驱）。

（2）设置光驱启动。

（3）系统启动后通过安装光盘引导进入安装画面，如图 2-13 所示。

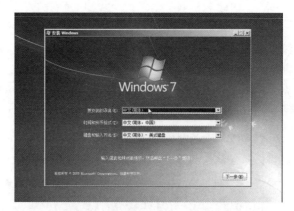

图 2-13　Windows 7 安装起始画面

在第一个界面选择默认值即可，完成选择后，单击"下一步"。安装向导界面如图 2-14 所示。

图 2-14　Windows 7 安装向导界面

单击"现在安装"，在开始安装前会弹出许可条款，如图2-15所示，同意后才能真正开始Windows 7的安装。

图2-15　Windows 7安装许可条款

勾选上图对话框中的复选框☑接受 Windows 7 的安装许可条款，单击"下一步"，弹出Windows 7安装类型选择对话框，如图2-16所示。

图2-16　Windows 7安装类型选择对话框

安装程序会询问是升级安装还是全新安装。升级安装需要在已经安装有微软公司正版Windows XP 或者 Vista 的情况下，此时 Windows 7 只会更新操作系统，原来系统所安装的各种软件和数据都会保留；而自定义安装则是全新安装，会安装一个纯净的系统，原来的所有数据和应用程序在新系统中都不存在（如果安装在和原系统不同的磁盘分区，则原来系统的软件和数据还在，只是在新系统中没有注册，不一定能使用）。为了系统的稳定性，建议进行全新安装。单击"自定义（高级）"，将出现安装位置选择对话框，如图2-17所示。单击"驱动器选项（高级）"会显示磁盘操作功能按钮，如图2-18所示，通过它们可以进行磁盘分区或者进行已分区的格式化工作。如果已经创建好分区，直接选择即可。

图 2-17　安装盘符选择

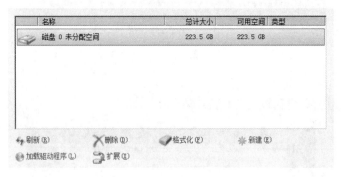

图 2-18　驱动器选项（高级）

这里以 240GB 固态硬盘为例，单击"新建"按钮创建主分区，如图 2-19 所示。

图 2-19　新建分区

输入要创建的主分区的容量，如这里输入的 50GB（50×1024MB），100GB（100×1024MB），单击"应用"按钮。系统会弹出信息提示对话框，如图 2-20 所示。

图 2-20　隐藏分区创建提示

从 Windows 7 开始，Windows 默认的安装方式会创建一些隐藏小分区来存放一些特殊启动数据，单击"确定"按钮（必须单击"确定"才能继续），完成分区创建，如图 2-21 所示。

图 2-21　创建好的分区效果图

Windows 7 默认创建了一个 100MB 的系统保留分区和一个 99.9GB 的主分区（主分区+系统分区刚好 100GB）。如果不希望单独使用 100MB 保留分区，可以将其合并到系统安装分区中（没有保留分区使用 Ghost 工具备份和还原更方便）。合并方法如下：

选中分区 2，单击"删除"按钮，系统会对删除进行警告，如图 2-22 所示。

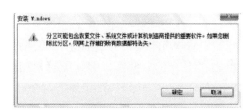

图 2-22　删除分区提示

单击"确定"按钮，删除分区 2。删除后只余下保留分区和更多的未分配空间。

选中"分区 1"，单击"扩展"，输入一个 100GB（100×1024MB）的容量，如图 2-23 所示。需要注意的是，这里的扩展大小不是指增加多少，而是指扩展到多少，所以是包含原有分区 1 的容量的。

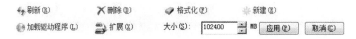

图 2-23　扩展保留分区

单击"应用"，则系统保留分区就被成功扩展，如图 2-24 所示。

图 2-24　将隐藏的保留分区变为系统主分区

对于剩余的磁盘空间，可将其创建为扩展分区。这里也可暂不处理，以后可以通过 Windows 7 自带的"磁盘管理"工具来创建。完成分区创建后，单击"下一步"按钮正式开始 Windows 7 的安装。

安装包括 2 个步骤，但都是自动完成。首先安装向导复制安装必备文件到分区 1，并开始展开 Windows 文件，如图 2-25 所示。当解压进度完成后，系统便开始自动安装，整个过程都不需要设置。安装完成后，如图 2-26 所示。

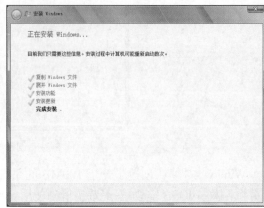

图 2-25　安装文件展开　　　　　　　　　　　图 2-26　完成安装

这个过程中计算机可能会自动重启几次，当完成安装后，系统会再次重新启动，正式进入 Windows 7 系统。

（4）系统安装完成后，开始设置 Windows。首先提示设置用户名和账号，如图 2-27 所示。
输入期望的用户名后，单击"下一步"按钮，继续配置对应用户名账号的登录口令，如图 2-28 所示。

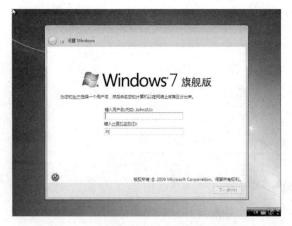

图 2-27　新系统用户名和计算机名设置　　　图 2-28　设置系统账号的口令和口令提示

如果保持密码为空，则创建的是没有密码的账户，启动后会自动登录到桌面。如果创建了密码，建议设置一个密码提示，如果将来忘记密码，可以通过密码提示想起密码。完成密码设置后，单击"下一步"按钮，会提示激活操作系统，如图 2-29 所示。

如果选择"跳过"，安装好的系统也可以正常使用一段时间（即 30 天的试用评估），逾期后系统将无法使用（当然也可以查询其他方式激活系统）。输入产品密钥后，单击"下一步"进入"日期和时间"配置，如图 2-30 所示。

图 2-29 激活系统   图 2-30 设置系统的时区和日期时间

完成正确的时间和日期设置后，单击"下一步"结束系统配置，如图 2-31 所示。

图 2-31 完成 Windows 7 安装，进入系统桌面

【任务小结】

（1）介绍了计算机软件系统的组成。
（2）介绍了微机常用操作系统。
（3）介绍了 BIOS 与 UEFI 的异同点。
（4）介绍了 Windows 7 操作系统的安装。

任务 2.2　使用 Windows 7

【任务说明】

在 D 盘中建立一个"计算机文化"文件夹，并在该文件夹下建立四个子文件"课件""练习软件""素材""作业题"。然后将老师提供的计算机文化课件、练习软件、素材和试题都分别拷贝进对应文件夹。

由于"作业题"文件夹保存了所有要提交的课后作业题，所以需要考虑其安全性，避免被人轻易发现或修改。

【预备知识】

2.2.1 Windows 操作系统的基本概念和常用术语

1. Windows 桌面

启动计算机自动进入 Windows 7 系统，此时呈现在用户眼前的屏幕图形就是 Windows 7 系统的桌面。使用计算机的各种操作都是在桌面上进行的。Windows 7 的桌面包括桌面背景、桌面图标、"开始"按钮和任务栏 4 部分。

正如我们日常使用的书桌一样，桌面布置的整齐与否、背景的颜色图案、图标的摆放位置等都直接影响到工作的效率。

（1）管理桌面图标。Windows 7 刚安装完成时桌面上一般只有一个"回收站"图标，用户也可以根据自己的需要在桌面上任意添加图标。下面简单介绍添加桌面图标的操作方法。

1）右击桌面，在弹出的菜单中选择"个性化"菜单项，如图 2-32 所示。

图 2-32　Windows 7 桌面右键菜单

2）在弹出的控制面板对话框中，单击左侧的"更改桌面图标"，如图 2-33 所示。

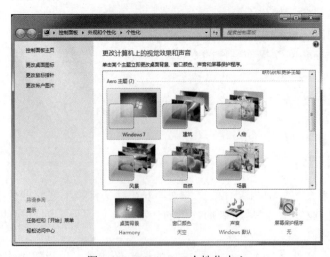

图 2-33　Windows 7 个性化中心

3）在弹出的对话框中勾选需要的对象名称后，单击"确定"按钮，如图 2-34 所示。

图 2-34　设置桌面功能图标

4）添加桌面图标后的效果如图 2-35 所示。

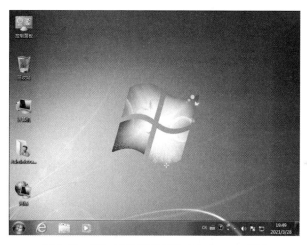

图 2-35　增加了功能图标的 Windows 7 桌面

（2）图标的排列方式。

1）自动排列。右击桌面上的空白区域，在右键菜单中选择"查看"→勾选"自动排列图标"命令，Windows 7 会将自动图标将桌面图标从上到下、从左向右排列在桌面上。若要对图标解除锁定以便可以再次移动它们，可再次单击"自动排列图标"，清除旁边的复选标记即可。如果需要改变排列的排序方式可以右击，在弹出的右键菜单中选择"排序方式"，再选择需要四种排序之一即可，如图 2-36 所示。

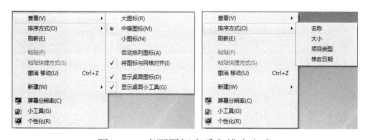

图 2-36　桌面图标查看和排序方式

默认情况下，Windows 会在不可见的网格上均匀地隔开图标。若要将图标放置得更近或更精确，可关闭网格，即用鼠标右键单击桌面上的空白区域，在右键菜单中单击"查看"→"将图标与网格对齐"命令，清除复选标记。重复这些步骤可将网格再次打开。

2）移动图标的位置与缩放图标。一般情况下，桌面上的图标放置在左上部。有时用户需要将图标摆放到另外的位置。例如，有人习惯于将图标放在右下角，有人喜欢在进行文本编辑时将一些工具图标放置在桌面底部。移动图标的方法很简单，首选去掉桌面右键菜单的"查看"子菜单中的"自动排列图标"前的复选标记，然后只要用鼠标单击某个图标，并按住鼠标左键拖曳图标到适当的位置，然后释放鼠标左键即可。

如果我们对桌面图标的大小不满意，也可以调整。在桌面任意位置单击一下（确保当前操作对象是桌面），按下 Ctrl 键，然后滑动鼠标的滚轮即可。前进滚轮是放大图标，后退滚轮是缩小图标。

（3）更改图标的标题。每个图标由两个部分组成，即图标的图案和标题。图标的标题是说明图标内容的文字信息，显然用户会希望这个标题一目了然，如"网络"，用户一看就知道这个图标的作用是访问其他计算机资源。但 Windows 7 系统默认的图标标题有些并不一定适合用户的要求，用户希望修改图表标题，如用户希望将图标"计算机"的标题改成"计算机资源信息管理"。

操作步骤如图 2-37 所示。

1）首先用鼠标选中"计算机"图标，这时它的图案变暗，如图 2-37（a）所示。

2）再用鼠标在它的标题行单击一下，标题周围就会出现一个黑色边框，边框内出现蓝底白字，这说明已经可以对标题进行编辑了，如图 2-37（b）所示。

3）这时用户如果输入文字，就会替代原有的标题。例如，输入"myComputer"替代了原来的"计算机"，如图 2-37（c）所示。

4）鼠标在当前图标外任意处单击，即完成当前图标标题更改操作，如图 2-37（d）所示。

图 2-37　桌面图标重命名过程

2. 任务栏

默认情况下桌面底部有一个条状栏目，它就是 Windows 的任务栏，如图 2-38 所示。用户可以调整其大小以及显示位置。

图 2-38　Windows 7 任务栏

任务栏由四个部分组成："开始"按钮、快捷图标、系统托盘和"显示桌面"按钮。

（1）"开始"按钮。最左侧的圆形带 Windows 徽标按钮就是"开始"按钮，其作用主要有两个：

1）单击"开始"按钮，能打开"开始"菜单。

2）右击"开始"按钮，能打开"Windows 资源管理器"。

（2）快捷图标。默认情况下 Windows 7 已经在任务栏上放置了 IE 浏览器、资源管理器和媒体播放器三个应用的快捷图标，单击他们就可以打开对应的程序。

通常一个应用程序运行后，会自动在任务栏上显示其快捷图标，一类应用程序默认只显示一个图标。比如打开"网络"、"myComputer"和"回收站"都会共享一个资源管理器图标，单击这个图标可以弹出菜单显示具体有哪些程序正在运行，如图 2-39 所示。

图 2-39　Windows 7 任务栏快捷图标

对于任务栏的快捷图标，可以添加更多，也可以解锁原有的。对已经存在的图标，右击，在弹出菜单中选择"将此程序从任务栏解锁"就可以去掉其在任务栏的显示；对于过去没有添加的当前正在运行的程序，可以右键单击其图标，在弹出菜单中选择"将此程序锁定到任务栏"即可完成添加，如图 2-40 所示。

图 2-40　Windows 7 任务栏快捷图标解锁和锁定

（3）系统托盘。系统托盘主要用于显示系统的重要信息，如系统通知、网络连接状态、音频状态和系统时间等，如图 2-41 所示。少部分应用程序运行后并不会显示到快捷图标区域，而是显示到系统托盘，如 QQ、杀毒软件监视程序、输入法等。

图 2-41　系统托盘图标

可以通过单击系统托盘左边的"显示隐藏的图标"按钮，在弹出的菜单中单击"自定义…"，即可对系统托盘图标的显示进行设置，如图 2-42 所示。

（4）"显示桌面"按钮。任务栏最右边的小方块按钮就是"显示桌面"按钮，单击它能最小化所有正在运行的程序，显示出桌面，效果等效于按组合快捷键 Win+M。

3. "开始"菜单

单击"开始"按钮（或者按 Win 键）就可以调出一个菜单，这个菜单通常被称为"开始"菜单，如图 2-43 所示。利用这个菜单，可以运行所有 Windows 7 中所有应用程序和命令。

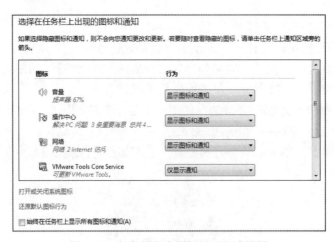

图 2-42　任务栏托盘图标显示方式设置

图 2-43　"开始"菜单

"开始"菜单大致由六个部分组成：

（1）"入门"子菜单。单击开始菜单的"入门"子菜单即可打开。它专为 Windows 7 新手而设计，包括新手常用的 8 个子功能。

（2）常用应用程序。"开始"菜单中，在"所有程序"子菜单和"入门子菜单"之间的就是 Windows 7 推荐的高频率应用程序列表。

（3）"所有程序"子菜单。单击开始菜单上"所有程序"子菜单进入。所有 Windows 7 中正常安装的程序都可以在这里显示。

（4）快速访问菜单。Windows 7 的常用系统功能被固定在快速访问菜单部分。

（5）命令搜索框。输入应用程序的可执行文件名（英文），或输入系统显示的程序中文名称，命令搜索框就可以检索相关的程序。直接单击检索出的对象就可以运行对应的程序。

（6）"关机"按钮和"关机"子菜单。单击"开始"菜单的"关机"按钮边的黑色箭头按钮，会弹出"关机"子菜单，菜单项包括：切换用户、注销、锁定、重新启动等选项。如果要关闭计算机直接单击"关机"按钮，如果要重启之类则其子菜单。

4. 用户文件夹

用户文件夹就是"开始"菜单右边第一项（快速访问菜单），它以当前登录到 Windows 的用户命名。例如，假设当前用户是"Administrator"，则该文件夹的名称为"Administrator"，如图 2-44 所示。此文件夹依次包含特定用户的文件，包括"我的文档""我的音乐""我的图片""我的视频"等 11 个子文件夹。

图 2-44 用户个人文件夹

不同的用户登录系统时，个人文件夹的名称各不相同，对应的磁盘路径也不相同。如果 Windows 7 安装在 C 盘，所有用户个人文件夹默认都保存在"C:\用户"里（真实路径是 C:\Users）。

5. 计算机（Windows 资源管理器）

双击桌面"计算机"图标即可打开"计算机"（或者通过"开始"菜单打开），通过它能访问所有连接到计算机的设备信息，包括硬盘、U 盘、光驱、打印机等等。

6. 控制面板

Windows 7 系统的"控制面板"集中了计算机的所有相关设置，用户可以在这里对计算机的外观和功能、安装或卸载程序、网络连接和用户账户以及所有计算机软硬件进行设置。Windows 7 的控制面板将同类相关设置都放在一起，整合成"系统和安全""用户账户和家庭安全""网络和 Internet""外观和个性化""硬件和声音""时钟、语言和区域""程序"和"轻松访问" 8 大块。

2.2.2 文件管理

在 Windows 7 中，资源管理器是文件管理实用程序，提供了管理文件的最好方法。它能对文件及文件夹进行管理，还能对计算机的所有硬件、软件以及控制面板、回收站进行管理。资源管理器窗口的显示方式清晰明了且操作方法简单实用，这一切都为文件浏览及系统管理提供了方便。

1. 文件基本概念

在介绍 Windows 7 系统的"资源管理器"之前，首先介绍 4 个概念：文件名、文件夹、库和快捷方式。

（1）文件名。在旧版本的 Windows 和 MS-DOS 中，使用"8.3"形式的文件命名方式，即最多可以用 8 个字符作为主文件名，以 3 个字符作为文件扩展名，如文件名"AUTOEXEC.BAT"，而且在文件名中不能使用空格、不区分大小写。Windows 95 所有后续版本都开始使用长文件名，即可以使用长达 255 个字符的文件名，其中还可以包含空格，字符有大小写之分。使用长文件名可以用描述性的名称帮助用户记忆文件的内容或用途，如用户写了一篇论文，题目为"多媒体设计技术"，如果是用 Word 编辑的，那么可以将这篇论文文件命名为"多媒体设计技术.doc"。

（2）文件夹。文件夹是 Windows 7 系统中重要概念之一，是存储文件的容器，是系统组织和管理文件的一种形式，是为方便用户查找、维护和存储而设置的，用户可以将文件分门别类地存放在不同的文件夹中。

文件夹下还可以包含其他文件夹，称之为"子文件夹"。用户可以创建任意数量的子文件夹，每个子文件夹中又可以容纳任意数量的文件和其他子文件夹。

（3）库。Windows 7 包含 4 个默认库，分别是视频库、图片库、文档库和音乐库，如图 2-45 所示。用户可以从"开始"菜单或资源管理器中打开常见库。

图 2-45　Windows 7 常见的 4 种库

（4）快捷方式。快捷方式实际上是一个磁盘文件，它的作用是快速运行应用程序。快捷方式不仅包括应用程序的位置信息，还有一些运行参数，这些参数是快捷方式的属性，可以通过激活快捷方式的属性对话框进行修改。

2."资源管理器"窗口介绍

（1）打开方式。在 Windows 7 中启动资源管理器的方法有 5 种。

1）直接双击桌面"计算机"图标打开。

2）利用"开始"菜单："开始"菜单→"所有程序"→"附件"→"Windows 资源管理器"。

3）利用"开始"按钮：右击"开始"按钮，在弹出菜单中选择"Windows 资源管理器"。

4）利用任务栏：单击任务栏中的"Windows 资源管理器"按钮。

5）利用组合键：Win + E。

不同方式打开的资源管理器默认显示的信息略有不同，但是都是"工"字形结构，分为上、左、右、下四个部分，如图 2-46 所示。

（2）认识资源管理器窗口。

1）导航栏。"后退"按钮：它的作用是回到最近一次查看过的文件夹。在查看文件夹的过程中，如果要返回到上一次访问过的文件夹，可单击工具栏上的"后退"按钮。

"前进"按钮：它的作用是前进到最后一次后退之前的文件夹，但是如果没有使用过"后退"按钮（跳转到以前路径也算后退），则"前进"按钮是灰色无效的。如果想转到下一个文件夹，可单击工具栏上的"前进"按钮。

图 2-46　资源管理器界面

"跳转"菜单是"前进"按钮边的向下箭头，只有当前资源管理打开后至少更换过一次路径，才可以使用，它记录了打开后所有访问过的路径，可以自由地在这些路径之间切换，不用考虑先后次序。

2）地址栏。用户使用地址栏可以导航至指定的文件夹或库，或返回前一个文件夹或库。可以通过单击某个链接或键入位置路径来导航到其他位置。

地址栏上地址按层次分节，每个小节都可以单独选择。如果切换过路径，则地址栏右边三角按钮下拉菜单也会保存切换过的所有历史路径（和"跳转"菜单相同），选择后可以切换路径。若单击地址栏空白处，地址栏的层次地址信息会变成一串文本路径，并自动选中便于用户复制，如图 2-47 所示。

图 2-47　资源管理器的地址栏浏览和选中效果图

3）搜索框。搜索框位于资源管理器的右侧顶部，如图 2-48 所示，在搜索框中输入词或短语可查找当前文件夹或库中的文件夹和文件。它根据所输入的文本筛选当前视图。搜索框将查找文件名和文件内容中的文本，以及标记等文件属性中的文本。在库中搜索时，将遍历库中所有文件夹及其子文件夹。

图 2-48　资源管理搜索框

Windows 7 搜索框引入了索引功能，首次搜索时 Windows 会提醒是否建立索引，建立索引后，以后再检索时速度会明显改善。对于可能频繁检索的路径，建议添加到索引中。

资源管理器的应用中，搜索功能是非常重要的应用技能，我们搜索时，首先在左侧选中待搜索的范围，范围选择越小搜索速度越快。另外，搜索中可以使用通配符进行模糊查询。Windows 7中主要使用"*"通配符，表示任意字符，比如检索所有的EXE文件，可以输入"*.exe"。通配符可以出现在文件名或扩展名的任意位置，提供的信息越完善检索越快，如"c*.jpg"表示检索以"c"字母开头的所有JPG图片文件。

4）工具栏。资源管理器的工具栏分为两个部分：操作部分（左侧）和显示布局部分（右侧）。前者会因为当前打开的资源不同而动态调整，后者基本相同。多数情况下，工具栏如图2-49所示。

图2-49   资源管理器工具栏

资源管理器工具栏操作部分的绝大多数功能，在选中资源后右键菜单上都有出现，所以很多后续介绍的操作，既可以通过工具栏来完成，也可以通过右键菜单来完成。

对于显示布局部分来说，最重要的就是"更改显示视图"下拉菜单。从具体实践效果来看，超大、大和中等图标视图及平铺和内容视图下会显示图片和视频的缩略图（能看到内容的小图），小图标、列表模式、详细信息视图下不显示缩略图，详细信息模式下可以看到更丰富的文件信息，包括文件类型、文件大小、文件日期等。因此我们需要对文件排序时，通常使用详细信息模式。

3. 文件夹和文件的常用操作

文件夹和文件的操作是Windows资源管理器的一项主要功能，它会使用户对文件夹的创建，文件夹，文件的复制、移动、改名、删除、属性的修改等日常操作变得非常简单。在资源管理中文件夹和文件尽管呈现形式不同，但本质上都是文件，所以对它们的多数操作的方法都一样。

（1）选中文件夹或文件。选中操作中文件和文件夹的操作完全相同，甚至在多选时文件和文件都可以同时被选中。

1）选中一个文件夹或文件。在对某个文件夹或者文件进行操作之前，首先必须选择被操作的对象。例如，要复制图片库中"示例图片"文件夹中的文件"企鹅.jpg"，在复制之前必须选中该文件，方法是用鼠标在资源管理器的左窗口中单击图片库前白色箭头展开图片库的下级目录，再单击下级目录中"公用图片"文件夹前的白色箭头，展开它下级目录。最后单击"示例图片"文件夹，让其变为蓝色，表示该文件夹已被选中。然后在资源管理器的右边窗格中单击"企鹅"图片，让它也呈现阴影背景，表示选中，如图2-50所示。

图2-50   选中文件夹和选中图片文件效果

2）选中多个不连续的文件夹或文件。如果要选中多个文件，只需按下 Ctrl 键不放，单击需要选中的文件，这时可以看到被选中的文件名都变色了；如果误选了某个文件可以再次按下 Ctrl 键，再单击该文件名，即可去掉选中效果，如图 2-51 所示。

图 2-51　不连续选中效果

3）选中连续的若干个文件夹或文件。如果要选中连续的若干个文件，可以单击需要选中的第一个文件（或最后一个文件），然后按住 Shift 键不放，再单击最后一个文件（或第一个文件），即可选中连续的若干个文件，如图 2-52 所示。连续选中后可以再次按下 Shift 重新选中其他文件作为最后一个文件（或第一个文件）。

图 2-52　连续选中效果

4）选中全部文件。如果要选中全部文件，可以单击"资源管理器"中的"组织"下拉菜单，然后单击"全选"菜单项，即可选中全部文件。也可以按快捷键 Ctrl+A 组合键来选中全部文件。

（2）建立新文件夹。

1）使用工具栏按钮创建。如果想在某一个文件夹中创建一个新的文件夹，则首先需要在资源管理器中打开该文件夹（地址栏呈现了该文件夹的路径），再单击资源管理器的工具栏"新建文件夹"按钮，Windows 会自动在当前目录下创建一个文件夹，并自动命名为"新建文件夹"，并且文件夹名称处于编辑状态，如图 2-53 所示。如果当前目录已经有同名文件夹存在，则会自动在后面加括号数字以示区别，编号自动从"（2）"开始。

图 2-53　处于编辑状态的文件夹

用键盘切换输入法后就可以直接输入新名称，然后鼠标在资源管理器任意空白处单击即可完成重命名操作。

2）在资源管理器右侧使用右键快捷菜单创建。和上述方法相同，首先也需要打开要创建的文件夹，然后在右边空白区域右击，选择快捷菜单上的"新建"，再选择"文件夹"子菜单项，如图 2-54 所示。

图 2-54　右键菜单上的新建文件夹命令

剩余步骤和上述方法相同。

3）在资源管理器左侧目录中使用右键菜单创建。这种方法和方法 2）的不同在于，不用打开要创建子文件夹的目标文件夹，只需要在左边树型目录中展开，然后右击目标文件夹，选择快捷菜单中的"新建"，再选择"文件夹"菜单项。此方法中的"新建"子菜单和方法 2）的不一样。

可以看到资源管理器地址栏的当前目录是"C:\Windows"，而创建了子目录的文件夹是"C:\测试文件夹"，并且创建好的子目录是在左侧树形结构中呈现编辑状态。

（3）文件夹或文件重命名。更改文件夹名和更改文件名的方法完全相同，有 3 种方法可以用来更改文件夹名和文件名，下面以将"C:\测试文件夹"下子文件夹"新建文件夹"更名为"czj"为例，介绍这 3 种方法的操作步骤。

1）利用"组织"菜单。首先在资源管理器右侧选中文件夹"新建文件夹"，然后单击"组织"，选择"重命名"菜单项，在单击该菜单项后，文件夹"新建文件夹"即变为编辑状态，这时输入新文件夹名"czj"，就完成了更改文件夹名的操作，如图 2-55 所示。

图 2-55　利用组织菜单更改文件夹名

2）利用快捷菜单。选中要重命名的文件夹"新建文件夹"并右击，在弹出的快捷菜单中选择"重命名"命令并单击，则文件名变为可编辑状态，输入"czj"就可完成文件夹的重命名。

3）利用鼠标单击。单击选中"新建文件夹"文件夹，在文件夹名称处再次单击就会出现文件夹名的编辑状态，输入"czj"即可完成文件夹的重命名。

（4）删除文件夹或文件。删除文件夹的操作也很简单，需要提醒的是，如果删除了文件夹则该文件夹内的文件及子文件夹将全部被删除，执行此操作前应确认是否真正要删除该文件夹中的所有内容。Windows 系统默认状态会弹出一个确认是否删除文件的对话框，防止用户误操作，如图 2-56 所示。

图 2-56　删除文件夹确认对话框

删除文件夹和删除文件的方法完全相同，下面只介绍删除文件夹的 4 种方法。

1）利用"组织"菜单。用鼠标选中要删除的文件夹，然后单击"组织"菜单中的"删除"菜单项，这时就会弹出如上图所示的"删除文件夹"对话框，如果用户确实要删除该文件夹，则单击"是"按钮，即可删除该文件夹。

2）利用快捷菜单。将鼠标放在需要删除的文件夹上并右击，在弹出的快捷菜单中选择"删除"命令并单击，也会弹出和前面方法相同的"删除文件夹"对话框，如果用户确实要删除该文件夹，则单击"是"按钮，即可删除该文件夹。

3）利用键盘。用鼠标选中要删除的文件夹，然后按键盘上的 Delete 键，接下来和前面方法操作一致。

4）利用鼠标拖曳。先缩小资源管理器，使得能看到桌面的回收站图标，再单击要删除的文件夹图标并拖曳它到桌面上的回收站图标上，释放鼠标左键，即可删除该文件夹。利用这种方式，系统不会弹出是否删除的确认对话框。

如果不希望删除文件或文件夹后被放入回收站，可以在执行删除操作前，先按下 Shift 键，这种情况下的删除就是永久性删除。

（5）永久删除或恢复文件夹和文件。前面介绍了 4 种删除文件夹和删除文件的方法，在对指定的文件夹和文件做了删除操作之后，实际上并没有真正删除（如果是删除超大文件，则系统会直接提示无法放入回收站，将会直接删除），而是将其移入了回收站，也就是说还继续占用着磁盘空间，如果希望永久删除或者恢复文件夹和文件，则可以到回收站中即可完成此工作。

用鼠标双击 Windows 7 桌面上的回收站图标，即可打开"回收站"窗口，如图 2-57 所示。

回收站最常用的操作有 3 个：清空回收站、还原项目和删除指定项目。

1）清空回收站。在上图所示的"回收站"窗口中，单击工具栏"清空回收站"命令，此时回收站中的所有文件夹及文件全部被永久删除。清空回收站操作是在确定回收站中内容无用的情况下，迅速永久删除所有文件，恢复可用磁盘空间的有效方法。

图 2-57　"回收站"窗口

2）永久删除指定文件。在上图所示的"回收站"窗口中，在文件列表中选中一个或多个确实要永久删除的文件，然后单击"组织"，选择"删除"菜单项，此时系统仍会提示确认，选择"是"按钮后则可永久删除选中的文件。

3）恢复文件。在上图所示的"回收站"窗口中，如果发现有些文件不应该删除，需要恢复，则用鼠标选中要恢复的文件，然后单击"组织"，选择"撤销"菜单项（或单击工具栏的"还原此项目"），此时被选中的文件将从"回收站"窗口中消失，还原到删除前所在的位置。

如果需要指定被删除文件恢复的路径，则可以通过先选中要恢复的项目，然后在选中项目上右击，使用快捷菜单的"剪切"，然后打开目标路径，在空白地方右击，选择"粘贴"菜单项即可。

（6）复制文件夹或文件。复制文件夹或文件是经常要执行的文件操作。用户可以将一个文件夹中的一个或多个文件复制到另一个文件夹中，或者将一个文件夹或多个文件夹复制到另一个文件夹中。用户还可以将文件夹或文件复制到其他的磁盘中。

复制文件夹和复制文件的方法完全相同，下面只介绍复制文件夹的 4 种方法。

1）利用"组织"菜单。用鼠标选中要复制的文件夹，单击"组织"菜单中的"复制"命令，再打开需要复制到的磁盘及其文件夹，最后单击"组织"菜单中"粘贴"命令，这样就可以将指定文件夹及其文件夹下的所有文件和所有子文件夹都复制到指定的位置。

2）利用快捷菜单。将鼠标指针放在需要复制的文件夹上并右击，在弹出的快捷菜单中单击"复制"命令，再将鼠标指针放在需要复制到的磁盘及其文件夹上并右击，在弹出的快捷菜单中单击"粘贴"命令，即可完成文件夹的复制。

3）利用键盘。单击要复制的文件夹，按 Ctrl + C 组合键，再打开需要复制到的磁盘及其文件夹，按 Ctrl + V 组合键，即可完成文件夹的复制。

4）利用鼠标拖曳。单击需要复制的文件夹图标并拖曳它到需要复制到的磁盘及其文件夹上，释放鼠标左键，即可完成文件夹的复制。

（7）移动文件夹或文件。前面已经介绍过，复制文件夹和文件的方法有 4 种，但归纳起来，不管是哪一种方法，都有如下两个步骤：

1）选中需要复制的文件夹或文件并复制。

2）选中需要复制到的磁盘及其文件夹后进行粘贴。

移动文件夹和文件的方法跟复制文件夹和文件的方法基本相同，不同的是第一步，移动文件夹或文件的方法是选中需要移动的文件夹或文件后进行剪切。其中剪切的方法也有几种，如可以利用"组织"菜单中的"剪切"命令、快捷菜单中的"剪切"命令或者按 Ctrl + X 组合键进行"剪切"等。

（8）设置文件夹或文件的属性。文件夹和文件的属性有三种：文档属性、只读属性（只对文件）、隐藏属性。用户可以通过设置文件夹或文件的属性来保护文件。默认情况下文件和文件夹属于文档属性，如果对文件设置了只读属性，则该文件无法被更改（打开更改后无法保存），如果对文件或文件夹设置了隐藏属性，则正常情况下无法看到它们。

修改文件夹或者文件属性的方法非常简单，下面介绍两种方法。

1）利用"组织"菜单。用鼠标选中需要修改属性的文件夹或者文件，单击"组织"菜单中"属性"菜单项后，出现设置文件夹或者文件属性的对话框，如图 2-58 所示。假如希望将该文件夹或者文件的属性设置为"隐藏"，只需用鼠标选取"隐藏"复选框，使之出现"☑"，然后单击"确定"按钮完成设置。去掉属性复选框的勾选后再单击"确定"按钮可以去掉已经设置的属性。

2）利用快捷菜单。将鼠标放在需要修改属性的文件夹或者文件上并右击，在弹出的快捷菜单中选择"属性"命令，弹出如图 2-58 所示的设置文件夹或者文件属性的对话框，后面的步骤同方法 1）。

文件或文件夹被设置隐藏属性后默认在资源管理器中就看不到了，如果希望恢复，则需要通过资源管理器的"组织"菜单下的"文件夹和搜索选项"菜单项来恢复，单击后弹出如图 2-59 所示的对话框。

图 2-58　文件只读和隐藏属性设置对话框

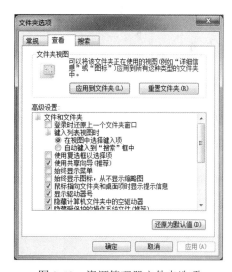

图 2-59　资源管理器文件夹选项

选中"显示隐藏的文件、文件夹和驱动器"（单选框变为◉），再单击"确定"按钮就可以重新看到隐藏了的文件和文件夹了（注：显示或隐藏已知文件类型的扩展名也在这里完成）。

2.2.3　Windows 操作系统的配置

1. 设置 Windows 7 桌面背景（也称壁纸）

Windows 桌面允许用户自己选择图片背景效果，定制出符合自己需要的效果。一般设置桌面背景常用两种方法：

（1）通过控制面板完成。在桌面空白地方右击，选择快捷菜单的"个性化"菜单项，打开控制面板的个性化对话框，如图 2-60 所示。

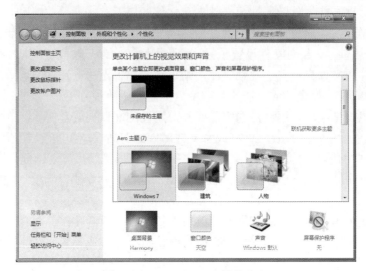

图 2-60　Windows 7 个性化中心

可以看到"桌面背景"链接，直接单击即可打开"桌面背景"配置界面，如图 2-61 所示。

图 2-61　设置桌面背景

桌面背景图片的出现位置与方式有五种：填充（默认方式）、适应、拉伸、平铺和居中。

1）填充：图片是等比缩放，且按照图片的最小边来适应屏幕的以达到填充屏幕效果，如果图片分辨率和屏幕的比例不一样，图片会有部分显示不了（超出屏幕之外），但是屏幕是被图片覆盖满的。

2）适应：图片也是等比缩放，但是图片的高度或宽度有一样缩放到屏幕的高度或宽度后就不变化了，也就是适应方式能在保持图片比例的同时最大化显示图片，但是不一定覆盖满整个屏幕。

3）拉伸：图片不按比例缩放，而是根据屏幕显示分辨率拉伸，让一张图片占满桌面。当图片和屏幕分辨率比例不相同时图片会变形。

4）平铺：图片不进行任何缩放，当图片的高度或宽度不够大时用多张图片来覆盖满屏幕。

5）居中：图片不进行任何缩放，但是图片的中心和屏幕中心对齐。当图片较小时，则覆盖不满屏幕，当图片太大时则显示不全。

单击"浏览"选择一张自己满意的图片，然后单击最下面的"保存修改"按钮，即可完成背景设置。

如果需要动态背景，可以同时选中多张图片，设置更换时间和是否无序播放，最后单击"保存修改"生效，如图 2-62 所示。

图 2-62　桌面背景设置选项

（2）通过资源管理器设置。打开资源管理器找到希望作为背景的图片，然后右键单击，选择快捷菜单的"设置为桌面背景"，如图 2-63 所示。

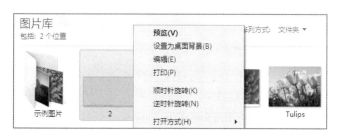

图 2-63　右键菜单设置桌面背景

使用这种设置方式时，背景图片继承系统原来的显示方式，例如，原来是居中显示，则重新设置后，新背景图片也是居中显示。

2. 设置输入法

输入法是指为将各种符号输入计算机或其他设备（如手机）而采用的编码方法。计算机使用中经常要求我们输入文字信息，也就是俗称的"打字"，正是有中文输入法的存在我们才能将汉字输入计算机中。

（1）汉字输入法简介。

1）汉字输入法历史。西方的拼音文字由字母组成，而且西方人使用键盘打字机已有很久的历史，因此计算机输入没有障碍。而汉字是方块字，每个字都不同，而且中国人也没有使用键盘的传统，因此计算机的输入问题阻碍了计算机在中国的普及和发展。

1978 年，上海电工仪器研究所部工程师支秉彝创造了一种"见字识码"法，并被上海市电话局采用，从而率先使计算机的汉字输入进入了实用阶段。"见字识码"用 26 个拉丁字母进行编码，用 4 个拉丁字母表示一个汉字。这种编码方案建立在字音和字形的双重关系上，见字就能识码，见字就能打码，不必死记硬背。由于每个汉字的字码是固定的，就给计算机码的存储和软件的应用带来很大方便。这种编码曾得到一定程度的应用，为建立中文计算机网络和数据库打开了大门，并使建立在电子计算机基础上的照相排版印刷的自动化得以实现。

但是，使汉字输入技术真正达到普及化、实用化的，是由王永民发明的"五笔字型"输入法。这是一种真正达到成熟阶段的汉字编码方案。1984 年 9 月，五笔字型汉字编码输入法在联合国做操作演示，达到每分钟输入 120 个字的速度，每个汉字及词组的输入最多需 4 键，从此，计算机的汉字输入问题得到了根本的解决。此后，汉字输入技术的发展越来越先进，不仅种类越来越多，而且输入设备也由普通英文键盘，发展到鼠标、手写板、麦克风甚至专用键盘等。

2）什么是输入法。输入法（Input Method）也成为输入法编码方法，它是指为了将各种符号输入计算机或其他设备（如手机）而采用的编码方法。例如通过使用拼音编码、字形编码、笔画编码、图形编码甚至语音编码都可以实现文字的输入。如果输入法能够输入汉字，则称为汉字输入法。尽管输入法是一种特定输入规则的总结，但是其必须依赖输入法软件才能实现功能。

我们通常直接将"输入法软件"称为"输入法"，比如将"搜狗拼音输入法软件"称为"搜狗拼音输入法"，但是这种称谓并不正确。尽管部分输入法仅仅可在一种输入法软件中使用，但是更多的输入法可以在多种输入法软件上使用，如拼音输入法，所以输入法软件本身并不等同于输入法编码方法。

（2）常用的中文输入法和输入法软件。Windows 系统流行的中文输入法主要有字型输入法、拼音输入法、笔画输入法、手写输入法、语音输入法五大类。几乎每种输入法都对可以选择很多种输入法软件来进行输入，有的输入法软件还同时支持多种输入法。随着互联网和大数据的兴起，输入法软件不仅能完成输入，而且还可以保存用户的输入习惯，提供互联网热词等，极大地方便了用户输入，提高了输入体验和输入速度。

1）字型输入法。字型输入法是国内最早成熟的中文输入法，"五笔字型"输入法就是其代表之作，在 20 世纪 80－90 年代曾经一度是计算机汉字输入的主流选择，统治了各种计算机教材，如图 2-64 所示。字型输入法特点是有使用口诀，记忆量大，生僻字难输入，但是熟练掌握后就能达到较高的输入速度，适合一些要求录入速度的岗位使用。目前流行的字型输入法软件有 QQ 五笔、搜狗五笔、陈桥五笔、极简五笔等。

2）拼音输入法。拼音输入法是按照拼音规定来输入汉字的，不需要特殊记忆，符合人的思维习惯，如图 2-65 所示。汉语拼音是立足于义务教育的拼音知识、汉字知识和普通话水平之上，所以其对使用者普通话和识字及拼音水平的提高有促进作用。

图 2-64　中文五笔字型输入法输入汉字效果图

在五笔字型流行年代，拼音输入法已经产生，但是效率非常低下，导致选择使用人很少。但是随着拼音输入法的逐步改进和完善，其新功能和新特性已经吸引了越来越多用户的注意力，加之汉语拼音是中国启蒙教育的核心内容之一，凡接受过中文教育的人对汉语拼音并不陌生，而对于刚刚接触计算机的人来说，因为只要会汉语拼音就可以使用拼音输入法打字，所以拼音输入法成为了越来越多人输入汉字的首选。当前主流的拼音输入法主要有搜狗拼音输入法、QQ拼音输入法、紫光拼音输入法、微软拼音输入法等。

3）笔画输入法。笔画输入法是针对没有拼音基础的用户的简单输入法，它的开发初衷是专门为那些不懂汉语拼音，而又希望在最短时间内学会一种汉字输入法，以进入计算机实用阶段的人量身定做的一种实用汉字输入法，也是目前通过键盘进行的输入法中最简单的一种输入法，如图2-66所示。

图2-65　中文拼音输入法输入汉字效果图

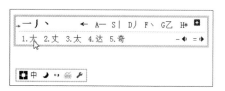

图2-66　中文笔画输入法输入汉字

笔画是汉字结构的最低层次，根据书写方向将其归纳为"横、竖、撇、捺、折"五种，由于计算机键盘上没有五个笔画的键，所以笔画输入法使用"12345"五个数字进行对应笔画输入，故叫"12345数字打字输入法"。最新的笔画输入法为了减少重码率并提高效率，提供了鼠标风格、部首风格、数字风格、键盘风格供用户选择，前两者比较简单，适合入门，后两者复杂些，但是效率高。笔画输入法代表有惠邦五行码、点字成章笔画输入法等。

4）手写输入法。手写输入法是随着计算机外设技术发展起来的一种输入法，其核心是用户借助硬件输入设备完成整个字的书写，然后计算机进行识别。可以使用鼠标或者专门的手写板进行输入，后者需要专门购置设备，并正确安装配套软件后才可以使用。手写输入法要求用户写字较为标准，对正楷字识别率很高，如图2-67所示。

手写输入法将文字输入的难度又降到了新低，不需要记忆，不需要思考，只要书写即可完成录入，同时手写板除了可以输入文字外，还可以当画板使用，绘制计算机图形。当然其缺点是必须要写完整的文字才能进行录入，一般不支持多个字连续书写，速度较慢。同时要配置手写板才能有较好的输入体验。目前国内汉王和清华同方的手写板较为流行。

5）语音输入法。语音输入法是使用话筒和语音识别软件来辩别文字的一种输入法，其主要是伴随移动互联网产业的兴起而流行起来的。和手写输入法一样，语音输入法也没有使用难度，但是为了提高识别率，最好是使用标准普通话发音，且使用环境也会对识别效果产生较大影响，如图2-68所示。

图2-67　手写输入法输入汉字

图2-68　语音输入法输入汉字

语音输入在计算机上较为少用，主要应用于手机等移动终端，其代表有讯飞语音输入法。

（3）中文输入法软件的安装。

1）获取中文输入法软件的安装程序。这里以搜狗拼音输入法为例，打开浏览器（浏览器的使用将会在后续项目中详细介绍）访问百度搜索引擎（http://www.baidu.com），搜索"搜狗拼音输入法"，如图 2-69 所示。

图 2-69　百度检索搜狗拼音输入法软件下载地址

单击"立即下载"，将安装程序下载到磁盘指定文件夹（D:\）（注意：不同浏览器下载方式不一样），如图 2-70 所示。

图 2-70　下载输入法安装程序到 D 盘根目录

2）安装"搜狗拼音输入法"软件。打开资源管理器，打开 D 盘，双击目录下的"sogou_pinyin_8.2.0.8853_6991.exe"，弹出的操作系统安装提示，如图 2-71 所示。

图 2-71　软件安装操作系统提示

执行外部可执行文件时，Windows 7 系统会进行"用户账户控制"警告，直接单击"是"按钮，进入正式安装界面，如图 2-72 所示。

单击"立即安装"，进入安装过程。

等到安装完成后，去掉"设置搜狗导航为你的默认首页"的复选，单击"立即体验"结束安装。在紧接着的"用户使用习惯设置中"，一直单击"下一步"直到最后单击"完成"。

（4）配置系统的输入法。右击任务栏的输入法图标，选择快捷菜单的"设置"菜单项，如图2-73所示。

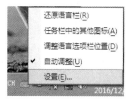

图 2-72　开始安装输入法　　　　图 2-73　Windows 7 系统输入法设置菜单

在弹出的"文本服务和输入语言"对话框中，可以将不需要的输入法选中后删除，至少保留英语输入法下的"美式键盘"和中文输入法下的"美式键盘""搜狗拼音输入法"三种，单击"确认"按钮，保存修改，如图2-74所示。

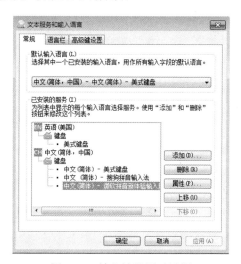

图 2-74　输入法设置对话框

（5）切换输入法。当系统中有多个输入法时，我们可以自由地选择需要的输入法进行输入。

1）鼠标切换。单击桌面任务栏输入法图标，在弹出的输入法选择菜单中单击需要的输入法即可，如图2-75所示。

图 2-75　鼠标切换输入法

2）键盘切换。Windows 操作系统下，"中文（简体）-美式键盘"状态下使用 Ctrl+Space

（空格键）组合键可以打开除了"中文（简体）-美式键盘"的第一序输入法，如在图 2-75 所示输入法中，会自动打开"搜狗拼音输入法"。在中文输入法状态下，会关闭中文输入法，更换为"中文（简体）-美式键盘"输入法。

如果有多个输入法需要在其中进行循环切换，可以使用 Ctrl+Shift 组合键。

注意： 从 Windows 10 开始中文输入法的打开使用 Win+Space 组合键，中文输入法之间切换仍然使用 Ctrl+Shift 组合键。

（6）使用"搜狗拼音输入法"软件输入文字

1）输入汉字。打开一个记事本，把输入法切换到"搜狗拼音输入法"，然后直接按键盘的字母组合拼音就可以打字了。例如输入"dajiahao"，如图 2-76 所示。

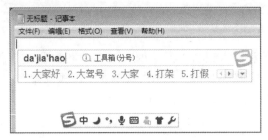

图 2-76 搜狗拼音输入

上图中，直接按空格键就可以把默认选择的第一个输入结果"大家好"输入记事本中。目前搜狗拼音输入法的正确率很高，但是也不排除有重音的字或词出现，我们可以直接按下对应字词下的数字键进行选择（也可以用鼠标单击）。如果输入正确但是需要的字词没有出现，可以按"+"或"-"号在出现的候选内容中向后或向前翻页，然后再使用候选内容下的数字键进行选择。

2）输入法状态。使用输入法时需要注意控制输入法的状态。在中文输入法下主要需要注意大小写、中英文、半角全角、中英文标点四种状态控制，如图 2-77 所示。当按下键盘上的大写键（CapsLock）时，输入法只能输入大写的英文字母，不能输入汉字；当按下键盘切换键（Shift）时能够不更换输入法在中文和英文之间切换；按下 Shift+Space 组合键时能够在全角和半角状态之间切换（全角状态下即便输入英文也是按中文字符宽度进行显示，其实质也是中文）。除了大写状态外，其他三种状态也可以直接通过鼠标单击输入法状态栏上的三个图形来切换。

图 2-77 搜狗拼音的几种状态

3. 修改账号和密码

操作系统安装后，为了系统的安全，我们一方面要添加空白密码，另一方面还需要隔一段时间修改一下密码。

（1）打开控制面板如图 2-78 所示。

图 2-78　控制面板窗口

（2）单击"用户账户和家庭安全"，打开"用户账户和家庭安全"窗口，如图 2-79 所示。

图 2-79　"用户账户和家庭安全"窗口

（3）单击"用户账户"，打开"用户账户"窗口，如图 2-80 所示。

图 2-80　"用户账户"窗口

如果账号已经设置了密码，则界面有所不同，没有了"为您的账户创建密码"按钮，增加了"更改密码"和"删除密码"两个按钮。

（4）单击"为您的账户创建密码"，打开"创建密码"窗口，如图 2-81 所示。

如果账号以前已经设置了密码，则应该选择"更改密码"，如图 2-82 所示。

图 2-81　"创建密码"窗口　　　　　　　　　　　图 2-82　"更改密码"界面

完成新密码设置后单击"创建密码"按钮即可创建口令；完成更改密码设置后单击"更改密码"按钮即可完成新密码更改。

4．配置网络地址

Windows 7 系统安装好以后，可以配置计算机网络地址使得计算机能够使用网络资源。从 Windows XP 时代开始，Windows 系统都内置了大量的设备驱动程序，绝大多数情况下不要单独安装网卡驱动。对计算机来说，网卡是连接计算机和网络的桥梁配置网络其实就是配置计算机的网卡的 IP 地址信息。

（1）查看网络信息。右击任务栏网络图标（▨），如图 2-83 所示。

图 2-83　Windows 7 网络和共享中心快捷菜单

在弹出的快捷菜单中选择 "打开网络和共享中心"，打开如图 2-84 所示的窗口。

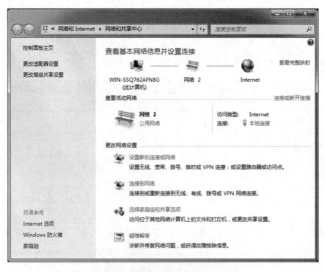

图 2-84　网络和共享中心界面

从上图可以看出，当前计算机已经能够正常连接外部网络了，可以单击"本地连接"查看网络连接情况，如图 2-85 所示。

图 2-85　本地连接状态对话框

从上图可以看到本地计算机使用了 IPv4 地址连接 Internet，局域网是 100Mbps 网速，能够正常发送和接收数据包。

（2）配置网络地址。如果我们要配置网卡的地址信息，有两种方法：

1）在"网络和共享中心"窗口，单击左侧的"更改设配器设置"，打开"网络连接"窗口，如图 2-86 所示。

如果计算机有多张网卡，这里可以全部看到，并且网卡的有效性（有效或被禁用）、连接状态（连接或断开）和类型（有线或无线）。右击"本地连接"，弹出快捷菜单，如图 2-87 所示。

图 2-86　本地连接名称

图 2-87　本地连接管理右键菜单

单击快捷菜单的"属性"菜单项，打开"本地连接 属性"窗口，如图 2-88 所示。

目前绝大多数单位或个人计算机仍然是使用 IPv4 协议连接上网，所以，选中"Internet 协议版本 4（TCP/IPv4）"，单击"属性"按钮，打开"Internet 协议版本 4（TCP/IPv4）属性"配置对话框，如图 2-89 所示。

很多单位网络采用了 DHCP（动态 IP 地址分配协议）服务，个人计算机无需配置而由网络中心服务器自动分配 IP 地址，包括 DNS 服务器信息。如果是这种情况，则需要保持图 2-89 中两个选项都设置为自动获得。如果没有 DHCP 服务器，则需要用户根据单位或网络运营商提供的账号信息选择"使用下面的 IP 地址"和"使用下面的 DNS 服务器地址"进行手动配置。有关 IP 地址的知识在后面章节中会介绍到。

图 2-88　本地连接属性对话框

图 2-89　本地连接 IP 地址配置对话框

2）在控制面板的"网络和共享中心"页面上，单击"本地连接"，在弹出的"本地连接状态"对话框中，单击"属性"按钮，后续的配置方法就和方法 1）完全相同了。

2.2.4　磁盘管理

1. 分区管理

如果在安装系统时只创建了主分区，则可以通过 Windows 提供的磁盘管理来分配余下的磁盘空间。即便所有分区已经创建好，也可以通过磁盘管理对分区进行重新分配（有可能会丢失原来存储在这些分区中的数据）。

（1）创建分区。鼠标右键单击 Windows 桌面的"计算机"图标，在弹出的右键菜单上单击"管理"菜单项，将打开"计算机管理"窗口，如图 2-90 所示。通过这个窗口可以对整个计算机绝大多数信息进行管理。这里我们只应用其"磁盘管理"功能。

图 2-90　计算机管理窗口

单击左侧树型目录中的"磁盘管理"，在右侧显示出当前计算机的磁盘情况，如图 2-91 所示。可以看到系统目前只分配了 2 个盘符（能够被用户访问的分区的路径名），一个是系统安装盘 C 盘，一个光驱 D 盘。硬盘部分还有 123.5GB 未分配空间，可以用于创建新分区。

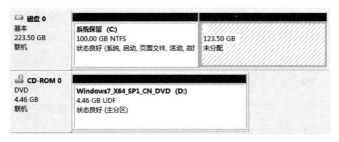

图 2-91　磁盘管理界面

如果用户计算机只有一个 C 盘，可以右键单击 C 盘，在弹出的菜单中选择"压缩卷"来将空余磁盘空间提取出来创建新的盘符，如图 2-92 所示。如果如图 2-91，需要把未分配空间纳入 C 盘，可以选择"扩展卷"将其余空闲空间纳入。

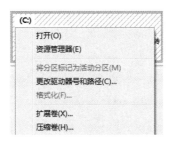

图 2-92　扩展卷和压缩卷菜单

相对而言"压缩卷"更常用，需要注意的是如果 C 盘空间余留太少会影响系统性能，建议压缩前先进行规划，最好保留 C 盘 100GB 左右，压缩多余的空间。

对于未分配空间，右击并在弹出的快捷菜单中选择"新建简单卷"（Windows 中用卷来描述所有分区信息，其概念比分区更大更复杂），弹出"新建简单卷向导"，引导用户建立新分区，单击"下一步"继续按向导提示配置，如图 2-93 所示。

图 2-93　新建分区容量

如果剩余空间较多，可以建立多个分区，并输入需要的容量。如果输入了最大磁盘空间量，则只建立一个新分区。单击"下一步"按钮系统提示给新建立的分区分配驱动器号，如图2-94 所示。

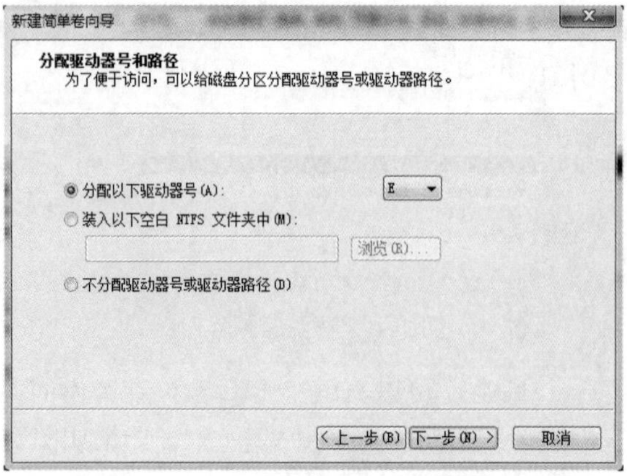

图 2-94　新建分区盘符

　　分区创建时，向导会提示给分区分配盘符。由于光驱已经占用"D:"盘符，这里只能从 E 盘符开始选择。单击"下一步"按钮对分区进行格式化，并设置卷标，如图 2-95 所示。

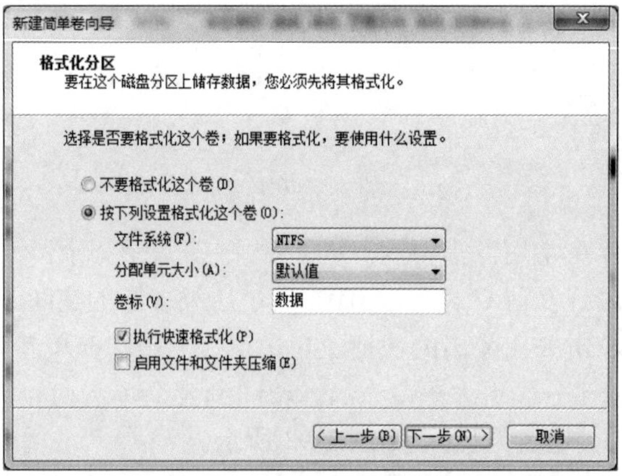

图 2-95　新建分区分区格式

　　设置新分区的文件系统、分配单元大小（簇，磁盘上存储信息的最小单元）、卷标（分区的描述信息）以及格式化方式。如果没有特殊要求，建议都采用"NTFS"文件系统，它更安全并且支持超大文件。配置好信息后，单击"下一步"，单击"完成"按钮结束"新建简单卷向导"，完成新建分区操作，创建好的分区效果如图 2-96 所示。

图 2-96　创建好的分区效果图

　　如果未分配空间没有用完，可以重复刚才的步骤，建立更多的新分区。

（2）更改分区卷标。在上述创建分区结束后，由于 E 盘在最后创建，光驱盘符夹在两个硬盘盘符之间，不符合使用习惯。可以通过右键快捷菜单中选择"更改驱动器号和路径"，弹出如图 2-97 所示对话框。

单击"更改"按钮，弹出如图 2-98 所示的对话框。

图 2-97　更改分区盘符

图 2-98　更换分区盘符

因为 C、D、E 盘符都已经使用，暂时选择光驱盘符为 F，单击"确定"按钮保存更改。由于更改了路径后可能导致有些程序无法正常工作，系统进行一个警告提示。单击"是"按钮结束光驱盘符的更改。

因为 D 盘已经更改为 F，D 盘符就空出来了。用同样的方法可以把 E 盘符更改为 D 盘符，然后再把光驱盘符更改为 E，更改后效果如图 2-99 所示。

图 2-99　新加卷和光驱更换盘符后效果图

2. 格式化磁盘

磁盘格式化（Format）是在物理驱动器（磁盘）的所有数据区上初始化的操作过程，格式化是一种纯物理操作，同时对硬盘介质做一致性检测，并且标记出不可读和坏的扇区。格式化硬盘可分为高级格式化和低级格式化，简单地说，高级格式化就是和操作系统有关的格式化，低级格式化就是和操作系统无关的格式化。

（1）低级格式化。低级格式化是物理级的格式化，主要是用于划分硬盘的磁柱面、建立扇区数和选择扇区间隔比。硬盘要先低级格式化才能高级格式化，而刚出厂的硬盘已经经过了低级格式化，无需用户再进行低级格式化了。一般只有在十分必要的情况下用户才需要进行低级格式化。例如，硬盘坏道太多经常导致存取数据时产生错误，甚至操作系统根本无法使用。需要指出的是，低级格式化是一种损耗性操作，对硬盘寿命有一定的负面影响。

（2）高级格式化。高级格式化主要是对硬盘的各个分区进行磁道的格式化，在逻辑上划分磁道。对于高级格式化，不同的操作系统有不同的格式化程序、不同的格式化结果、不同的磁道划分方法。高级格式化还可分为快速格式化和正常格式化。快速格式化将创建新的文件分配表，但不会完全覆盖或擦除分区（卷）。正常格式化比快速格式化慢得多，会完全擦除分区（卷）上现有的所有数据。

例如格式化硬盘 D 分区，操作步骤如下：

1）在资源管理器中选中要格式化的磁盘，如 D 盘。

2）右击 D 盘，在弹出的快捷菜单中选择"格式化"命令，弹出"格式化 新加卷"对话框，如图 2-100 所示。

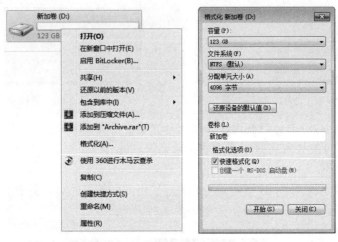

图 2-100　磁盘分区快捷菜单和格式化对话框

3）在"格式化 新加卷"对话框中设置如下参数：

- 容量：显示当前分区的磁盘容量信息，不可更改（早期的软盘可以选择格式化后的容量）。
- 文件系统：推荐使用 NTFS。
- 分配单元大小：建议 4096B（也就是 4KB）。
- 卷标：卷标的名称可以示意盘中的主要内容，一般情况下建议更改为磁盘主要用途的简介。
- 快速格式化：只是对已格式化过的磁盘上的文件进行删除，并不对磁盘盘面进行检测，所以速度很快。若不选择"快速格式化"，则默认为全面格式化（正常格式化）。

4）完成所有选项的设置后，单击"开始"按钮，即开始进行格式化。此时在对话框的底部可以看到格式化执行的进展情况，直到格式化完成为止。

当 Windows 7 系统正在运行时，不能格式化安装有 Windows 7 系统的硬盘分区。如果用户需要格式化安装有 Windows 7 系统的硬盘，只能在退出 Windows 7 系统的情况下，用其他方法来完成。例如用其他的启动光盘（或启动 U 盘、移动硬盘）来引导系统后才可以格式化 C 盘。

3. 维护磁盘性能

操作系统在使用过程中会产生很多"垃圾"，比如系统临时文件、Internet 缓存文件和各类软件运行时产生的临时文件。这些临时文件大部分情况下没有太多用途，白白占用着磁盘空间，降低了磁盘性能。另一方面，由于系统文件不断地创建与删除，原本连续的磁盘空间会被使用得"支离破碎"，一个文件的信息可能存储在磁盘的不同位置，使得计算机在访问时需要进行频繁的定位操作，也会大幅度地降低磁盘性能。所以在操作系统运行一段时间后，我们需要进行必要的磁盘维护，以节省存储空间和提高读写性能。

（1）磁盘清理。使用磁盘清理程序则可以清除操作系统中的各种临时文件，腾出它们占用的系统资源，以提高系统性能，并且在磁盘清理程序中用户还可以指定要删除的文件类型及其所占用的磁盘空间大小，进行精确删除。

操作步骤如下：

1）单击"开始"按钮，在弹出的"开始菜单"中选择"所有程序"，在左边菜单中选择"附件"，在"附件"子菜单中选择"系统工具"，最后选择"清理磁盘"命令，弹出如图 2-101 所示的"磁盘清理：驱动器选择"对话框。

2）在"驱动器"下拉列表中选择需要清理的磁盘，单击"确定"按钮，弹出如图 2-102 所示的"磁盘清理"对话框。

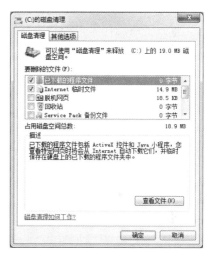

图 2-101　磁盘清理分区选择对话框　　　　图 2-102　磁盘清理内容选择对话框

3）在"要删除的文件"列表中选中需要删除的文件项目（如果要删除 Internet 临时文件，则需勾选 Internet 临时文件的复选框）。

4）单击"确定"按钮即可开始清理工作。

（2）磁盘碎片整理。对于机械硬盘来说，磁盘文件读取需要马达带动磁头旋转来进行读取，如果文件碎片化分散，则读取性能降低。针对机械磁盘文件"碎片"较多的情况，为了提高磁盘的性能，可以使用磁盘整理工具"磁盘碎片整理程序"重新整理磁盘，从磁盘的开始位置存放文件，将文件存放在连续的扇区中，从而在存储文件的扇区后面形成连续的空闲空间，用于存储以后生成或复制的文件，这样就可以有效地提高磁盘的读写性能。

当然对于固态硬盘则完全没有必要进行磁盘碎片整理。固态硬盘没有物理读取结构，都通过逻辑地址读取，连续或分散读取效率相同。相反，由于读写次数优先，进行磁盘碎片整理反而有损硬盘。

对机械硬盘使用"磁盘碎片整理程序"整理磁盘的步骤如下：

1）打开资源管理器，选择要进行整理的分区，右键菜单选择"属性"，打开磁盘属性对话框。

2）单击对话框上"工具"选项卡，即可看到需要功能按钮。

单击"立即进行碎片整理"，即可打开"磁盘碎片整理"对话框，在"磁盘"列表中选择要整理的磁盘，然后单击"分析磁盘"。如果磁盘碎片比例不高，可以暂不整理，否则就单击"磁盘碎片整理"按钮，进入磁盘整理进程。需要注意的是，整理磁盘要花费很长的时间，特别是整理硬盘，用户要耐心等待。

【任务分析】

根据任务说明，本任务主要围绕资源管理器进行操作，当然如果系统没有 D 盘或者 D 盘是光驱，则需要使用磁盘管理工具新增一个硬盘分区 D 盘，然后在资源管理器中进行文件夹的创建、文件的复制（或移动）、文件和文件夹权限的设置操作。

【任务实施】

（1）打开资源管理器查看是否有硬盘分区 D 盘存在，如图 2-103 所示。

图 2-103　资源管理查看

（2）使用磁盘管理功能。如果没有 D 盘，则可以通过"计算机管理"窗口的"磁盘管理"功能，查看系统是否有未分配的空间，有则建立新分区，并更改盘符为 D 盘。如果没有未分配空间则对 C 盘采用"压缩卷"功能，从 C 盘中分离出一部分空间，建立 D 盘。

（3）打开资源管理器，打开 D 盘，建立"计算机文化"文件夹，如图 2-104 所示。

（4）用同样的方法在"计算机文化"文件夹里创建 4 个子文件夹："课件""练习软件""素材""作业题"，如图 2-105 所示。

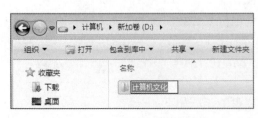

图 2-104　创建文件夹

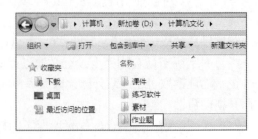

图 2-105　创建下级子目录

（5）插入 U 盘，将老师提供的资料全选并复制，如图 2-106 所示。

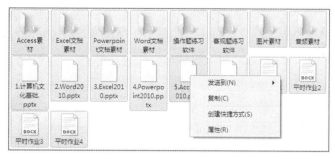

图 2-106　文件全选复制

（6）切换目录到"D:\计算机文化"，将所有文档都粘贴进去，如图 2-107 所示。

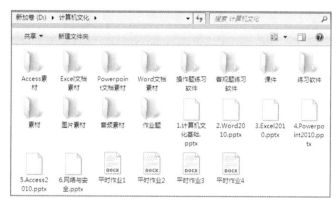

图 2-107　文件粘贴

为了避免反复切换目录拷贝，先一次性拷贝到"计算机文化"根目录。

（7）单击选中"1.计算机文化基础.pptx"，再按下 Shift 键单击"6.网络与安全.pptx"，选中所有的课件并剪切，如图 2-108 所示。

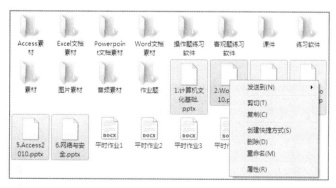

图 2-108　文件移动

然后右击"课件"文件夹，选"粘贴"。如法炮制，将所有的文档都移动到对应的文件夹下。

（8）全选"作业题"文件夹里所有作业，右击并选择"属性"，弹出属性对话框，如图 2-109 所示。选中"只读"属性，单击"确定"按钮，再右击"作业题"文件夹，选择"属性"，在弹出的对话框中选中"隐藏"属性，单击"确定"按钮。

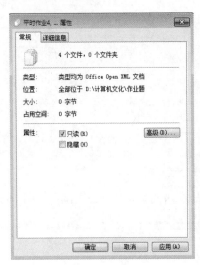

图 2-109　文件和文件夹属性设置

注意：由于先设置了文件夹内的文件为只读，所以设置文件夹属性时，可以看到已经选择了"只读"。这里提醒大家，只读属性是只对文件起作用的。

【任务小结】

本任务主要学习了：
（1）Windows 操作系统的基本概念和术语。
（2）文件的知识和资源管理器的使用。
（3）如何配置 Windows 桌面、安装和使用输入法、配置网络地址。
（4）如何进行磁盘维护。

任务 2.3　安装打印机

【任务说明】

你的计算机需要打印一些文档，因此需要选购一台打印机，并且打印机安装后，还要共享给局域网中的其他用户使用。

【预备知识】

2.3.1　认识打印机

打印机（Printer）是计算机最重要的输出设备之一，用于将计算机处理结果打印在相关介质上。衡量打印机好坏的指标有三项：打印分辨率、打印速度和噪声。

1．打印机按打印原理分类

按打印原理的不同，可将打印机分为针式打印机、喷墨打印机和激光打印机 3 种，如图 2-110 所示。

针式打印机

喷墨打印机

激光打印机

图 2-110　打印机

（1）针式打印机：针式打印机主要由打印机芯、控制电路和电源 3 大部件构成。打印机芯上的打印头有 24 个电磁线圈，每个线圈驱动一根钢针产生击针或收针的动作，通过色带击打在打印纸上，形成点阵式字符。

（2）喷墨打印机：喷墨打印机使用打印头在纸上形成文字或图像。打印头是一种包含数百个小喷嘴的设备，每一个喷嘴都装满了从可拆卸的墨盒中流出的墨。喷墨打印机能打印的分辨率依赖于打印头在纸上打印的墨点的密度和精确度，打印质量根据每英寸上的点数（DPI）来衡量，点数越多，打印出来的文字成图像越清晰、越精确。目前，许多喷墨打印机都提供了彩色打印功能，且越来越接近一些激光打印机的打印质量。喷墨打印机也有一些不足之处，如墨盒的费用较高，打印页的颜色会随着时间延长而变浅等。

（3）激光打印机：激光打印机的打印质量最好，其关键技术是机芯及其控制电路。激光打印机在一个负电荷导光的鼓上提取图像再生成计算机文档，激光涉及的区域丢失了一些电荷，当鼓转过含有色剂的区域时，一种干的粉末状的颜料即可印在纸上形成影像。

2. **按功能多少进行打印机分类**

按功能多少，可将打印机分为普通打印机、多功能一体机。

（1）普通打印机：是指其功能就只是提供打印输出的打印机。

（2）多功能一体机：理论上多功能一体机的功能有打印、扫描、传真，但对于实际的产品来说，只要具有其中的两种功能就可以称之为多功能一体机了。

较为常见的多功能一体机在类型上一般有两种：一种涵盖了三种功能，即打印、扫描、复印；另一种则涵盖了四种，即打印、复印、扫描、传真，如图 2-111 所示。

图 2-111　多功能一体机

3. **按打印出的内容维度分类**

按打印出的内容的维度，可将打印机分为二维平面打印机和 3D 立体打印机。

（1）二维平面打印机：绝大多数打印机输出结果都是二维的，如一张纸、一幅相片或者一些发票等，这类打印机都属于二维平面打印机。前面分类中介绍到的打印机都是二维平面打印机。

（2）3D 打印机：日常生活中使用的普通打印机可以打印计算机设计的平面物品，而所谓的 3D 打印机与普通打印机工作原理基本相同，只是打印材料有些不同。普通打印机的打印材料是墨水和纸张，而 3D 打印机内装有金属、陶瓷、塑料、砂等不同的"打印材料"，这是实实在在的原材料。打印机与计算机连接后，通过计算机控制可以把"打印材料"一层层叠加起来，最终把计算机上的蓝图变成实物。通俗地说，3D 打印机是可以"打印"出真实的 3D 物体的一种设备，比如打印一个机器人、打印玩具车、打印各种模型甚至是食物等。之所以通俗地称其为"打印机"是因为参照了普通打印机的技术原理，分层加工的过程与喷墨打印十分相似。这项打印技术称为 3D 立体打印技术，如图 2-112 所示。

图 2-112　3D 打印机

4. 按打印机工作独立性分类

按打印机独立工作性，可以将打印机分为普通打印机和网络打印机。

（1）普通打印机是指必须连接到计算机，由计算机驱动的打印机。前面介绍各种打印机多数都是要依赖计算机工作的。

（2）网络打印机是指通过内置的打印服务器将打印机作为独立的设备接入局域网或者因特网，从而使打印机摆脱一直以来作为计算机外设的附属地位，使之成为网络中的独立成员，成为一个可与其并驾齐驱的网络节点和信息管理与输出终端，其他成员可以直接访问并使用该打印机。

在过去，普通打印机如果要提供给其他设备使用，则需要先共享出来，并且共享的计算机还必须处于开机联网状态，否则别的设备找不到打印机。网络打印机非常适合群体使用，每个使用者都可以直接给打印机发送任务，即便使用移动终端也可以很方便地连接打印（很多网络打印机提供了扫码连接的功能），这样不用计算机也可以办公了。

2.3.2　打印机的安装

1. 安装打印机硬件

不同打印机的安装方式大致相同，主要的区别在于打印机接口连接上。通常情况下打印机只有一根电源线和一个数据线。其中数据线连接计算机接口，通常分为三种。

（1）串口打印机。COM 接口是指串行通讯端口（Cluster Communication Port）。串行口不同于并行口之处在于它的数据和控制信息是一位接一位地传送出去的。虽然这样速度会慢一些，但传送距离较并行口更长，因此若要进行较长距离的通信时，应使用串行口。现在计算机一般提供的是 COM 1 接口，使用的是 9 针 D 形连接器，也被称为 RS-232 接口。

（2）并口打印机。LPT 接口，简称"并口"，一般用来连接打印机或扫描仪，采用 25 脚的 DB-25 接头。LPT 并口是一种增强了的双向并行传输接口，在 USB 接口出现以前是扫描仪、打印机最常用的接口，其特点是设备容易安装及使用，但是速度比较慢。

安装打印机时先将打印机端串口线接好，然后接计算机后的串口。需要注意的是，无论串口还是并口，都类似显示器 VGA 接口，需要稍微拧紧螺丝。

（3）USB 接口。USB 是英文 Universal Serial Bus（通用串行总线）的缩写，是一个外部总线标准，用于规范计算机与外部设备的连接和通信，是应用在 PC 领域的接口技术。USB 是在 1994 年底由英特尔、康柏、IBM、Microsoft 等多家公司联合提出的，1996 年正式推出后，已成功替代串口和并口，并成为二十一世纪个人计算机和大量智能设备必配接口之一。

USB 接口支持设备的即插即用和热插拔功能，具有传输速度快、使用方便、支持热插拔、连接灵活、独立供电等优点，可以连接鼠标、键盘、打印机、扫描仪、摄像头、充电器、闪存盘、MP3 机、手机、数码相机、移动硬盘、外置光驱/软驱、USB 网卡、ADSL 调制解调器、电缆调制解调器等几乎所有的外部设备。

目前绝大多数打印机都采用了 USB 接口，其连接线如图 2-113 所示。使用时，方口一端连接打印机，标准 USB 接口端连接计算机。

2. 安装打印机驱动

在将打印机和计算机连接好了后，接通电源后，就可以安装打印机的驱动了。

（1）获得驱动程序。如果是新打印机，在打印包装里肯定有打印机的驱动程序光盘，可直接将光盘放入光驱，然后运行光盘上的 autorun.exe 或者 setup（如果自动运行，则不用打开光驱去找可执行文件），如图 2-114 所示。

图 2-113　打印机 USB 接口线

图 2-114　打印机驱动光盘安装驱动程序

如果没有驱动程序光盘或者没有光驱，则可以直接通过互联网下载。一种是到打印机企业的官方网站下载，另一种是通过专门的驱动程序网站下载（http://www.drvsky.com/，驱动天空网站），下载后解压缩执行安装程序即可。

（2）根据安装程序提示进行操作。部分打印机安装驱动时会提示先拔掉数据线再插上，是为了让计算机和打印机之间进行端口匹配，只有端口匹配完成，计算机才能正常驱动这款打印机，否则计算机就不能驱动这款打印机，驱动程序也安装不了。

1）有安装向导。这种情况是最常见的，可根据安装程序的提示来进行设备连接与安装，如图 2-115 所示。

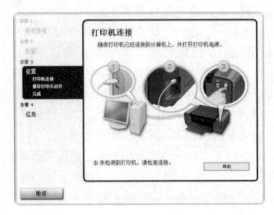

图 2-115　打印机驱动程序安装向导

打印机开机后端口就会自动匹配，匹配完成后上图界面就会自动消失并提示安装成功。此时在计算机的硬件设备中会出现一个新的打印设备，打印时选择这个新出现的设备就可以打印了。

2）只有纯驱动，没有安装界面。这种情况下先将数据线连接计算机，打印机开机后计算机右下角就会发现新硬件，按照新硬件安装向导单击"下一步"，根据操作系统提示安装驱动文件，最后显示安装成功提示。

3）只有纯驱动，没有安装界面，并且连接数据线且打印机开机后，计算机右下角没有提示发现新硬件。这种情况通常发生在一些老式打印机，其驱动安装如下：

单击控制面板中"设备和打印机"，如图 2-116 所示。

图 2-116　控制面板中打印机配置位置

单击工具栏中的"添加打印机"，在弹出的对话框中选择"添加本地打印机"，单击"下一步"按钮，在"选择打印机端口"界面中，根据打印机数据线类型选择端口信息，单击"下一步"按钮，选择对应的厂商和打印机类型，然后单击"从磁盘安装"，浏览并定位驱动程序位置，后续根据提示信息就可以完成打印机的安装，如图 2-117 所示。

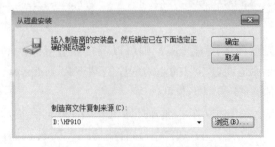

图 2-117　从磁盘安装打印机驱动程序

3. 共享打印机

（1）打开控制面板的"设备和打印机"，右击已经安装好的打印机图标，在弹出的快捷菜单中选择"打印机属性"（注意不要选成"属性"了），如图 2-118 所示。

（2）选择"共享"选项卡，弹出对话框如图 2-119 所示。

图 2-118　打印机属性对话框

图 2-119　共享打印机

单击"更改共享选项"，然后勾选"共享这台打印机"，并给共享打印机命一个好记忆的名称，再单击"确定"即可，如图 2-120 所示。

图 2-120　打印机共享名设置

【任务分析】

目前国内打印机市场竞争激烈，建议购买主流产品，性价比相对高，而且便于后期维护。就本任务而言，建议一步到位买一台带网络功能的多功能一体机，把将来可能需要的扫描、复印问题都一并解决了，也解决了打印共享的问题。

结合任务需求，推荐选用国产的"Brother DCP-7180DN"三合一打印机。

【任务实施】

1. 购买

在京东搜索打印机，选中打印机进行购买，如图 2-121 所示。

图 2-121　打印机选购

2. 安装打印机硬件

（1）拆开包装后可以看到一份说明书、电源线、USB 数据线、网线和打印机。

（2）使用网线连接将打印机接入局域网（网络一般都自动分配地址）。

（3）查看网络打印机分配的 IP 地址。

（4）硬件安装完成。

3. 安装打印机驱动程序

（1）打开控制面板"硬件和声音"窗口，如图 2-122 所示。

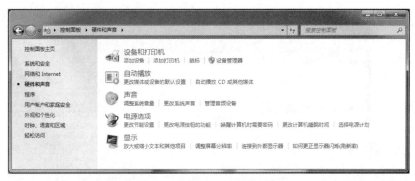

图 2-122　控制面板"硬件和声音"

（2）在"硬件和声音"窗口中单击"添加打印机"，打开对话框如图 2-123 所示。

（3）单击"添加网络、无线或 Bluetooth 打印机"，出现对话框如图 2-124 所示。

图 2-123　添加打印机

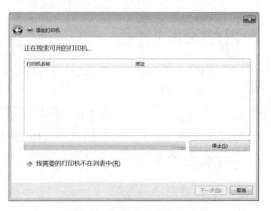

图 2-124　搜索网络打印机

（4）选择"我需要的打印机不在列表中"，出现对话框如图 2-125 所示。

（5）选择使用 TCP/IP 地址或主机名添加打印机，出现对话框如图 2-126 所示。

图 2-125　选择添加方式

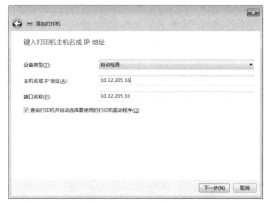

图 2-126　配置网络打印机地址

（6）输入 IP 地址，后续按提示操作即可。因为当前安装的打印机是第一台，所以它自动成为系统默认的打印机。如果已经安装过其他打印机，则需要右键单击打印机图标，将其设置为默认打印机，如图 2-127 所示。

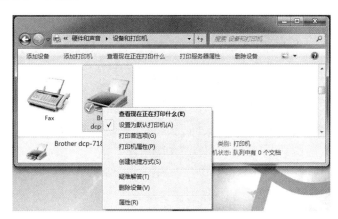

图 2-127　设置默认打印机

【任务小结】

本任务主要学习了：

（1）打印机的概念和类型。

（2）打印的连接和驱动安装。

（3）打印机共享。

【项目练习】

一、简答题

1. 打印机包括哪几种类型？各有什么特点？

2．Windows 7 有哪些版本？

3．简述 Windows 7 的新功能特性。

4．Windows 7 的桌面由哪些元素组成？它们的作用分别是什么？

5．如何选择一个文件或多个不连续的文件？

6．简述 Windows 7 中"库"的含义和作用。

7．Windows 7 创建快捷方式有哪些方法？

8．Windows 7 操作系统中的文件夹有什么作用？

二、操作题

1．将任务栏移动到桌面的右边，并使其自动隐藏。

2．设置日期和时间为 2004 年 10 月 1 日下午 3 点，再改成准确的时间。

3．取消任务栏的"自动隐藏"。

4．将"日历"小工具添加到桌面上。

5．在 D 盘建立一个新的文件夹，将其命名为"2006"。

（1）在"D:\2006"文件夹下面建立一个新文件夹"application"。

（2）在"D:\2006"文件夹下面建立一个新文件夹"doc"，再在"doc"下面建立一个文件夹"myfiles"。

（3）将"D:\2006"下"myFiles"文件夹设置为隐藏属性。

6．搜索应用程序"Powerpoint.exe"，并在桌面上建立其快捷方式，快捷方式名为"幻灯片制作"。

7．打开记事本，然后在写字板中输入"这是我的画"，然后将记事本中的内容保存于桌面上，文件名为"jsb.txt"。

8．搜索应用程序"calc.exe"，并在桌面上建立其快捷方式，快捷方式名为"计算器"，并将此快捷方式添加到"开始"菜单的"启动"选项中。

9．设置桌面属性：找一张你喜欢的图片，将其设置成桌面背景，并分别以居中、拉伸、平铺方式显示。

10．设置屏幕保护程序：设置字幕保护程序，位置居中，背景颜色为蓝色，文字为"欢迎使用 Windows 7"，文字格式采用隶书、斜体字，2 分钟后启动屏幕保护程序，采用恢复时使用密码保护选项。（说明：采用恢复时使用密码保护选项后，若想重回到工作状态，需要输入登录 Windows 7 时的密码，这样在你暂时离开计算机时，可防止其他人动你的计算机。

11．尝试自己安装操作系统包括磁盘分区、格式化等（可以借助 Vmware 虚拟机练习安装）。

12．安装打印机，并尝试打印。

项目三　编辑 Word 文档

【项目描述】

计算机已经成为强有力的生产力工具，对于很多白领来说，每天的主要工作方式就是使用计算机工作，诸如编写工作总结、制作宣传海报、制订工作计划、项目文档、书籍编撰，等等。可以说计算机文字处理是人们工作中很重要的一个应用。而 Office 套件的 Word 软件不仅是一款非常成熟高效的文字处理软件，同时也是全世界最流行的文字处理软件。使用它进行文字处理，不仅能轻松完成工作，编写好的文档更具有通用性，即便到了其他计算机上也能打开并继续编辑处理。

【学习目标】

1. 掌握 Word 2016 的启动和退出方法。
2. 熟悉 Word 2016 工作窗口，掌握创建、打开、保存、打印、关闭、加密文档的方法。
3. 掌握 Word 2016 中设置字体与段落格式、页面设置等基本排版技术。
4. 掌握 Word 2016 中插入、编辑和美化表格的方法。
5. 掌握 Word 2016 中插入和编辑图形、图片、文本框、艺术字的方法。
6. 掌握 Word 2016 中样式和格式刷的使用。
7. 掌握 Word 2016 插入页眉、页脚和目录的方法。

【能力目标】

1. 能熟练完成 Word 2016 文档创建、打开、保存、打印、关闭等操作。
2. 能熟练设置字体与段落格式及页面。
3. 能熟练运用样式和格式刷工具进行排版。
4. 能熟练插入、编辑和美化表格。
5. 能熟练插入和编辑图形、图片、文本框、艺术字等对象进行图文混排。
6. 会在文档中插入页眉页脚和目录。

任务 3.1　制作个人日记本

【任务说明】

学习了 Word 2016 后，我们可以用 Word 制作个人日记本，相对纸质的日记，它更方便、更安全。

【预备知识】

3.1.1 Office 2016 简介

1. Office 简介的版本情况

Office 办公系列软件（简称 Office 套件）是美国 Microsoft（微软）公司开发的一个庞大的办公软件包，其中包括了 Word、Excel、PowerPoint、OneNote、Outlook、Skype、Project、Visio 以及 Publisher 等组件和服务。它同时也是全球应用最为广泛的办公软件之一。

Office 套件中，我们最常用的就是 Word、Excel、PowerPoint、Outlook 四个部件，这些软件在不同版本中的图标如图 3-1 所示。

图 3-1　Office 版本图标变化

从 1990 年 Office1.0 登场开始，微软公司就基本以每 2～3 年一次的版本更新频率对 Office 套件进行升级，只有 Office 2003 和 Office 2007 相隔 4 年，微软在 2015 年推出了 Office 2016，2018 年春推出了 Office 2019，2021 年春推出了 Office 2021 版本。这些版本都是本地应用，当用户完成安装后，即便没有网络也能正常使用它们的绝大多数功能，但是它们也只能在当前计算机提供服务，且当新版本推出后，不能自动更新，需要重新购买。

为了响应网络时代，微软公司还在 2011 年推出了一种订阅式的跨平台办公软件 Office 365。它基于云平台提供多种服务，通过将 Word、PowerPoint、Excel、Outlook 和 OneNote 等应用与 OneDrive 和 Microsoft Teams 等强大的云服务相结合，让任何人使用任何设备都能随时随地创建和共享内容。该版本逐年付费，一旦有新版本推出，其版本也自动升级为新版本。图 3-2 为 Office 2016 和 Office 365 包装。

图 3-2　Office 2016 和 Office 365 包装

新版本具备更多的功能和优点，但是也需要计算机有更好的性能才能很好运行，因此有很多计算机用户还是在使用早期版本。网上的一些投票结果表示，Office 2003、Office 2010、Office 2016 获评为最受用户欢迎版本。并且由于 Office 本身已经相对很成熟了，对常用的功能来说，每次改进变化不多，增加的一些功能也不常用。我国的计算机等级考试也选择使用了这三个版本，从 2021 年起，全国计算机等级考试开始使用 Office 2016 版本。

2. Office 2016 简介

（1）版本划分。

1）Office 2016 家庭和学生版。对于普通人来说，家庭和学生版应该是最常见的。一般说来，新一代的 Windows 品牌台式机和笔记本大多预装了这个版本的 Office，购买机器就后可以免费使用。

不过，这个版本也是相对来说档次最低的版本，只包含了四个组件：Word 2016、Excel 2016、PowerPoint 2016 和 OneNote 2016。

2）Office 2016 小型企业版。该版本与家庭和学生版相比，增加了一个 Outlook 2016 组件，且售价翻倍。

3）Office 2016 专业版。与前面的版本相比，专业版包含的组件更为全面。此版本包含了 Word 2016、Excel 2016、PowerPoint 2016、OneNote 2016、Outlook 2016、Publisher 2016、Access 2016 的完整版，并且可以使用 OneDrive 将文件保存在云存储空间。

除此以外，后续微软还推出了专业增强版，可以使用所有组件。

（2）和 Office 2013 相比的进步。Office 2016 和前面 2 个版本一样都有其对应的操作系统承载需求，Office 2010 针对 Windows 7 进行了优化，Office 2013 针对 Windows 8 进行了优化，而 Office 2016 则针对 Windows 10 进行了优化。

细节上看，Office 2016 除了界面的改变，一些功能的增强外，相对 Office 2013 版本，主要有三个比较突出的新增功能：

1）强化了协同操作。对于任何文档，用户都可以通过右上角"共享"按钮，邀请其他同样使用 MS ID，并且正在使用 Office 2016 的用户参与实时编辑。所有用户都可以实时看到别人的编辑过程，如图 3-3 所示。这是这个版本的最大亮点。

2）新增的 Tell Me 功能。界面顶部都有一个"操作说明搜索"，即功能快捷跳转的搜索栏。用户在不清楚当前软件某个功能在哪的时候，在搜索栏输入内容就会直接出现用户需要的功能按钮，选择后即可使用，极为方便，如图 3-4 所示。

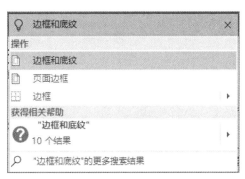

图 3-3　Word 2016 的共享功能　　　　　　图 3-4　Tell Me 功能

3）移动编辑。这也是云计算时代的特征，用户放到云端的文件在所有平台都可以实时编辑，方便商业人士随时随地办公。

3. Office 2016 的安装

（1）安装环境需求：Office 2016 不适用于 Windows Vista 以及 Windows XP 以下系统，可

以在 Windows 7（RTM）、Windows 7 SP1、Windows 8.1、Windows 10 操作系统上安装。

（2）获取安装包。使用实体安装光盘或者下载的安装包（下载完成后解压缩开）都可以进行，运行目录中的"setup.exe"文件即可，如图 3-5 所示。

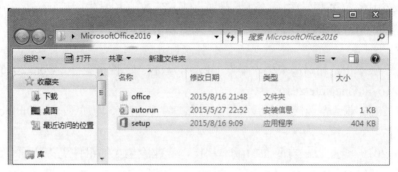

图 3-5　安装文件位置

（3）安装过程。Office 2016 的安装和所有前面版本均不同，安装程序开始前先进行安装准备工作，如图 3-6 所示。

图 3-6　Office 2016 安装准备

当安装准备完成后，Office 2016 即开始了自动安装过程，如图 3-7 所示。整个安装过程都没有询问用户需求，安装程序直接完成所有组件的安装。

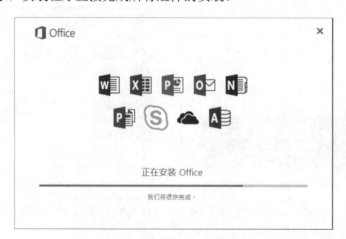

图 3-7　Office 2016 安装过程

当所有内容安装完成后，安装程序弹出对话框，如图 3-8 所示。

图 3-8　安装完成

（4）自定义安装问题。Office 2016 不仅不能自定义安装路径，而且还不能选择安装的组件，默认就把全部组件安装上了。但很多组件其实并不常用的，白白占用计算机的资源，还可能导致配置比较低的计算机卡顿。如果需要自定义安装，主动选择安装组件，可以借助第三方工具"Office 2016 自定义安装器"，基本步骤如下：

1）把下载的 Office 2016 Install v3.0 解压，然后将解压得到的 Office 文件夹复制到 Office 2016 Install 中的根目录中。

2）单击打开 Office 2016 Setup.exe，运行界面如图 3-9 所示。

3）勾选要安装的组件，比如只勾选 Word/Excel/PowerPoint 三件套。

4）选择操作系统类型。

5）最后单击 Install Office 按钮即可。

图 3-9　第三方工具辅助安装

4．Word 2016 简介

由于 Windows 操作系统的优势地位，一直以来，Microsoft Office Word 都是全球最流行的文字处理程序。

Word 给用户提供了用于创建专业而优雅的文档工具，帮助用户节省时间，并得到优雅、美观的结果。作为 Office 套件的核心程序，Word 提供了许多易于使用的文档创建工具，同时也提供了丰富的功能集，供创建复杂的文档使用。

Word 的历史比 Office 还更早，不断的版本升级使得其功能不断完善。由于版本的升级，不同版本间的 Word 文档内部格式都有不同，采用向下兼容模式。高版本的 Word 可以打开低版本的 Word 文档，反之则不一定能正常打开。

Word 2016 界面相对 Word 2013 更美观，但使用习惯基本保持。除了前面介绍 Office 的新增功能外，还有几个方面的明显变化：

（1）增加了多窗口显示功能。此功能在之前的版本中没有，非常实用，避免了来回切换 Word 的麻烦，直接在同一界面中就可以选取。

（2）依次单击"工具栏""插入"，可以发现在形状右侧增加了一个新功能"图标"，可以非常方便地导入一些常用小图标。

（3）在"插入"中还增加了"屏幕截图"功能，可以直接截取计算机界面，并且图片可以直接被导入到 Word 中进行编辑修改。

（4）在视图中增加了"垂直"和"翻页"选项，可以自由切换页面视图为横向或者纵向显示。

3.1.2 Word 2016 启动和关闭

1. 启动 Word 2016

默认情况下安装好 Office 2016 后，安装程序会自动在任务栏创建 5 个应用的快捷方式，并同时在"开始"菜单的所有程序根目录创建所有 9 个应用的快捷方式，如图 3-10 所示。因此要启动 Word 2016，最常用的两种方式就是从这两个位置单击 Word 2016 的图标。

图 3-10　Office 2016 自动创建的各个应用启动快捷方式

除此以外，还有三种方式也是常用方式：

（1）将"开始"菜单里的 Word 2016 图标，发送桌面快捷方式，以后就可以从桌面启动。

（2）通过运行"Winword"命令，打开 Word 2016。

（3）在资源管理器中，找到要编辑的 Word 文档，直接双击即可启动 Word 2016。这也是较为常用的一种方式，和前面各种方式的区别是，它不仅打开了 Word，而且同时也自动加载被双击的 Word 文件内容，这也就是后面内容中习惯称呼的"打开 Word 文档"操作。

2. 关闭 Word 2016 窗口

退出 Word 2016 有以下 2 种方法。

（1）利用"关闭"按钮。用鼠标单击 Word 2016 主窗口右上角的"关闭" ✖ 按钮。

（2）利用快捷键。在 Word 2016 窗口中，按快捷键 Alt+F4 也可以退出 Word 2016。

特殊情况下，Word 窗口可能出现未响应情况，我们可以借助 Ctrl+Shift+Esc 组合键调出 Windows 的任务管理器进行关闭，如图 3-11 所示。

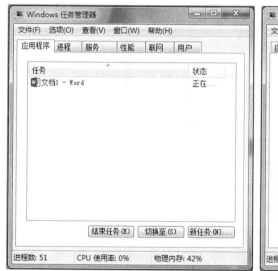

图 3-11　任务管理关闭 Word 2016

3.1.3　创建、保存和打开文档

使用 Word 2016 编辑文档，用户首先要学会如何创建文档、如何打开文档、如何根据要求保存文档、如何关闭文档，这样才能有效地进行 Word 文档的基本操作。

1. 创建空白新文档

早期版本中用户每次通过快捷方式打开 Word 时，程序就会自动创建一个空白文档，直接在其中编辑内容即可。从 Office 2016 开始，新建空白文档是用户使用 Word 2016 编写文稿的第一步。新打开 Word 2016 后，需要手动创建新文档，可以直接在封面推荐模板中选择一个模板创建，单击模板名称后即可创建新的 Word 文档。如果已经打开了 Word 文档，也可以单击"文件"→"新建"，然后选择一种文档模板，单击模板名称后即可创建新的 Word 文档，如图 3-12 所示。

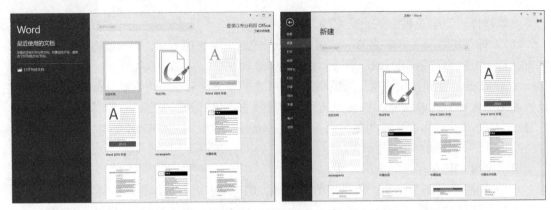

图 3-12　新建 Word 文档（启动时和打开文档后）

中文版 Word 2016 在本地为用户提供了多种文档类型，例如空白文档、书法字帖、求职等。如果用户计算机能接入 Internet，还有大量的在线文档模板可供使用。

2. Word 2016 窗口简介

创建好 Word 文档后，可以看到如图 3-13 所示的工作界面。

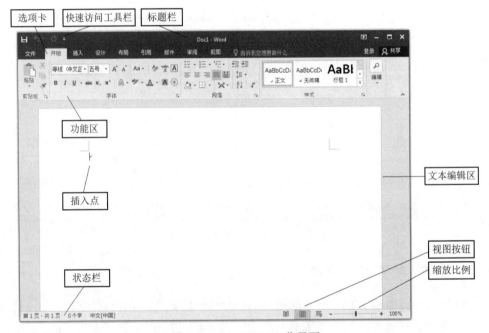

图 3-13　Word 2016 工作界面

Word 2016 的工作界面包括 Word 按钮、快速访问工具栏、标题栏、功能区、文档编辑区、状态栏等。下面对界面中的各部分分别予以介绍。

（1）快速访问工具栏：默认情况下，快速访问工具栏位于 Word 窗口的顶部，Word 按钮的右侧。使用它可以快速访问使用频率较高的工具，如"保存"按钮、"撤销"按钮、"回复"按钮等。用户还可将常用的命令添加到快速访问工具栏，其方法是：单击快速访问工具栏右侧的"自定义快速访问工具栏"按钮，从弹出的下拉菜单中可以设置"快速访问工具栏"中显示的按钮。例如，如果希望在"快速访问工具栏"中显示"快速打印"按钮，只需在下拉菜单中选中"快速打印"菜单项即可。

（2）标题栏：位于"快速访问工具栏"的右侧，界面最上方的区域，用于显示当前正在编辑文档的文档名等信息。如果当前文档尚未被保存或是由 Word 自动打开的，其名为"Doc*n*"（或文档 *n*，doc 是文档的英文缩写），这里 *n* 代表数字 1，2，3，…，它是 Word 2016 给同时打开的无名文档的自动编号。

（3）选项卡：位于标题栏下，Word 2016 将大量的文档编辑处理功能分门别类地归档到一个个选项卡下，单击该选项卡即可看到其下面的功能区。需要注意的是，有一些选项卡默认不会显示出来，只有在处理到相关类型材料时才会显示，比如图片或表格的特殊选项卡。

（4）功能区：在 Word 2016 中，功能区替代了早期版本中的菜单栏和工具栏，而且它比菜单栏和工具栏承载了更丰富的内容，包括按钮、库、对话框等。为了便于浏览，功能区中集合了若干个围绕特定方案或对象进行组织的选项卡，每个选项卡又细化为几个组，每个组中又列出了多个命令按钮。

（5）文档编辑区：Word 2016 用户界面中的空白区域即文档编辑区，它是输入与编辑文档的场所，用户对文档进行的各种操作的结果都显示在该区域中。

（6）插入点：在文本编辑区中闪动的竖直短线条。实际上插入点就是光标所在的位置，它表明了输入文字时文字符号的插入位置，用光标控制键可移动它。

（7）滚动条：滚动条有垂直滚动条与水平滚动条两种，分别位于文本编辑区窗口的最右边和最下边。在滚动条的两端各有一个方向相反的箭头按钮，中间有一个滑块。滑块标明了在当前文本编辑区内所显示出的文本在整个文档里的相对位置，而整个文档的长度和文本行的宽度则由垂直滚动条和水平滚动条的长度来表示。单击滚动条两端的箭头或拖动滑块，可以使文档的其他内容显示出来。图 3-13 中，因为只有一个空白页面，所以没有出现滚动条。

（8）状态栏：位于界面的最下方，用于显示当前文档的基本信息，包括当前文本在文档中的页数、总页数、字数、前文档检错结果、语言状态等内容。

（9）视图按钮：视图按钮位于状态栏的右侧，主要用来切换视图模式，可方便用户查看文档内容，其中包括页面视图、阅读版式视图和 Web 版式视图。

（10）缩放比例：位于视图按钮的右侧，主要用来显示文档比例，默认显示比例为 100%，用户可以通过移动控制杆滑块来改变页面显示比例。

3．保存 Word 文档

在 Word 2016 中将文档进行编辑处理后，如果对文档内容进行了修改，则应当将其保存。否则，文档内最新编辑的内容在退出 Word 2016 后会丢失（如果不是空白内容，只要没有保存，退出时会有提示）。

在编辑文档的任何时候，都可以通过"保存"命令保存当前文档或新打开的文档的内容。

保存文档的方法有以下 4 种：

（1）用键盘命令。按 Ctrl+S 组合键。这是最简单、最方便的保存方法，也是推荐的方式。

（2）使用"快速访问工具栏"上的"保存"按钮。

（3）使用"文件"菜单的"保存"命令。单击"文件"菜单，在弹出的菜单中单击"保存"。

虽然方式不同，但是三种方法的功能是相同的，它们如果面对已经保存过的文档，则自动将文件按原路径原文件名保存，不会有提示信息。如果保存的文件比较大或者存储设备运行速度比较慢，在状态栏右侧"视图"按钮旁会看到进度条。如果正在编辑的文档还未保存过，则在首次保存时，系统会弹出一个"另存为"界面，如图 3-14 所示。

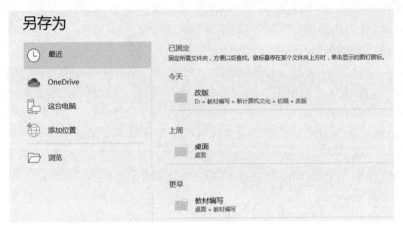

图 3-14　"另存为"界面

在该界面中，需要在选择保存位置后，系统才会提示输入文件名称。用户曾经用过的保存路径会被 Word 2016 记忆并默认显示出来，方便用户直接选用。其中"OneDrive"和"这台电脑"是曾经用过的云路径和本地路径。如果这些路径都不适合，我们可以用以下两种方式解决：

（1）单击任意一个默认路径。

（2）单击"浏览"。

两种方式并没有本质区别，都会在选择后弹出"另存为"对话框让用户保存确认，如图 3-15 所示。区别只在于推荐的保存位置，前者推荐用户选择的路径，后者始终选择"我的文档"路径。

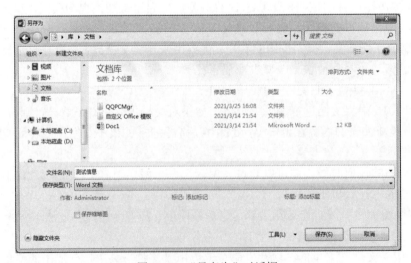

图 3-15　"另存为"对话框

在对话框的文件夹列表中选择需要存放当前文档的文件夹，并在"文件名"栏输入文件名，然后单击"保存"按钮，就可以完成保存操作。

如果要将当前已经保存过的文档用另一个文件名保存起来，则可用鼠标单击"文件"菜单，在弹出的菜单中选择"另存为"命令后，将弹出"另存为"对话框。和保存操作出现的"另存为"对话框不同的地方在于，另存为时默认选择当前文档的路径和当前的文件名，而前者操作时默认文件夹是"我的文档"，文件名也是文档中的第一段文字信息。

　　此外，Word 文档保存时，如果有保密需求，我们还可以设置文件的打开口令和修改口令。在"另存为"对话框出现后，单击对话框下方的"工具"下列列表，如图 3-16 所示。

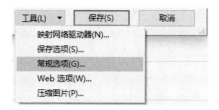

图 3-16　保存选项

单击"常规选项"，打开"常规选项"对话框，如图 3-17 所示。

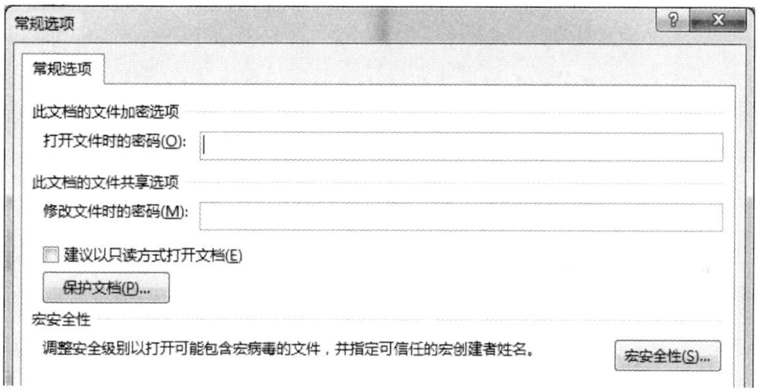

图 3-17　"常规选项"对话框

　　通过该对话框，用户可以设置 Word 2016 文档的"打开密码"和"修改密码"。我们可以根据需要设置其中一种或者两者密码。设置好单击"确定"按钮后，还会弹出对话框，确定前面设定的密码，避免打错或记错。当设定好密码并完成文件保存后，密码就立即生效了。如果我们再次打开该文档，就需要输入密码。如果设置了"打开密码"，文档打开前就会要求输入密码，如果密码输入错误，Word 就会中止打开操作，关闭 Word 窗口，如图 3-18 所示。如果设置了"修改密码"，在文档打开时也会提示输入密码，如图 3-19 所示。

图 3-18　打开密码对话框

图 3-19　修改密码对话框

如果没有输入密码，单击了"取消"，Word 也会中止打开操作，关闭 Word 窗口。如果单击了"只读"按钮，则以只读方式查看文档，一旦我们对文档内容进行了修改，将无法自动保存。如果试图原路径原文件名保存，则会弹出如图 3-20 所示的提示。

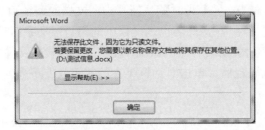

图 3-20   只读提示对话框

如果两个密码都有设置，打开时会先提示"打开密码"，录入正确后，再提示"修改密码"。从两种密码的使用体验看，"打开密码"是一种更安全的保密方式，而"修改密码"则是对于共享文档的一种保密方式。

4．打开文档

（1）通过新启动的 Word 2016 窗口打开文档。可以通过查看"开始"菜单下的最近使用文档，如果需要打开的文档在其中，单击名称即可打开（注：这些文档信息可以从列表中删除，以保护隐私）。

如果里面没有需要打开的文件，则单击"打开"菜单下的"浏览"，在如图 3-21 所示的"打开"对话框中选择打开文件。

图 3-21   "打开"对话框

在对话框中可以通过切换路径找到所需文件，单击文件名，再单击"打开"按钮即可。

（2）在一个正在编辑的 Word 2016 窗口中打开别的文档。

在这种情况下打开已有 Word 2016 文档的方法有以下 4 种：

1）单击"文件"菜单，使用"开始"命令下的最近打开文件列表。

2）单击"文件"菜单，在弹出的菜单中选择"打开"命令。

3）单击"快速访问"工具栏中"打开"按钮（如果没有出现，可以通过"快速访问"工具栏的下拉菜单添加）。

4）按快捷键 Ctrl+O。

这四种方法和 Word 2016 窗口打开文档的两种方法其实是类似的。

3.1.4　输入文本

当启动 Word 2016 进入主窗口后，即可输入文本。在新文档中，光标位置位于屏幕左上角，Word 2016 在此处开始文本的输入。下面分别介绍普通文本、日期和时间以及特殊符号在文档中的输入方法。

1. 普通文本

一般文档都由普通文本组成，在 Word 中输入的普通文本包括英文文本和中文文本两种。

（1）输入英文文本。默认的输入状态一般是英文输入状态，允许输入英文字符。可以在键盘上直接输入英文的大小写文本。按 CapsLock 键可在大小写状态之间进行切换；在小写状态下按住 Shift 键，再按需要输入的英文字母键，即可输入相对应的大写字母；按 Ctrl+Space 组合键，可在英文输入状态和中文输入状态之间进行切换。

（2）输入中文文本。当要在文档中输入中文时，首先要将输入法切换到中文状态。假设用户希望用搜狗拼音输入法输入汉字，则应按 Ctrl+Shift 组合键来选择搜狗拼音输入法（也可以用鼠标在任务栏上单击输入法按钮进行选择），当输入法选择好后，就可以输入文本了。每输入一个字符或文字，光标都会向后移动，一行输满后，计算机会自动换行。输入文本的窗口如图 3-22 所示。

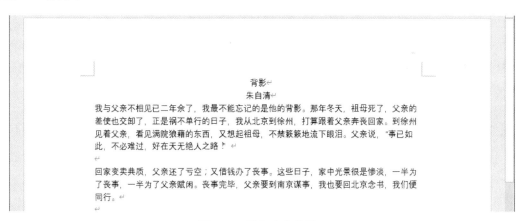

图 3-22　输入文本的窗口

2. 输入日期和时间

在编辑文档的过程中，经常需要输入日期和时间，使用 Word 2016 的插入日期和时间功能，可以快速实现该操作。

在文档中快速插入日期和时间的具体操作步骤如下：

（1）将插入点定位在要插入日期和时间的位置。

（2）在"插入"选项卡中，单击"文本"组中的 日期和时间 按钮，弹出"日期和时间"对话框，如图 3-23 所示。

（3）在"可用格式"列表框中选择一种日期和时间格式；在"语言（国家/地区）"下拉列表中选择一种语言。

图 3-23　日期和时间对话框

（4）如果勾选"自动更新"复选框，则以域的形式插入当前的日期和时间，该日期和时间是一个可变的数值，它可根据打印的日期和时间的改变而改变；取消勾选"自动更新"复选框，则可将插入的日期和时间作为文本永久地保留在文档中。

（5）单击"确定"按钮，即可在文档中插入日期和时间。

3．输入特殊字符

Word 2016 是一个强大的文字处理软件，通过它不仅可以输入汉字，还可以输入特殊符号，如"☀"、"☏"、"✪"等，从而使制作的文档更加丰富、活泼。使用"特殊符号"对话框插入特殊符号的操作步骤如下：

图 3-24　插入符号

（1）把插入点置于文档中要插入特殊符号的位置。

（2）在"插入"选项卡中，单击"符号"组中的"符号"按钮，在如图 3-24 所示的下拉菜单中选择需要插入的符号即可。

如果要插入的符号不在默认的下拉列表中，可以单击"其他符号"，打开如图 3-25 所示"符号"对话框。

"符号"对话框中将符号分门别类地进行管理，如果用户明确符号类别，可以通过选择类别快速找到，如果不明确类别，只能从上到下逐一查找。此外 Word 具有记忆功能，最近使用过的符号都会出现在默认符号列表里，下一次再用时就可以快速插入。

4．输入编号

给文档编序号时可能会遇到一些特殊的编号，不容易用输入法实现。这个时候可以使用系统的编号功能。在"插入"选项卡中，单击"符号"组中的"编号"按钮，打开如图 3-26 所示的"编号"对话框。

在这个对话框中输入数字，再选择编号样式，单击"确定"按钮就可以在光标处插入需要的编号。

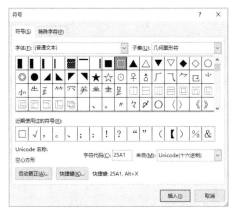

图 3-25　"符号"对话框

图 3-26　编号对话框

3.1.5　选择文本

在对文字进行编辑处理中，常常会对若干文本行、一个自然段或者是整个文档进行同一种基本编辑操作。为此，首先应当给它们做上标记，即选择文本，以确定操作的范围。被选择的区域也称为块，在 Word 中可以对块进行剪切、清除、复制、移动、粘贴等操作，或者改变它们的字体、段落设置等，选择操作可以使用鼠标，也可以使用键盘。

下面主要以如何选择文字来介绍选择操作，如果文档中包括了图形、图标等项目，操作方法是一样的。

在选择操作中，当文本有灰色背景时表示被选中，表示这部分区域已经被选择，如图 3-27 所示。从图中可以看出，第一段文本的第 1 行和第 2 行文字都变为灰色阴影背景了，表示这部分内容已经被选中。

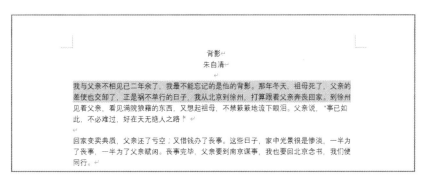

图 3-27　选择文本

1. 用鼠标进行选择

（1）选择一句话。一句话用中文句号"。"或回车符"↵"分隔。选择时先将鼠标移到此句话中任意一个字符上，按下 Ctrl 键不放，然后单击鼠标左键即可。

（2）选择一个文本。在操作时，先将鼠标指针移到本行文本的最左边，此时鼠标指针变为右斜箭头，单击鼠标左键即可选择该文本行。

（3）选择不连续的多个文本行。首先选择第一个文本行，然后将鼠标指针移到文本行的最左边，此时鼠标指针变为右斜箭头，按下 Ctrl 键不放，单击即可选择不连续文本行。

（4）选择连续的多个文本行。在操作时，先将鼠标指针移到需选择文本的第一行或最后一行的最左边，此时鼠标指针变为右斜箭头，按下鼠标左键不松手，相应地向上或向下拖曳鼠标即可。

（5）选择一个自然段。一个自然段就是在输入文本时按下了 Enter 键作为结束标记"↵"。在选择自然段时，先将鼠标指针移到该段文本任意一行的最左边，此时鼠标指针变为右斜箭头，再双击即可。

另一种方法是将鼠标指针移到该自然段内的任意位置上，再三击鼠标左键，也可以选择该自然段。

如果要选择多个连续的自然段，在选择了第一个段后按住鼠标左键并拖曳鼠标即可。

（6）选择整个文档。选择整个文档可以使用以下两种方法：

1）选择时，先将鼠标指针移到当前屏幕的最左边，此时鼠标指针变为右斜箭头，连单击 3 次即可。

2）选择时，先将鼠标指针移到当前文本的最左边，此时鼠标指针变为右斜箭头，然后按住 Ctrl 键不放并单击即可。

（7）选择任意的区域。如果要任意选择一块区域，则可先将鼠标指针移到需选择区域的第一个字上，再按住鼠标左键不放并且将鼠标拖过要选择的文本。如果将鼠标向上或向下进行拖曳，则选择若干行，如果向左或向右拖曳则选择这一行的若干文字。

更快的方法是：将输入光标定位在需选择区域的其中一处，按下 Shift 键，再将鼠标移到需选择区域的另一处并单击。

（8）选择一个矩形区域的文本。如果要选择一个矩形区域的文字，首先将光标移动到预定的矩形区域的某列位置上，再按 Alt 键，然后鼠标来选择光标所扫过的区域即可。

（9）取消选择。要取消所选择的区域，只需单击即可。

2. 用键盘进行选择

用键盘对文本区域进行选择操作的特点是用 Shift 键、Ctrl 键和光标控制键的组合，选择起始位置均从当前光标所在位置开始。操作按键与选择范围见表 3-1。

表 3-1　操作按键与选择范围

组合键	选择范围
Shift+→	向右选择一字
Shift+←	向左选择一字
Ctrl+Shift+→	向右选择一英文句
Ctrl+Shift+←	向左选择一英文句
Shift+Home	向左选择到文本行首
Shift+End	向右选择到文本行尾
Shift+↑	从当前列位置选择到上一行相同列位置
Shift+↓	从当前列位置选择到下一行相同列位置
Ctrl+Shift+↑	向上到所在段首
Ctrl+Shift+↓	向下到所在段结束

组合键	选择范围
Ctrl+Shift+Home	向上到文档开始
Ctrl+Shift+End	向下到文档结束
Shift+PgUp	向上一屏幕
Shilt+Pgdn	向下一屏幕
Ctrl+A	选择全部文档

以上所介绍的选择操作对图片、图形、表格等均适用。

3.1.6　设置字体、字型和字号

字体格式设置主要使用"开始"选项卡中的"字体"选项组，如图3-28所示。

图 3-28　"字体"选项组

1．设置字体

字体一般分为英文字体和中文字体两大类。其中英文字体又包括若干种，如 Times New Roman、Arial、Verdana 等，中文字体也有若干种，如黑体、宋体、隶书等。在 Word 2016 中，中文字体和英文字体自动转换，如果用户输入的文本是中文，它默认的字体是宋体。反之，若输入的文本是英文，则它默认的字体是 Times New Roman。若用户希望改变字体，可按下列步骤进行操作：

（1）首先选择需要设置字体的文本。

（2）在"开始"选项卡中的"字体"组中单击 宋体 右侧的下箭头按钮，弹出"字体"下拉列表。

（3）从中选择一种字体，如"隶书"，这样选中的文本就改变为隶书，如图3-29所示。

图 3-29　设置字体效果

2．设置字型

Word 2016 共设置了常规、加粗、斜体和下划线 4 种字型，默认设置为常规字型，用户可以按以下步骤设置文本的字型，在文档中使用加粗、斜体或下划线。

（1）选择要改变或设置字型的文本。

（2）在"开始"选项卡中的"字体"组中单击字型按钮（**B** 表示加粗、*I* 表示斜体、U 表示下划线），该部分文本就变成了相应的字型。

（3）除单独设置上述 3 种字型外，用户还可以使用这 3 种字型的任意组合，即加粗+斜体、加粗+下划线、斜体+下划线和加粗+斜体+下划线等。要使用这种组合字型时，只要单击相应的按钮就可以了，如设置文本既是粗体又是斜体的方法是：选择要改变或设置字型的文本，然后单击"加粗"和"斜体"按钮，该部分文本就变成了既是粗体又是斜体的字型。

3．设置字号大小

根据文档内容的需要进行字体和字型的变化之外，还应该在文字的大小上使文档的各部分有所区别，这样可以使文档脉络清晰，层次分明。例如，文档的标题以及各部分的小标题中的文字应该比正文中的文字稍微大一些，内容提要中的文字则要比正文部分的文字小一些。因此，在文档中设置文字大小是很有必要的。

在 Word 2016 的默认设置中，共有从 5 磅到 72 磅的 21 种字体大小，用户也可以输入大于72 的磅值，打印或显示出更大的字符。在 Word 2016 中文版中，根据中国人的使用习惯增加了字"号"的选择方式，从"八号"到"初号"依次增大，共 16 种字体大小。

设置文字大小的方法如下：

（1）选择要设置文字大小的文本。

（2）在"开始"选项卡中的"字体"组中单击 10 右侧的下箭头按钮。

（3）选择一种字号（可以选择号数，也可以选择磅值），如"三号"，这样选中的文本就设置为"三号"字了。字体、字型和字号的显示效果如图 3-30 所示。

计算机应用基础————隶书、常规、一号字

计算机应用基础————宋体、斜体、二号字

计算机应用基础————华文彩云、下划线、三号字

计算机应用基础————宋体、加粗+斜体、四号字

图 3-30　字体、字型和字号的显示效果

4．使用"字体"对话框设置字体、字型和字号

以上介绍的是利用"开始"选项卡"字体"组中的快捷按钮来设置文本的字体、字型和字号，用户也可以使用"字体"对话框来设置文本的字体、字型和字号。操作步骤如下：

（1）选择要设置文字大小的文本。

（2）在"开始"选项卡中的"字体"组中单击"对话框启动器"按钮，弹出如图 3-31所示的"字体"对话框（也可以通过右击选中文字，在弹出的菜单上选择"字体"命令）。

（3）单击"中文字体"或"西文字体"下拉列表，选择中文字体和英文字体，在"字型"列表框中选择相应的字型，在"字号"列表框中选择需要的字号。

（4）设置完成后，单击"确定"按钮。

5．设置文本颜色

为了突出显示某部分文本，或者为了美观，为文本设置颜色或者突出显示是常用操作。Word 2016 默认的文本颜色是白底黑字。用户可根据需要，为文本设置合适的颜色。

操作步骤如下：

（1）在文档中选中需要设置字体颜色的文本。

（2）在"开始"选项卡中的"字体"组中单击"字体颜色"按钮 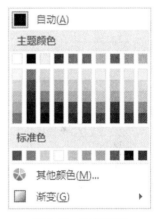 右边的下箭头按钮，弹出"字体颜色"下拉列表，如图 3-32 所示。

图 3-31　"字体"对话框

图 3-32　颜色列表

（3）在该下拉列表中选择需要的颜色即可。

（4）如果下拉列表中没有需要的颜色，可单击"其他颜色"或"渐变"按钮，在弹出的后续对话框中选择需要的颜色或渐变效果。

6．设置文本效果

操作步骤如下：

（1）在文档中选中需要设置字体效果的文本。

（2）在"开始"选项卡中的"字体"组中单击"文本效果"按钮 A，将会弹出"文本效果"下拉列表。

（3）在该下拉列表中选择需要的"文本效果"即可。

3.1.7　设置段落格式

在 Word 2016 中一个段落就是一个自然段，它可以包括文字、图形、表格、公式、图像或其他项目，每个段落用段落标记表示结束。段落标记通常通过按 Enter 键产生。可以单击"开始"选项卡的"段落"组中的"显示/隐藏编辑标记"按钮来显示或隐藏段落标记。

1. 设置段落对齐方式

段落有 5 种对齐方式，即左对齐、居中、右对齐、两端对齐和分散对齐。对齐方式确定段落中选择的文字或其他内容相对于缩进结果的位置。

设置文本对齐方式的操作步骤如下：

（1）选择文字区域或将光标移到段落文字上。

（2）在"开始"选项卡中的"段落"组中单击对齐方式按钮（左对齐：▤、居中：▤、右对齐：▤、两端对齐：▤、分散对齐：▤）。

- 左对齐：段落文字从左向右排列对齐。
- 居中：段落文字放在每行的中间。
- 右对齐：段落文字从右向左排列对齐。
- 两端对齐：两端对齐就是指一段文字（两个回车符之间）两边对齐，对微小间距自动调整，使右边对齐成一条直线。
- 分散对齐：增大行内间距，使文字恰好从左缩进排到右缩进。

图 3-33 所示为 5 种对齐方式的示例效果。

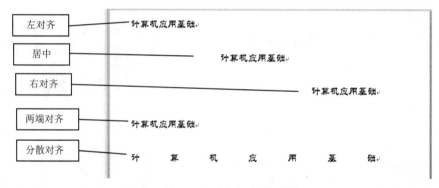

图 3-33　对齐方式示例效果

2. 设置段落缩进

段落缩进是指文本与页边距之间保持的距离。段落缩进包括左缩进、右缩进、首行缩进和悬挂缩进 4 种缩进方式。设置段落缩进有多种方法，这里主要介绍 3 种。

（1）使用"开始"选项卡中"段落"组的工具按钮设置段落缩进。

1）将光标定位于将要设置段落缩进的段落的任意位置。

2）单击"增加缩进量"按钮▤，即可将当前段落右移一个默认制表位的距离。相反，单击"减少缩进量"按钮▤，即可将当前段落左移一个默认制表位的距离。

3）根据需要可以多次单击上述两个按钮来完成段落缩进。

（2）使用"段落"对话框设置段落缩进。

1）将光标定位于要设置段落缩进的段落的任意位置。

2）打开"开始"选项卡，在"段落"组中单击"对话框启动器"按钮▤，弹出如图 3-34 所示的"段落"对话框（也可以通过右击选段落，在弹出的菜单上选择"段落"命令）。

图 3-34 "段落"对话框

3）单击"缩进和间距"选项卡，在"缩进"区域中设置缩进量。

- 左侧：输入或选择希望段落从左侧页边距缩进的距离。值为负时文字出现在左侧页边距上。
- 右侧：输入或选择希望段落从右侧页边距缩进的距离。值为负时文字出现在右侧页边距上。
- 特殊格式：希望每个选择段落的第一行具有的缩进类型。单击其右边的下箭头按钮，将弹出下拉列表，其选项的含义如下：
  - ➢ 无：把每个段落的第一行与左侧页边距对齐。
  - ➢ 首行缩进：把每个段落的第一行，按"磅值"微调框内指定的量缩进。
  - ➢ 悬挂缩进：把每个段落中第一行以后的各行，按"磅值"微调框内指定的量右移。
- 磅值：在其微调框中输入或选择希望第一行或悬挂行缩进的量。

4）设置完成后，单击"确定"按钮。

（3）使用"标尺"设置段落缩进。用鼠标选择"视图"选项卡，选中"标尺"复选框，在 Word 窗口的左侧和上方就可以看到垂直标尺和水平标尺了。使用水平标尺是进行段落缩进最方便的方法之一。水平标尺上有首行缩进、悬挂缩进、左缩进和右缩进 4 个滑块，如图 3-35 所示。

图 3-35 "水平标尺"滑块

1）左缩进：控制整个段落左边界的位置。

2）右缩进：控制整个段落右边界的位置。

3）首行缩进：改变段落中第一行第一个字符的起始位置。

4）悬挂缩进：改变段落中除第一行以外所有行的起始位置。

3. 设置行间距和段落间距

行间距是指段落中行与行之间的距离，段间距是指段落与段落之间的距离。

（1）设置行间距。操作步骤如下：

1）选择需要设置段落行间距的文字区域。

2）打开"开始"选项卡，在"段落"组中单击"对话框启动器"按钮，弹出如图 3-34 所示的"段落"对话框。

3）单击"缩进和间距"选项卡，在"行距"下拉列表中选择一种行间距。

- 单倍行距：把每行间距设置成能容纳行内最大字体的高度。例如，对于 10 磅的文字，行距应略大于 10 磅，字符的实际大小加上一个较小的额外间距。额外间距因使用的字体而异。

- 1.5 倍行距：把每行间距设置成单倍行距的 1.5 倍。例如，对于 10 磅的文字，其间距约为 15 磅。

- 2 倍行距：把每行间距设置成单倍行距的 2 倍。例如，对于 10 磅的文字，双倍间距把间距设为约 20 磅。

- 最小值：选中该选项后可以在"设置值"微调框中输入固定的行间距，当该行中的文字或图片超过该值时，Word 2016 自动扩展行间距。

- 固定值：选中该选项后可以在"设置值"微调框中输入固定的行间距，当该行中的文字或图片超过该值时，Word 2016 不会扩展行间距。

- 多倍行距：选中该选项后可以在"设置值"微调框中输入值为行间距，此时的单位为行，而不是磅。允许行距以任何百分比增减。例如，把行距设成 1.2 倍，则行距增大 20%；而把行距设为 0.8 倍，则行距减小 20%；把行距设为 2 倍，则等于把行距设为 2 倍行距。

4）以上行间距设置完成后，单击"确定"按钮。

（2）设置段落间距。段落间距是指段落和段落之间的距离，在图 3-34 中，可在"缩进和间距"选择卡的"间距"栏内设置段落间的距离。其中，"段前"表示在每个选择段落的第一行之上留出一定的间距量，单位为行。"段后"表示在每个选择段落的最后一行之下留出一定的间距量，单位为行。

4. 给段落文字加边框

在段落或文字周围添加一条边框，可以使这部分文档更加突出，让文档更具有艺术效果。边框效果如图 3-37 所示。

操作步骤如下：

（1）如果要在某个段落的四周添加边框，可单击该段中任意一处；如果要为某部分文字（如一个单词）或某几个段落周围添加边框，则选中这些文字或段落。

（2）单击"开始"选项卡，在"段落"组中单击"边框"按钮，在弹出的下拉菜单中选择 边框和底纹(O)... 按钮，弹出"边框和底纹"对话框，如图 3-36 所示。

（3）如果为单个段落添加边框，则在对话框的右下角的"应用于"下拉列表中选择"段落"。

（4）在"设置"选项中选择边框类型，包括"无""方框""阴影""三维"或"自定义"，用户可以在预览框中逐个观察它们的效果。

（5）如果要指定只在某些边添加边框，则单击"自定义"，并在"预览"区域单击图表中的这些边，或者单击"预览"区域左面和下面的按钮设置或删除边框。

图 3-36　"边框和底纹"对话框

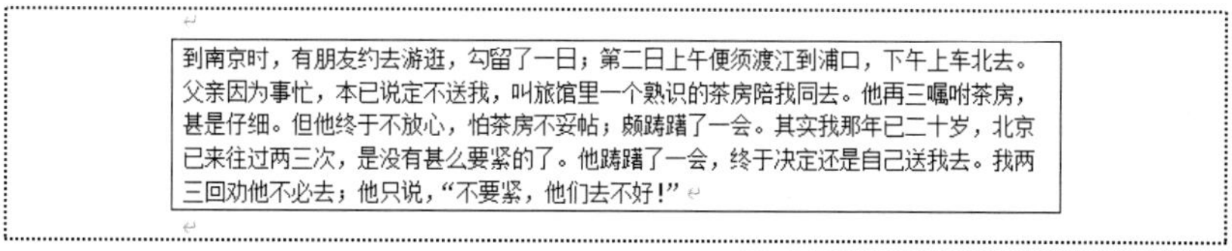

到南京时，有朋友约去游逛，勾留了一日；第二日上午便须渡江到浦口，下午上车北去。父亲因为事忙，本已说定不送我，叫旅馆里一个熟识的茶房陪我同去。他再三嘱咐茶房，甚是仔细。但他终于不放心，怕茶房不妥帖，颇踌躇了一会。其实我那年已二十岁，北京已来往过两三次，是没有甚么要紧的了。他踌躇了一会，终于决定还是自己送我去。我两三回劝他不必去；他只说，"不要紧，他们去不好！"

图 3-37　边框效果示例（实线边框）

（6）在"样式"列表框中选择一种边框式样，分别单击"颜色"和"宽度"方框右端的向下箭头，选择边框的颜色和宽度。

（7）单击"选项"按钮，打开"边框和底纹选项"对话框，在其中确定边框与文档之间的精确位置，单击"确定"按钮关闭此对话框。

（8）单击"确定"按钮，则完成添加边框设置。删除边框时，只需在"边框和底纹"选项卡中选择"设置"选项中的"无"，单击"确定"按钮即可。

5. 给页面添加边框

使用"边框和底纹"对话框的"边框"选项卡上的功能可以给文字和段落加边框，如果要给整个页面添加边框，可以通过"边框和底纹"对话框中"页面边框"选项卡提供的功能来完成，如图 3-38 所示。

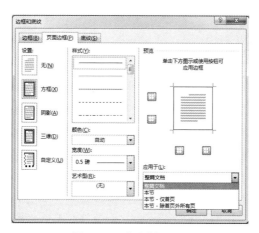

图 3-38　页面边框设置

页面边框的作用范围也可以在"应用于"处进行设定，可以对整个文档所有页有效，也可以对节有效（节在后续章节介绍），设置效果如图 3-39 所示。

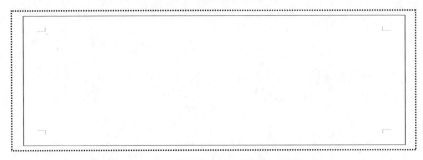

图 3-39　页面边框效果（实线是边框线）

6. 给段落文字加底纹

文字处理中，如果希望突出显示某些段落或文本，往往会通过给文本添加底纹来达到目的。Word 2016 中我们可以通过"段落"面板的"底纹" 按钮，如图 3-40 所示，或者通过"边框和底纹"对话框中的"底纹"选项卡来实现。

两者使用略有差异，前者只能对选中内容生效，而后者不仅可以选择生效范围，而且还可以选择图案样式。

（1）如果要给段落添加底纹，可以单击该段落中任意一处。如果给指定文字（如一个单词或几个段落）添加底纹，则选择这部分文字。

（2）单击"开始"选项卡，在"段落"组中单击"边框和底纹"按钮，在弹出的下拉菜单中选择"边框和底纹"按钮，弹出"边框和底纹"对话框。

（3）单击对话框的"底纹"选项卡，如图 3-41 所示。

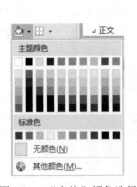

图 3-40　"底纹"颜色选择

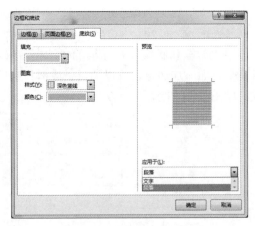

图 3-41　"底纹"选项卡

（4）根据需要进行如下设置：

● 在右下角的"应用于"下拉列表中确定添加底纹的文档（文字或段落）。

● 从"填充"下拉列表中为底纹选择一种背景颜色。

● 在"图案"栏中，从"样式"下拉列表中选择一种底纹样式，再从其下方的"颜色"下拉列表中为该底纹选择一种颜色。

（5）设置完成后，单击"确定"按钮即可生效。

删除底纹时，需要通过"边框和底纹"对话框进行，将"填充颜色"设置为"无颜色"，将"样式"设置为"清除"，然后单击"确定"按钮即可。

3.1.8 格式刷

格式刷是快速地将需要设置格式的对象设置成某种格式的工具。可以实现对文本或段落格式的复制，并且可以复制项目符号与编号、边框与底纹以及所设置的制表位等。

操作步骤如下：

（1）首先选中已设置好格式的文本。

（2）用鼠标单击"开始"选项卡，在"剪贴板"中单击"格式刷"按钮，此时鼠标指针变为。

（3）用鼠标涂刷需要复制格式文本即可。

说明： 如果单击"格式刷"按钮，格式刷只能使用一次就失效，如果双击"格式刷"按钮，格式刷可以多次重复使用，直到用鼠标再次单击"格式刷"按钮后，格式刷失效。

【任务分析】

经过前面的知识准备，我们已经可以使用 Word 2016 完成文档的创建和简单排版了。结合任务说明，使用 Word 2016 写日记确实很值得一试：

（1）不用写字，还可以排版得很好看。

（2）自由的修改，不用涂抹，使得记录心情很惬意。

（3）页数足够到用不完。

（4）结合"打开密码"保护，日记的安全性远胜过手写日记。

相对来说，为了日记安全，文件最好保存到系统盘以外的盘符，比如 D 盘的某个文件夹中；因为有密码，并不担心被偷看，不过为了安全性，建议起一个有一定复杂度和长度的密码。

【任务实施】

1. 创建文档

（1）新建一个空白文档。

（2）单击快速访问工具栏中的"保存"按钮，将文件保存到"D:\心得体会"，文件名命名为"个人日记.docx"，如图 3-42 所示。

（3）单击"另存为"对话框上"工具"列表按钮，选择"常规选项"，设置日记文件的"打开密码"，如图 3-43 所示。

（4）单击"保存"按钮，即可保存日记文档。

2. 录入日记

按纸质本上写日记一样，按格式先把日记内容输入 Word 文档：

（1）标题。标题要写上日记的主要内容，要求简单概括。标题不是必写的，可以有选择地写。

（2）在标题下面写上日期，日期可以通过插入"日期和时间"来完成，选择包括日期和星期几的格式；接着空格后用简单的几个字描述天气情况，如"晴""多云""大雨"等。

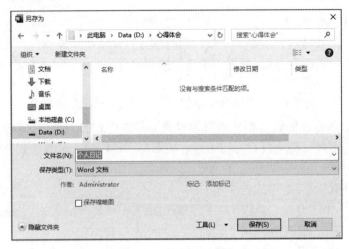

图 3-42　保存日记文档

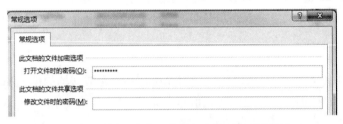

图 3-43　设置一个有一定复杂度的"打开密码"

（3）写完日期后开始写正文。正文第一行可以不缩进，也可以缩进 2 个字符。

（4）注意标题、日期和正文之间的换行。

（5）如图 3-44 所示正文写完就结束了。

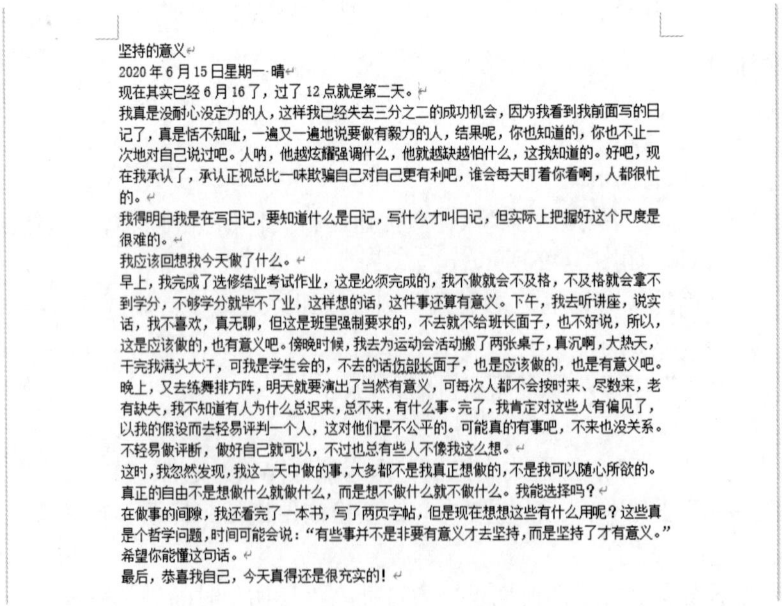

坚持的意义
2020 年 6 月 15 日星期一　晴
现在其实已经 6 月 16 了，过了 12 点就是第二天。
我真是没耐心没定力的人，这样我已经失去三分之二的成功机会，因为我看到我前面写的日记了，真是恬不知耻，一遍又一遍地说要做有毅力的人，结果呢，你也知道的，你也不止一次地对自己说过吧。人呐，他越炫耀强调什么，他就越缺越怕什么，这我知道的。好吧，现在我承认了，承认正视总比一味欺骗自己对自己更有利呢，谁会每天盯着你看啊，人都很忙的。
我得明白我是在写日记，要知道什么是日记，写什么才叫日记，但实际上把握好这个尺度是很难的。
我应该回想我今天做了什么。
早上，我完成了选修结业考试作业，这是必须完成的，我不做就会不及格，不及格就会拿不到学分，不够学分就毕不了业，这样想的话，这件事还算有意义。下午，我去听讲座，说实话，我不喜欢，真无聊，但这是班里强制要求的，不去就不给班长面子，也不好说，所以，这是应该做的，也有意义吧。傍晚时候，我去为运动会活动搬了两张桌子，真沉啊，大热天，干完我满头大汗，可我是学生会的，不去的话伤部长面子，也是应该做的，也是有意义吧。晚上，又去练舞排方阵，明天就要演出了当然有意义，可每次人都不会按时来、尽数来，老有缺失，我不知道有人为什么总迟来，总不来，有什么事。完了，我肯定对这些人有偏见了，以我的假设而去轻易评判一个人，这对他们是不公平的。可能真的有事吧，不来也没关系。不轻易做评断，做好自己就可以，不过也总有些人不像我这么想。
这时，我忽然发现，我这一天中做的事，大多都不是我真正想做的，不是我可以随心所欲的。真正的自由不是想做什么就做什么，而是想不做什么就不做什么。我能选择吗？
在做事的间隙，我还看完了一本书，写了两页字帖，但是现在想想这些有什么用呢？这些真是个哲学问题，时间可能会说："有些事并不是非要有意义才去坚持，而是坚持了才有意义。"希望你能懂这句话。
最后，恭喜我自己，今天真得还是很充实的！

图 3-44　一篇日记

3．格式排版

（1）标题排版设置。

1）将鼠标指针移到标题行"坚持的意义"的最左边，此时鼠标指针变为右斜箭头，单击鼠标左键即可选中该标题行。

2）选择"开始"选项卡，在"字体"组中设置标题文字为"微软雅黑""三号""加粗"。

3）在"段落"组中单击"居中"按钮，将标题居中。

（2）时间排版设置。

1）将鼠标指针移到第二行的最左边，此时鼠标指针变为右斜箭头，单击鼠标左键即可选中该行。

2）选择"开始"选项卡，在"字体"组中设置标题文字为"宋体""四号""加粗"，红色。

（3）正文段落排版设置。

1）先将鼠标指针移到第一段文本开始位置单击左键。

2）移动鼠标到正文结束处，按下 Shift 键，单击左键，选中正文区域。

3）选择"开始"选项卡，在"段落"组中单击"对话框启动器"按钮，弹出"段落"对话框。

4）在"段落和间距"标签中，将对齐方式设置为"左对齐"，将"特殊格式"设置为"首行缩进"，磅值设置为"2 字符"，"段前"设置为"0.5 行"，"段后"设置"0.5 行"，"行距"设置为"1.5 倍行距"。

5）最后单击"确定"按钮即可。

4．将日记中感触特别大的部分加底纹颜色

（1）选中一个相关内容。

（2）单击"开始"选项卡中"段落"功能组上的"底纹"按钮，选择"橙色"。

（3）双击"格式刷"，复制底纹效果，然后通过逐个拖选的方式给其他心情文字都设置一样的底纹效果。

5．保存文档

单击快速访问工具栏中的"保存"按钮即可，初步排版后效果如图 3-45 所示。

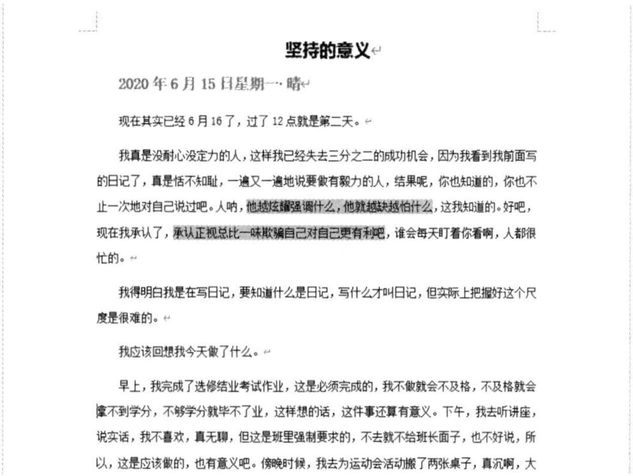

图 3-45　排版好的日记

【任务小结】

本任务中我们主要学习了：

（1）Office 2016 的版本特点、软件安装。

（2）Word 2016 空白文档的创建和保存，文本的录入和修改，字体、字型、字号、段落的设置，特殊符号、日期的插入。

（3）简单的字体、段落排版。

（4）格式刷。

任务 3.2　制作文件手册

【任务说明】

单位因为管理工作的需要陆续出台了很多文件，现在要求你将这些文件整理起来制作一个文件汇编手册。

【预备知识】

3.2.1　复制文本

复制文本就是将已选中的文本复制到另外一个地方，其操作方法有两种。

1. 复制粘贴

（1）首先选择要复制的文本。

（2）用"复制"命令将已选择的文字和图形复制到剪贴板上。

要将已选择的内容复制到剪贴板上，有 3 种方法：

● 　单击"开始"选项卡上的"复制"按钮。

● 　按 Ctrl+C 组合键。

● 　使用鼠标右键菜单上的"复制"命令。

（3）将光标移到需要复制到的目标位置，然后用"粘贴"命令将剪贴板上的内容插入到当前光标所在的位置。

粘贴的方法有 3 种：

● 　单击"开始"选项卡上的"粘贴"按钮。

● 　按 Ctrl+V 组合键。

● 　使用鼠标右键菜单上的"保留源格式粘贴"。

2. 鼠标拖动复制

（1）首先用鼠标选中要复制的文本，松开鼠标左键。

（2）将光标移到选中的文本区域上，按住鼠标左键不放并拖动鼠标至要复制到的目标位置。

（3）按住 Ctrl 键不放，然后松开鼠标左键，此时就把选中的文本插入到指定的位置了。

3.2.2　移动文本

移动文本就是将已选中的文本移动到另外一个地方，其操作方法有两种。

1．剪切移动

（1）首先选择要移动的文本。

（2）用"剪切"命令将已选择的文字和图形剪切复制到剪贴板上。

要将已选择的内容剪切复制到剪贴板上，有 3 种方法：

● 单击"开始"选项卡上的"剪切"按钮。

● 按 Ctrl+X 组合键。

● 使用鼠标右键菜单的"剪切"命令。

（3）将光标移到需要移动到的目标位置，然后用"粘贴"命令将剪贴板上的内容插入到当前光标所在的位置，这样就完成了文本的移动。

2．鼠标拖动移动

（1）首先用鼠标选中要复制的文本，松开鼠标左键。

（2）将光标移到选中的文本区域，按住鼠标左键不放并拖动鼠标至要移动到的目标位置。

（3）然后松开鼠标左键，此时就把选中的文本插入到指定的位置了，完成文本的移动。

3.2.3　查找与替换

1．查找

查找功能用于在一个文档中搜索一个单词、一段文本甚至是一些特殊的字符或者一些格式的组合。例如，在朱自清《背影》中查找文本中的文字"背影"，其操作步骤如下：

（1）一般查找。

1）打开"开始"选项卡，单击"编辑"组中的"查找"按钮右边的"箭头"按钮，弹出"查找"菜单，如图 3-46 所示。

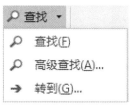

图 3-46　"查找"菜单

2）单击"查找"命令，在 Word 窗口的左边会弹出"导航"窗口，在"导航"下方的文本框中输入需要查找的文字"荷塘"并按 Enter 键，Word 2016 将查找指定的文字"背影"，并突出显示所查找的文字，如图 3-47 所示。

3）单击"导航"窗口上的"关闭"按钮，返回正常编辑状态。

（2）高级查找。

1）打开"开始"选项卡，单击"编辑"组中的"查找"按钮右边的下拉按钮，弹出"查找"菜单，单击"高级查找"选项，将会弹出"查找和替换"对话框，并单击"更多"按钮，如图 3-48 所示。

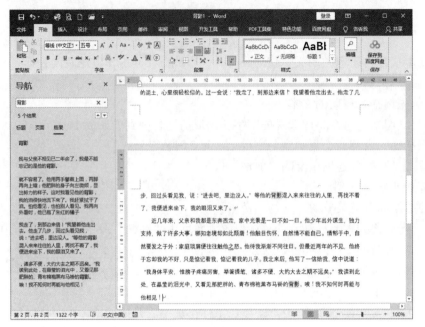

图 3-47　查找到的文本

图 3-48　更多选项查找对话框

2）在"查找内容"栏内输入需要查找的文字"背影"，开始查找之前，单击"搜索"框中的下拉箭头，可以看出其中有"全部""向上"和"向下"3 个选择。"全部"是指在整个文档中进行搜索查找，"向上"是指从当前光标位置向文档开始处进行搜索查找，"向下"是指从当前光标位置向文档末尾进行搜索查找。

3）用户还可以根据需要设置其他选项，如希望在查找过程中区分字母的大小写，可选中 ☑ 区分大小写(H) 复选框。

4）单击"查找下一处"按钮，Word 2016 将按照"搜索"指定的范围开始查找。当查找到所输入的内容后，Word 2016 将突出显示所查找的文字。此时，可以单击"取消"按钮，返回正常编辑状态，也可以单击"查找下一处"按钮继续进行查找。

2. 替换

替换功能是将查找到的内容用另外一些内容来代替。例如，将文档中的所有"背影"都改为"父亲的背影"，其操作步骤如下：

（1）打开"开始"选项卡，单击"编辑"组中的"替换"按钮，将会弹出"查找和替换"对话框，如图 3-49 所示。

（2）在"查找内容"文本框中输入被替换的文字，在"替换为"文本框中输入要替换的文字。如果单击"全部替换"按钮，则 Word 2016 将把文档中所有查找到的内容"背影"都替换为指定的内容"父亲的背影"。

如果只需替换在某些位置出现的文字，可以逐一单击"查找下一处"按钮，查找到所需内容之后，确认需要替换，则单击"替换"按钮将其替换，否则继续单击"查找下一处"按钮，Word 2016 会继续查找下一个需要替换的内容。最后，单击"取消"按钮返回正常的编辑状态。

3. 格式查找和格式替换

在"查找和替换"对话框中高级查找和替换都能使用格式和特殊格式。

（1）格式应用。在使用对话框时，我们可以使用对话框最下部的"格式"列表对光标所在的搜索文本或者替换文本、设置格式，如图 3-50 所示。

图 3-49　"查找和替换"对话框　　　　　　　图 3-50　格式列表

最常用的就是使用字体对话框给文本设置字体格式，如图 3-51 所示。一旦这样设置，搜索时不仅要文本一致，还要格式一致才匹配；而替换时则不仅替换文本，还会给新替换上的文本直接应用设置的格式。

图 3-51　给替换内容设置了字体颜色

当单击了全部替换后，所有原来黑色的"背影"全部替换为红色的"父亲的背影"，替换后效果如图 3-52 所示。

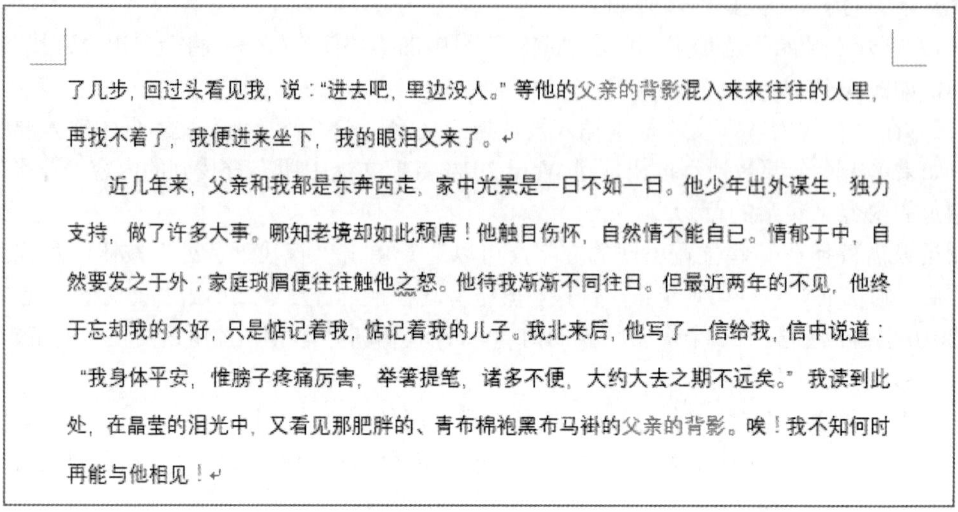

了几步，回过头看见我，说："进去吧，里边没人。"等他的父亲的背影混入来来往往的人里，再找不着了，我便进来坐下，我的眼泪又来了。

　　近几年来，父亲和我都是东奔西走，家中光景是一日不如一日。他少年出外谋生，独力支持，做了许多大事。哪知老境却如此颓唐！他触目伤怀，自然情不能自已。情郁于中，自然要发之于外；家庭琐屑便往往触他之怒。他待我渐渐不同往日。但最近两年的不见，他终于忘却我的不好，只是惦记着我，惦记着我的儿子。我北来后，他写了一信给我，信中说道："我身体平安，惟膀子疼痛厉害，举箸提笔，诸多不便，大约大去之期不远矣。"我读到此处，在晶莹的泪光中，又看见那肥胖的、青布棉袍黑布马褂的父亲的背影。唉！我不知何时再能与他相见！

图 3-52　替换后的效果

特别值得一提的是，没有把握时要慎用"全部替换"，尽量使用"替换"逐个进行。

（2）特殊格式应用。有的时候用户不仅要替换文档中的文字，还会替换文档中的一些特殊符号，这些符号影响文档的排版和显示，但是因为用户无法用键盘输入它们，所以不能使用普通的查找替换来完成，这个时候就需要使用 "特殊格式"列表，如图 3-53 所示。

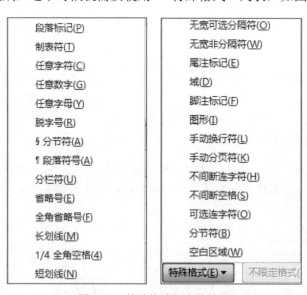

图 3-53　特殊格式包含的符号

例如从网页上复制文本粘贴到 Word 中时往往有很多手动换行符（Shift+Enter 也会产生），需要将其替换为段落标记，这时使用特殊格式替换就可以轻松解决。删去多余段落的标记也可以通过这种方式实现，如图 3-54 所示。

图 3-54　将手动换行符替换为段落标记

3.2.4　页面设置

页面设置主要包括修改页边距，设置纸张大小与版式，设置纸张方向、分隔符、行号等内容。

1. 设置纸张大小和方向

操作步骤如下：

（1）单击"页面布局"选项卡，在"页面设置"中单击"对话框启动器"按钮 ，弹出"页面设置"对话框，如图 3-55 所示。

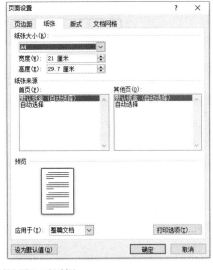

图 3-55　"页面设置"对话框

（2）设置纸张大小。单击"纸张"选项卡，在"纸张大小"下拉列表中选择打印纸张的类型。如果用户需要使用特定的纸型，可以在"宽度"和"高度"微调框中输入相应的数值。其中"宽度"表示自定义的纸张宽度值，"高度"表示自定义的纸张高度值。

（3）设置纸张方向。纸张有长和宽之分，纸张在打印机中有纵向和横向两种放置方向。因此，除了设置纸张大小之外，还应该设置纸张放置方向。

单击"页边距"选项卡，如图 3-55 所示，在"纸张方向"选项框中单击"纵向"或"横向"。一般默认纸张方向是"纵向"。如果文档内容较宽，通常选择"横向"。当改变页面方向时，Word 2016 将上边距和下边距的值转换成左边距和右边距的值，反之亦然。

（4）设置页边距。在 Word 2016 中，页边距是指正文文本边缘与打印纸边缘之间的距离，也就是正文文本在纸面四周留出的空白区域。在默认状态下，这部分区域中没有任何内容，但用户可以在其中插入页眉、页脚或页码等内容。

根据文档内容的要求，设置适当的页边距可以从整体上增进文档的外观效果，提高读者的阅读兴趣。用户可以设置上下左右互不相同的页边距，也可以使上下或左右页边距相同，还可以为双面打印文档设置对称页边距，甚至可以为装订文档预留空白（添加装订线）。

单击"页边距"选项卡，即可设置页边距以及页眉和页脚的位置。

"页面设计"对话框中各选项的含义如下：

- 上：表示页面顶端与第一行正文之间的距离（上边距）。
- 下：表示页面底端与最后一行正文之间的距离（下边距）。
- 左：表示页面左边与无左缩进的每一行正文左端之间的距离（左边距）。
- 右：表示页面右边与无右缩进的每一行正文右端之间的距离（右边距）。
- 装订线：表示要添加到页边距上以便进行装订的额外空间。
- 装订位置：表示将"装订线"放置的位置。
- 页码范围：常用的有两种，即普通和对称页边距。其中"普通"表示单面打印；"对称页边距"表示双面打印，用于使对开页的页边距互相对称。内侧页边距都是等宽的，外侧页边距也都是等宽的。当选择"对称页边距"时，"左"框改变为"内侧"框，而"右"框改变为"外侧"框。
- 应用于：表示上述设置在文档中的应用范围，默认是"整个文档"。根据需要可在下拉列表中选择应用范围。
- 设为默认值：用于更改默认的页边距设置。Word 2016 可把新的设置保存默认设置。今后，每次启动基于该模板的文档时，Word 2016 都将应用新的设置。

（5）设置完成后，单击"确定"按钮。

2. 使用分隔符

Word 2016 中分隔符的作用是产生分页符和分节符，如图 3-56 所示。页是内容的载体，节是页的管理容器，默认情况下所有页都在同一个节中，一个节内的所有页面具有相同的页面特性，如相同的纸张大小，相同的纸张方向，相同的页边距设置、连续的页码等。如果希望部分页和其他页具有不同的性质，需要加入新的节进来，给新的节中的页面的设置页面特性可以不影响其他节。

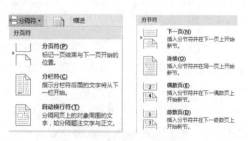

图 3-56　分页符和分节符

分页符和分节符都能分页，但是分节符会将原来的一个默认节分为两个节，有 n 个分节符，就有 n+1 个节。页和节都会在编辑区内放置特殊的默认不可见的编辑标记，如果需要查看或删除它们，需要打开"开始"功能区中"段落"功能组上的"显示/隐藏编辑标记"。

Word 编辑区域能承载的内容是有限的，当内容逐渐增多后，文档会自动增加页面来放置内容，这种自动扩张的页面上没有分页符。如果一个页面内容没有满，就希望在后面增加新的页面，可以使用分隔符中的分页符（或者按 Ctrl+Enter 组合快捷键）。

（1）将当前页内容从光标所在位置分为两页。单击"分隔符"列表，选择"分页符"下的"分页符"，就会在光标所在处插入分页符。

（2）从光标处插入分节符。单击"分隔符"列表，选择"分节符"下的"下一页"，就会在光标处插入分节符，将内容分为前后两个节。如果开启了"显示编辑标记"则可以看到页和节的编辑标记。删除掉分页符或分节符后，它们的效果就会消失。

插入分页符和分节符后的效果如图 3-57 所示。

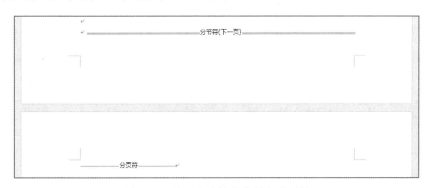

图 3-57　显示出来的分节符和分页符

（3）给不同的节设置不同页面特性。实际排版中经常会遇到这样的需求，比如一般纸张方向都是纵向的，但是如果中间有一页要显示一个特别宽的图纸或者表格，使用纵向就无法满足。这个时候我们只需要特别的页面作为一个单独的节（前后都插入节），然后就可以将该页面单独设置纸张方向了，如图 3-58 所示。

图 3-58　不同页面属性效果

3.2.5 页眉和页脚

页眉和页脚是打印在文档每一页顶部或底部的说明性文字。页眉的内容可以包括页号、章节名、日期、时间等；页脚的内容包含文章的注释信息或者显示页码。页眉打印在文档的每一页顶部页边距中，页脚打印在文档底部的页边距中。键入页眉或页脚后，Word 2016 自动将其插入到每一页。Word 2016 还可以自动调整文档的页边距以适应页眉或页脚。

只有在"页面视图"下，才显示页眉或页脚。用户可以灵活地设置页眉、页脚，并为它们编排格式。

1. 给文档添加页眉

操作步骤如下：

（1）单击"插入"选项卡，单击"页眉和页脚"组中的"页眉"按钮，在弹出的菜单中选择"编辑页眉"命令，Word 2016 功能区域启动"页眉页脚工具－设计"选项卡，进入页眉编辑状态（双击页眉区域也可以进入该状态）。可以在该选项卡上为页眉和页脚添加文本、图片、页码、日期和时间等内容，还可以在页眉和页脚或多个节之间切换，如图 3-59 所示。

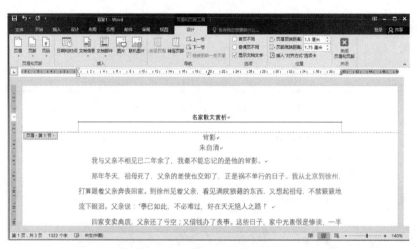

图 3-59　"页眉"编辑窗口

默认情况下每个页面的页眉页脚内容都相同，但是在有多个节的情况下，每个节的页眉页脚内容可以各不相同。

（2）此时，Word 文档页面的顶部和底部各出现一个虚线框，用鼠标单击文档顶部虚线框即可输入页眉文本。

（3）如果文档存在多个节，切换到后面的节后，可以关掉"设计"选项卡上的"链接到前一条页眉"，去掉和前一个节的联系，从而可以独立设置自己的页眉，如图 3-60 所示。

（4）页眉输入完成后，单击"页眉页脚工具－设计"选项卡中的"关闭页眉和页脚"按钮，或双击变灰的正文即可返回文档编辑状态。

2. 给文档添加页脚

操作步骤如下：

（1）单击"页眉和页脚工具－设计"选项卡上的"转至页脚"按钮就可以将光标移至页脚区进行编辑（或者直接双击页脚区域），如图 3-61 所示。

图 3-60　第 2 个节起的页眉可以独立设置

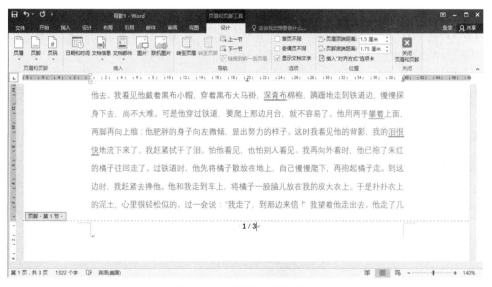

图 3-61　"页脚"编辑窗口

（2）此时，用户可以输入页脚文字，通常情况下页脚是用于显示页码。

1）单击"页眉和页脚工具－设计"选项卡上的"页码"，在其弹出列表中选择一种页面类型，例如选择下部局中的 X/Y 类型页码（表示第 X 页/共 Y 页）。

2）不同节的页码可以不同。单击"页眉和页脚工具－设计"选项卡上的"页码"，在弹出列表中选择"设置页码格式"，会弹出如图 3-62 所示对话框。

3）第 2 个节起可以独立设置起始页码。如果希望独立设置，选择"起始页码"，并输入起始页码值，比如"1"。

（3）页脚输入完成后，单击"页眉和页脚工具－设计"选项卡中的"关闭页眉和页脚"按钮，或双击变灰的正文即可返回文档编辑状态。

图 3-62　　"页码格式"设置

3.2.6　目录

目录，顾名思义，就是一系列内容位置索引，其目的是引导使用者快速定位到需要的内容处。当文档内容多到一定程度后，应该主动制作目录以改善文档的可阅读性。Word 2016 提供了专门的目录制作与管理功能，通过该功能我们可以快速完成目录的制作，内容变更后也能快速完成对目录的维护。

1. 大纲级别

就像教材目录一样，目录分为一级目录、二级目录、三级目录甚至四级目录。目录划分得越细，目录的效果就越好。Word 中对目录层级的定义在段落功能中实现。

（1）选中作为目录标题的独立行段落。

（2）单击"开始"选项卡，"段落"功能组上的"段落设置"，打开如图 3-63 所示对话框。

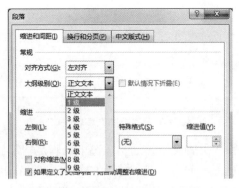

图 3-63　　"段落"对话框（上部分）

（3）在弹出的"段落"对话框上设置"大纲级别"，大纲级别就对应后期目录制作的目录级别。

2. 制作目录

（1）检查目录。当完成所有目录行的大纲级别制作后，我们可以在"视图"选项卡勾选"显示"功能组上的"导航窗格"，Word 2016 会自动显示我们设计的目录结构，单击某个目录就可以跳转到对应的页面处。

（2）插入目录。检查完成后，切换页面到放置目录的位置。单击"引用"选项卡下的"目录"，再选择"自定义目录"，弹出如图 3-64 所示"目录"对话框。

图 3-64　"目录"对话框

（3）通常我们只需要调节目录的"显示级别"，默认值为 3，也是最常用的。如果需要制作其他层数的目录，把这个数字修改为对应层数即可。最后单击"确定"，就自动会显示目录，如图 3-65 所示。

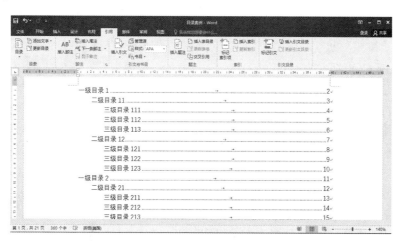

图 3-65　制作好的目录

（4）目录是一个整体，不建议对齐修改。如果要调整目录的显示，则需要先调整正文中各层级的目录标题或者页码，完成修改后单击目录，单击"引用"选项卡的"更新目录"（或者通过右键菜单上的"更新域"命令），打开如图 3-66 所示对话框。

图 3-66　"更新目录"对话框

（5）选择"更新整个目录"，然后单击"确定"，目录的内容就会按修改后的结果重新显示。

实际操作中，显示目录的页应该单独一个节，这样后面的正文所在的节目录页码才能从第一页开始。目录会按各个节的页码进行显示。

【任务分析】

经过前面的预备知识，我们了解到，做文件手册的第一步是先把所有管理制度的 Word 文档都收集整理到一个 Word 文档中，然后给每个文件里的大小标题设置大纲级别，最后插入目录即可完成制作。

【任务实施】

1. 创建文档

（1）新建一个空白文档。

（2）单击快速访问工具栏中的"保存"按钮，打开"另存为"对话框，再选择文档存盘路径，在"文件名"处输入文件名"公司管理制度汇编.docx"。

（3）单击"保存"按钮，即可保存文档。

2. 录入文字

将管理制度文件逐个打开，全选复制后粘贴到公司管理制度汇编文件中。

3. 查找替换

如果公司名称发生过改变，则原来的制度文件中过时的企业名称需要查找替换为现在的名称。

（1）将鼠标指针移到第一页第一行，单击"开始"选项卡，单击"编辑"功能组上的"替换"按钮，打开"查找和替换"对话框。

（2）在对话框中将需要替换的名称录入到"查找内容"，将现有名称录入到"替换为"，直接单击"全部替换"。

（3）重复以上步骤，将需要更换的名称都替换掉。

4. 格式排版

（1）每个独立文件的排版风格可能各不相同，但是汇编后应该统一风格。先确定一个标准，再逐一对文件进行重新排版。排版中可以大量使用"格式刷"以快速地统一风格。

（2）将每个文件的文件名设置为大纲级别一级，选择文件内容中的一级标题和二级标题，分别将其设置为大纲级别二级和三级（也可以用"格式刷"配合完成）。

5. 添加封面和目录页

（1）回到汇编文件的第一页，将光标定位到第一行行首，使用"布局"选项卡下"页面设置"功能组上的"分隔符"功能，先插入一个分页符，再插入一个分节符"下一页"。在第一个文件前面增加两页，并产生两个节。

（2）单击"插入"选项卡上"页眉页脚"功能组上的"页码"，给汇编文件添加页面底端页码，并自动进入"页眉与页脚工具－设计"选项卡。

（3）通过"页眉与页脚工具－设计"选项卡上节切换，跳转到第二节。单击"页眉与页脚工具－设计"选项卡上"页码"列表中的"设置页码格式"，选择重新设置起始页码，页码从 1 开始。设置完成后关闭"页眉页脚"。

（4）在第一页制作好封面。

（5）回到第二页，单击"引用"选项卡，通过"目录"下拉菜单中的"自定义目录"命令打开"目录"对话框，完成设置后单击"确定"按钮即可完成目录的设计。

6. 保存文档

单击快速访问工具栏中的"保存"按钮即可。

【任务小结】

（1）本任务主要介绍了：Word 2016 空白文档的创建和保存，文本的录入和修改，字体、字型、字号、段落的设置，段落文本的移动，特殊效果的制作，查找和替换文本，页面设置、页码插入和目录制作。

（2）本任务中介绍的文档的编辑和排版的方法很多，读者可以用不同的方法进行练习。

任务 3.3　古诗排版设计

【任务说明】

小张是某学校的教师，他想用 Word 2016 给学生介绍《黄鹤楼》这首诗，需要怎么做才能制作出彩的、能吸引学生的内容？

【预备知识】

3.3.1　设置字符特殊效果

1. "字体"组中的命令按钮

在"开始"选项卡上的"字体"组中有以下按钮命令，见表 3-2。

表 3-2　"字体"组中的命令按钮

按钮	功能
B 加粗	把所选文字设置加粗
I 倾斜	把所选文字设置倾斜
U ▾ 下划线	给所选文字添加下划线
abc 删除线	绘制一条贯穿所选文字的线
x_2 下标	在文字右下方创建小字符，即下标
x^2 上标	在文字右上方创建小字符，即上标
A ▾ 文本效果	给所选文字设置文本效果
aby ▾ 突出显示文本	标记以突出显示文本
A ▾ 字体颜色	给所选文字添加颜色
A 字符底纹	为整行文字添加底纹背景

续表

按钮	功能
⑦ 带圈字符	在字符周围添加圆圈或者边框加以强调
A˄ 增大字体	增大字号
A˅ 减小字体	减小字号
Aa▾ 更改大小写	将所选文字更改为全部大写、全部小写或其他常见的大小写形式
🅰 清除格式	清除所选内容的所有格式，只留下纯文本
wén 拼音指南	显示拼音字符以明确发音
🅰 字符边框	在一组字符或者句子周围添加边框

2. 设置上标和下标

设置上标和下标是文档编辑中的常用功能，常用于平方符号、参考文献、数学符号等。操作步骤如下：

（1）选中要设置为上标或下标的文本。

（2）在"开始"选项卡中的"字体"组中单击"上标"按钮 x^2，即可将其设置为上标；单击"下标"按钮 x_2，即可将其设置为下标，效果如图 3-67 所示。

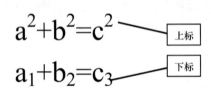

$$a^2+b^2=c^2 \quad \text{上标}$$
$$a_1+b_2=c_3 \quad \text{下标}$$

图 3-67　上标和下标效果

3. 下划线

设置下划线是文档编辑中的常用功能，用于强调文本的重要性。操作步骤如下：

（1）选中要设置下划线的文本。

（2）在"开始"选项卡中的"字体"组中单击"下划线"按钮 U ▾，即可设置下划线（也可以用快捷键 Ctrl+U）。

4. 设置带圈字符

如果要为文本添加圆圈，可按以下步骤操作。

（1）选中要添加圆圈的文字，一次只能一个字。

（2）在"开始"选项卡中的"字体"组中单击"带圈字符"按钮⑦，弹出如图 3-68 所示的对话框，即可为选中字符添加圆圈或其他外框效果。

如果效果不够理想，可以通过"缩小文字"或者"增大圈号"来改善。这里的圈也可以换为方框、三角形或者菱形。例如勾选复选框☑的效果，就可以通过给"√"设置带圈字符的方法来制作。

图 3-68　"带圈字符"对话框

5. 设置删除线

如果用户写了一篇文章，送给另外的人审阅、修改，审阅者可以给希望删除的文本加上删除线作为修改标记，但不删除文档的任何内容，这样，文档的作者看到修改过的文档时，就可以根据自己的意愿决定是否采纳审阅人的意见。

操作步骤如下：

（1）选择要添加删除线的文本。

（2）在"开始"选项卡中的"字体"组中单击"删除线"按钮 ，即可在选中文本上添加删除线。

6. 拼音指南

利用"拼音指南"功能，可自动将汉语拼音标注在选定的中文文字上方。

（1）选定一段文字。

（2）在"开始"选项卡中的"字体"组中单击"拼音指南"按钮 ，弹出如图 3-69 所示的"拼音指南"对话框，设置完成单击"确定"后，汉语拼音会自动标记在选定的中文字符上。一次最多只能选定 30 个字符标记拼音。

图 3-69　"拼音指南"对话框

其中，对齐方式是指拼音相对于文字的对齐方式，偏移量是指拼音和文字的间距，字号是拼音的字号。

7. 简繁互换

有些时候需要将简体中文转换成繁体中文，或者将繁体中文转换成简体中文，转换的方法如下：

（1）选取需要转换的文字。

（2）单击"审阅"选项卡，在"中文简繁转换"组中单击"繁转简"或"简转繁"按钮即可。

8. 设置字符间距

字符间距是指文本中字符与字符之间的水平距离。操作步骤如下：

（1）选取需要设置字符间距的文本。

（2）在"开始"选项卡中的"字体"组中单击"对话框启动器"按钮 ，将会弹出"字体"对话框。

（3）单击"高级"选项卡，如图 3-70 所示。

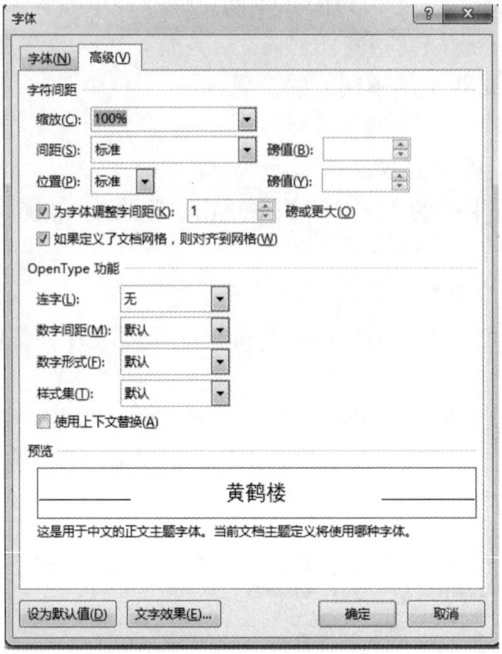

图 3-70　"高级"选项卡

对话框中的参数说明如下。

- 间距：指字符之间的距离大小，其下拉列表中有"标准""加宽"和"紧缩"3 个选项。其中，"标准"是默认间距；"紧缩"表示字符之间的距离缩小，在该选项后的"磅值"数值框中键入的数值越大，字符之间的距离越小；"加宽"表示字符之间的距离加大，在该选项后的"磅值"数值框中键入的数值越大，字符之间的距离越大。
- 位置：指文字将出现在基准线的什么方位（基准线是一条假设的恰好在文字下的线），在其下拉列表中有"标准""提升"和"降低"3 个选项。若要进行特定设置，请在"磅值"数值框中键入某一数值，该值是相对于基准线把文字升高或降低的磅值。
- 为字体调整字间距：如果选中该复选框，系统将自动调整字距。间距大小取决于选择的字符。可在"磅或更大"微调框中键入间距或选择字体大小，Word 2016 将自动调整大于该值的字间距。
- 预览：字间距设置效果可在"预览"文本框中显示出来。

（4）设置完成后，单击"确定"按钮。

3.3.2　项目符号与项目编号

在文档编辑中，文档的格式多种多样。例如编辑产品目录时，用户可以使用一个段落介绍一种产品，并且在每个段落之前添加诸如实心圆点●或菱形◆等项目符号。在文档中，还会经常出现一些编号，如"第一章""第二章"……；"第一条""第二条"……；1，2，3，…都称为项目编号。

下面分别介绍项目符号和项目编号的用法。

1. 项目符号的用法

添加项目符号的方法如下：

（1）选择要添加项目符号的文本。

（2）单击"开始"选项卡，单击"段落"组中"项目符号"按钮右侧的下箭头按钮，弹出如图 3-71 所示的"项目符号库"下拉菜单。

（3）该下拉菜单列出了 7 种默认的项目符号，如果其中包括用户需要的符号，并且用户不准备更改项目符号的各项格式时，单击所需的项目符号即可。

（4）如果在"项目符号库"下拉菜单中没有找到需要的符号或者想修改项目符号格式时，单击 定义新项目符号(D)... 按钮，可以定义用户需要的新项目符号。

（5）如果要修改已添加的项目符号，可以先选择这些项目，然后用上述步骤（2）至步骤（4）修改其格式。

（6）单击"段落"组中的"项目符号"按钮 ☰▾，可以为选择段落添加默认种类和格式的项目符号。

（7）项目符号设置好后，当按 Enter 键时，下一个项目符号将会自动产生。按 Tab 键将会产生如图 3-72 所示的多级项目符号。

图 3-71　项目符号库

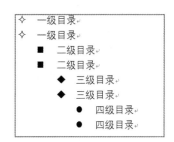

图 3-72　项目符号效果

2. 项目编号的用法

添加项目编号的方法与项目符号的方法相类似，其操作步骤如下：

（1）选择要添加自动编号的文本。

（2）单击"开始"选项卡，单击"段落"组中"编号"按钮 ☰▾ 右侧的下箭头按钮 ▾，弹出"编号库"下拉菜单，如图 3-73 所示。

（3）该下拉菜单列出了很多格式的编号，如果其中包括用户需要的编号，并且用户不准备更改编号的各项格式时，单击所需的编号即可。

（4）如果在步骤（3）中没有找到需要的编号样式或者想修改某些格式时，单击 定义新编号格式(D)... 按钮，可以定义用户需要的新编号样式。

（5）按 Tab 键可以产生多级列表编号，设置完成后，单击"确定"按钮即可。

如果要删除项目符号或编号，可以先选择要删除项目符号或编号的项目，再单击"段落"组中的"编号"按钮即可。

3. 多级列表编号

在编辑和组织文档时，经常需要用到多级列表编号。

（1）多级列表库。前文提到的项目符号和项目编号，都可以利用 Tab 键产生多级编号。

如果要明确统一风格，可以单击"开始"选项卡，单击"段落"组中"多级列表"按钮右侧的下箭头按钮，弹出如图 3-74 所示的"多级列表编号"下拉菜单，里面提供了各种多级列表效果。

图 3-73 "编号库"下拉菜单

图 3-74 "多级列表编号"下拉菜单

（2）选择其中一种格式后即可。

3.3.3 中文版式

在"段落"组中有一个"中文版式"按钮，可以利用它完成一些特殊的排版格式。

1. 纵横混排

在 Word 文档中，有时出于某种需要必须要纵横混排文字（如对联中的横联和竖联等），这时就要用到"纵横混排"命令。操作步骤如下：

（1）选定需要竖排的文字。

（2）单击"开始"选项卡，单击"段落"组中"中文版式"按钮右侧的下箭头按钮，弹出"中文版式"下拉菜单。

（3）在该下拉菜单中单击"纵横混排"命令即可。

若要将竖排文字与行宽对齐，可选中"适应行宽"复选框，最后单击"确定"按钮。

2. 合并字符

合并字符就是将一行字符折成两行，并显示在一行中。这个功能可以用在制作名片、出版书籍或发表文章等地方。操作步骤如下：

（1）选中需要合并的字符。

（2）单击"开始"选项卡，单击"段落"组中"中文版式"按钮右侧的下箭头按钮，弹出"中文版式"下拉菜单。

（3）在该下拉菜单中单击"合并字符"命令，将会弹出"合并字符"对话框，在该对话框的"字体"列表框中选择合并字符的字体，在"字号"列表框里选择合并字符的字体大小，可以预览合并后的效果，最后单击"确定"按钮，"合并字符"效果如图3-75所示。

【诗文释意】

前人早己乘着黄鹤飞去

飞去后就不再回还，

图3-75　"合并字符"效果

3．双行合一

有时候用户需要在一行里显示两行文字，这时可以使用双行合一的功能来达到目的。操作步骤如下：

（1）选择要双行显示的文本（只能选择同一段落内且相连的文本）。

（2）单击"开始"选项卡，单击"段落"组中"中文版式"按钮 右侧的下箭头按钮，弹出"中文版式"下拉菜单。

（3）在该下拉菜单中单击"双行合一"命令，将会弹出"双行合一"对话框，可以预览双行合一的效果，选中"带括号"复选框以给双行合一的文字加括号，单击"确定"按钮即可，如图3-76所示。

【诗文释意】

前人早己乘着黄鹤飞去，这里留下的只是那空荡荡的黄鹤楼。黄鹤飞去后就不再回还，千百年来只有白云悠悠飘扬。晴朗的汉江平原上，是一片片葱郁的树木和茂密的芳草，它们覆盖着鹦鹉洲。天色渐暗，放

图3-76　"双行合一"效果

如果要删除"双行合一"，把光标定位到已经双行合一的文本中，单击"段落"→"中文版式"→"双行合一"，在弹出的"双行合一"对话框中，单击左下角的"删除"按钮，即可以删除双行合一，恢复一行显示。

4．字符缩放

在一些特殊的排版中需要设置字符的宽与高缩放比例。操作步骤如下：

（1）选中需要缩放的字符。

（2）单击"开始"选项卡，单击"段落"组中"中文版式"按钮 右侧的下箭头按钮，弹出"中文版式"下拉菜单。

（3）在该下拉菜单中单击"字符缩放"命令，在其下拉菜单框中选择需要缩放的比例，也可以单击"其他"选项并直接输入百分比的数值。

5．文字宽度调整

Word 2016还提供了利用设置文字的宽度来调整字符间距的办法。操作步骤如下：

（1）选择需要调整宽度的文字。

（2）单击"开始"选项卡，单击"段落"组中"中文版式"按钮 右侧的下箭头按钮，弹出"中文版式"下拉菜单。

（3）在该下拉菜单中单击"调整宽度"命令，将会弹出"调整宽度"对话框，输入新文字宽度，单击"确定"按钮即可。

3.3.4　脚注和尾注

脚注和尾注用于在打印文档时为文档中的文本提供解释、批注以及相关的参考资料。可用脚注对文档内容进行注释说明，用尾注说明引用的文献。在默认情况下，Word 将脚注放在每页的结尾处，将尾注放在文档的结尾处。

1．插入脚注和尾注

方法 1：在页面视图中，单击要插入注释引用标记的位置。单击"引用"→"脚注"组→"插入脚注"或"插入尾注"→键入注释文本。

方法 2：按 Ctrl+Alt+F 键插入脚注，按 Ctrl+Alt+D 组合键插入尾注，然后键入注释文本，如图 3-77 所示。

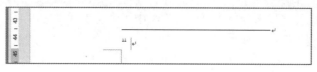

图 3-77　插入"脚注"

2．更改脚注和尾注

将插入点置于文档中的任意位置，单击"引用"选项卡→打开如图 3-78 所示的"脚注和尾注"对话框→选择"脚注"或"尾注"→选择"编号格式"→单击"应用"按钮即可。

图 3-78　"脚注和尾注"对话框

【任务分析】

经过前面的知识准备，我们现在可以对"诗词鉴赏——黄鹤楼"进行编辑排版。在本任务中，要完成如下工作：

（1）创建空白文档，并录入文本内容、移动文本。

（2）"诗词鉴赏"标题排版，设置为"黑体""一号""加粗"，字间距加宽、2 磅，转换为繁体。

（3）"黄鹤楼"标题排版，设置为"黑体""二号""加粗"，字间距加宽、2 磅，居中，添加拼音。

（4）作者"崔颢"排版，设置为"黑体""三号""加粗"，间距加宽、3 磅，居中，添加拼音。

（5）正文段落排版，设置为"宋体""四号"，间距加宽、2磅，居中，添加拼音。

（6）对"注释"和"诗文释义"进行排版，并添加尾注。

【任务实施】

1. 创建文档

（1）新建一个空白文档。

（2）单击快速访问工具栏中的"保存"按钮，打开"另存为"对话框，再选择文档存盘路径，在"文件名"处输入文件名"诗词鉴赏——黄鹤楼.docx"。

（3）单击"保存"按钮，即可保存文档。

2. 录入文字

参考古诗文网站（https://www.gushiwen.org/），将崔颢《黄鹤楼》的诗词、注释和译文输入文档。

3. 格式排版

（1）"诗词鉴赏"标题排版设置。

1）将鼠标指针移到标题行"诗词鉴赏"的最左边，此时鼠标指针变为右斜箭头，单击鼠标左键即可选中该标题行。

2）设置字体：设置标题文字为"黑体""一号""加粗"。

3）设置字间距：通过"字体"对话框的"高级"选项卡，设置"间距"为"加宽"，"磅值"为"2磅"，最后单击"确定"按钮。

4）单击"审阅"选项卡，在"中文简繁转换"组中单击"简转繁"按钮即可。

（2）"黄鹤楼"标题排版设置。

1）选中该标题行，设置标题文字为"黑体""二号""加粗"。

2）设置字间距：通过"字体"对话框的"高级"选项卡，设置"间距"为"加宽"，"磅值"为"2磅"。

3）单击"开始"选项卡的"段落"功能组的"居中"按钮。

（3）作者"崔颢"排版设置。使用格式刷，将"黄鹤楼"的格式复制至"崔颢"。

（4）正文段落排版设置。

1）选中诗词正文。打开"字体"对话框，设置标题文字为"宋体""四号"。

2）单击"高级"选项卡，设置"间距"为"加宽"，"磅值"为"2磅"，最后单击"确定"按钮。

（5）"注释"排版设置。

1）用前面的方法对"注释及其注释内容"进行设置（字体：宋体、字型：常规、字号：小四、间距：加宽、磅值：2磅）。

2）选中注释内容文本。

3）单击"开始"选项卡，单击"段落"组中"项目符号"按钮 ≣ 右侧的下箭头，选择该下拉菜单中的一种项目符号。

（6）"诗文释义"排版设置。

1）用前面的方法对诗文释义及其内容进行设置（字体为宋体，字型为常规，字号为小四，间距为加宽，磅值为2磅）。

2）将“特殊格式”设置为“首行缩进”，磅值设置为“2 字符”。

4. 设置段落间距

（1）按快捷键 Ctrl+A 选中全部文本。

（2）将“段前”设置为“0 行”，“段后”设置“0 行”，“行距”设置为“1.5 行距”。

5. 添加拼音

（1）选中标题和诗词正文部分。

（2）在“开始”选项卡中的“字体”组中单击“拼音指南”按钮，在“拼音指南”对话框，设置拼音对齐方式为“居中”，偏移量为“5 磅”，字号为“8 磅”。

6. 添加尾注

（1）把插入点放在作者崔颢的后面。

（2）选择“引用”选项卡，在“脚注”组中单击“脚注与尾注”对话框启动器，打开“脚注与尾注”对话框，在“位置”区域选择“脚注”，在格式部分选择如图所示编号格式，单击“应用”按钮。

（3）在文档尾部录入作者的介绍内容：崔颢（704－754），汴州（今河南开封市）人，唐代诗人。唐开元年间进士，官至太仆寺丞，天宝中任司勋员外郎。最为人称道的是他那首《黄鹤楼》，据说李白为之搁笔，曾有“眼前有景道不得，崔颢题诗在上头”的赞叹。《全唐诗》收录诗四十二首。

将字体设置为宋体、常规、小五，效果如图 3-79 所示。

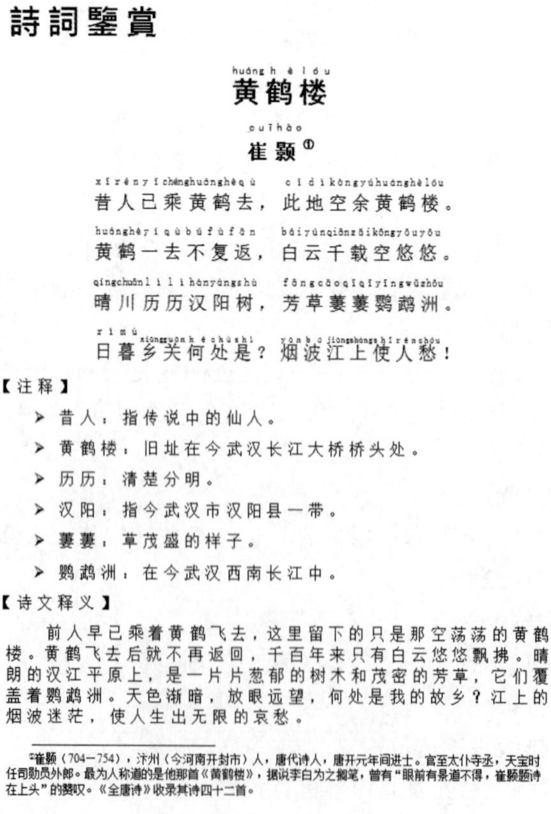
詩詞鑒賞

黄鹤楼

崔颢[①]

昔人已乘黄鹤去，此地空余黄鹤楼。
黄鹤一去不复返，白云千载空悠悠。
晴川历历汉阳树，芳草萋萋鹦鹉洲。
日暮乡关何处是？烟波江上使人愁！

【注释】

- 昔人：指传说中的仙人。
- 黄鹤楼：旧址在今武汉长江大桥桥头处。
- 历历：清楚分明。
- 汉阳：指今武汉市汉阳县一带。
- 萋萋：草茂盛的样子。
- 鹦鹉洲：在今武汉西南长江中。

【诗文释义】

前人早已乘着黄鹤飞去，这里留下的只是那空荡荡的黄鹤楼。黄鹤飞去后就不再返回，千百年来只有白云悠悠飘拂。晴朗的汉江平原上，是一片片葱郁的树木和茂密的芳草，它们覆盖着鹦鹉洲。天色渐暗，放眼远望，何处是我的故乡？江上的烟波迷茫，使人生出无限的哀愁。

[①]崔颢（704－754），汴州（今河南开封市）人，唐代诗人，唐开元年间进士。官至太仆寺丞，天宝时任司勋员外郎。最为人称道的是他那首《黄鹤楼》，据说李白为之搁笔，曾有“眼前有景道不得，崔颢题诗在上头”的赞叹。《全唐诗》收录其诗四十二首。

图 3-79 “诗词鉴赏”效果

7. 保存文档

单击快速访问工具栏中的"保存"按钮即可。

【任务小结】

（1）本任务主要介绍了：Word 2016空白文档的创建和保存、文本的录入和修改，字体、字型、字号、段落的设置，简繁转换，项目编号的插入，拼音的添加，尾注的添加。

（2）本任务中介绍的文档的编辑和排版的方法有多种，读者可以用不同的方法进行练习。

任务 3.4　制作公司宣传海报

【任务说明】

小杨是龙马电器销售公司的一名销售经理，公司准备在国庆期间举行"迎双节，欢购物"活动，需要活动宣传海报，他应该如何设计？

【预备知识】

3.4.1　艺术字

艺术字可以让文字出现一些特殊效果，让文档更加生动活泼、富有艺术色彩。例如，文字产生弯曲、倾斜、旋转、拉长、阴影等效果，如图3-80所示。

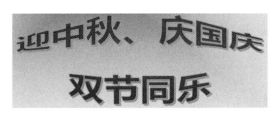

图 3-80　艺术字效果示例

1. 插入艺术字

操作步骤如下：

（1）将光标定位到需要插入艺术字的位置。

（2）单击"插入"选项卡，在"文本"组中单击"艺术字"按钮后弹出其下拉菜单，如图3-81所示。

图 3-81　艺术字样式类型

（3）在该下拉菜单中选择一种艺术字样式，将弹出如图 3-82 所示的艺术字编辑框，并自动打开如图 3-83 所示的艺术字"绘图工具－格式"选项卡。

图 3-82　艺术字编辑框

（4）在该窗口中输入需要插入的艺术字，如输入"Word，计算机基础"。选中输入的文本，可以设置文本的字体、字型、字号等。

（5）设置完成后，将光标移出即可。

2．编辑艺术字

在文档中插入艺术字后，可以根据需要对其进行各种修饰和编辑。当用户选中需要编辑的艺术字时，Word 2016 的选项卡栏会增加"绘图工具－格式"选项卡，该选项卡中有很多编辑艺术字的工具按钮，如图 3-83 所示。

图 3-83　艺术字"绘图工具－格式"选项卡

（1）更改文字。如果要对艺术字文字进行编辑，单击艺术字中就可以像修改普通文字一样修改，并可以设置"字体""字型""字号""字间距"等参数。

（2）"文本"组。利用"文本"组可以设置艺术字的文本样式，包括文本的方向、对齐方式和创建链接。

方法：选中要修改的艺术字，单击"绘图工具－格式"选项卡"文本"组中的相应工具按钮（见表 3-3），即可以对艺术字进行相应的文字设置。

表 3-3　"文本"组中的命令按钮

按钮	功能
文字方向	编辑此艺术字的方向，方向包括：水平、垂直、将所有文字旋转 90°、将所有文字旋转 270° 和将中文字符旋转 270°
对齐文本	指定对行艺术字的对齐方式，对齐方式包括：顶端对齐、中部对齐和底端对齐
创建链接	创建文本框的前向链接

（3）"艺术字样式"组。"艺术字样式"组主要用于改变艺术字文本的样式。操作步骤如下：

1）选中需要更改样式的艺术字。

2）单击绘图工具"格式"选项卡，在"艺术字样式"组中单击下拉菜单按钮，在弹出的样式下拉菜单中选择合适的样式选项，即可改变艺术字的文本样式，如图 3-84 所示。

图 3-84　更改艺术字文本样式效果示例

3）单击 ![文本填充] 按钮，在弹出的下拉菜单中选择合适的颜色，可改变艺术字文本的颜色。

4）单击 ![文本轮廓] 按钮，在弹出的下拉菜单中选择合适的颜色，可改变艺术字文本的轮廓颜色。

5）单击 ![文本效果] 按钮，弹出下拉菜单后可以选择各种艺术字的特殊效果，包括阴影、映像、发光、棱台、三维旋转和转换。其中文本效果直接决定艺术字的造型，改变最大。

（4）"形状样式"组。艺术字"形状样式"组主要用于改变艺术字背景的样式。操作步骤如下：

1）选中要更改样式的艺术字。

2）单击"绘图工具－格式"选项卡，在"形状样式"组中单击 ![] 按钮，在弹出的样式下拉菜单中选择合适的样式选项，即可改变艺术字的背景样式。

3）单击 ![形状填充] 按钮，在弹出的下拉菜单中选择合适的颜色，可改变艺术字的填充颜色。

4）单击 ![形状轮廓] 按钮，在弹出的下拉菜单中选择合适的颜色，可改变艺术字的背景轮廓颜色。

5）单击 ![形状效果] 按钮，弹出其下拉菜单，可以选择各种艺术字背景的特殊效果，包括预设、阴影、映像、发光、柔化边缘、棱台和三维旋转。更改背景效果示例如图 3-85 所示。

图 3-85　更改艺术字背景样式效果示例

3.4.2　插入和编辑图片

1．插入图片

如果用户希望文档的页面营造比较活泼的气氛，增强文档对读者的吸引力，可以在文档中插入一些图片。

在 Word 2016 中插入图片的常用方法有三种：第一种是"图片"，表示浏览选取用户计算机上的图片文件，这种方式随时可以用，但是用户的图片数量有限；第二种是"联机图片"，它们是来自微软在线服务器上的图片素材，几乎应有尽有，但是需要在线获取；第三种是"屏幕截图"，这种方式可以截取软件界面。下面分别介绍这三种插入图片的方法。

（1）插入图片。操作步骤如下：

1）将光标定位到希望插入图片的位置。

2）单击"插入"选项卡，单击"插图"组的"图片"按钮，弹出如图 3-86 所示的对话框。

图 3-86　"插入图片"对话框

3）在磁盘上找到需要插入的图片文件，最后单击"插入"按钮即可。

（2）插入"联机图片"。操作步骤如下：

1）将光标定位到希望插入图片的位置。

2）单击"插入"选项卡，在"插图"组中单击"联机图片"按钮，在 Word 窗口的上打开"联机图片"窗口。

3）在"搜索必应"文本框中输入图片的相关主题或类别关键字，按 Enter 键即自动使用微软搜索引擎搜索相关的图片素材，搜索结果如图 3-87 所示。

图 3-87　搜索结果

如果对搜索结果不满意，还可以单击搜索框下的过滤选项进行过滤设置，如图 3-88 所示。

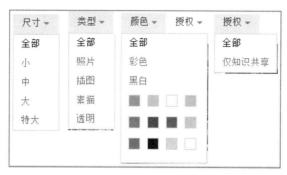

图 3-88　四个搜索过滤选项

4）从搜索结果中选择要使用的一张或多张图片，单击"插入"按钮即可将其插入到文档中，部分插入的图片会加上作品作者和许可证信息。插入的联机搜索图片示例如图3-89所示。

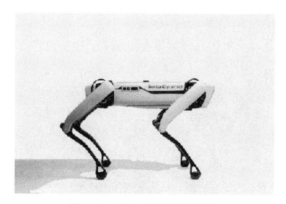

图 3-89　插入的联机搜索图片

（3）屏幕截图。Word 2016 提供了屏幕截图功能，默认情况下，单击后所有窗口将自动最小化，显示出桌面。在正式开始截图操作前给用户留出了几秒的时间，用户可以将需要截图的软件切换到最前。等待时间结束后，屏幕就变成半透明，按下鼠标左键点选一个位置，然后拖动出一个截图区域，松开左键后完成截图，图片将自动插入到光标所在位置。

整个过程中最重要的，就是在屏幕半透明前将要截图的软件窗口切换为当前窗口，这里有个小技巧：

1）开始前先把要截图的软件选为当前窗口。

2）再把 Word 2016 选为当前窗口，并设置好光标位置。

3）单击"插入"选项卡的"插图"功能区上的"屏幕截图"，在其弹出的列表中可以看到两个内容：一个是"可用的视窗"，它显示的是 Word 2016 成为当前窗口前的上一个当前窗口，就是 Word 2016 默认的截图对象；另一个是"屏幕剪辑"命令。

4）单击"屏幕剪辑"命令，Word 2016 自动把上一个当前窗口设置为截图对象，等待几秒后就可以开始自由截图了。

如此操作 Word 2016 截图将变得非常简单好用。如果直接在截图时点"可用的视窗"中的窗口，则会截图全屏。

2. 编辑图片

将图片和剪贴画插入到文档中之后，常常还要根据排版需要，对其大小、版式等进行调整，使其能符合用户的实际需求。图片与剪贴画的编辑方法相同，下面就以图片为例介绍其编辑方法。

用户对图片进行编辑，常用的方法有鼠标、"设置图片格式"对话框、快捷菜单、图片工具等。其中，当用户选中需要编辑的图片时，Word 2016 的选项卡栏会增加"图片工具－格式"选项卡，在该选项卡中含有很多编辑图片的工具按钮，如图 3-90 所示。

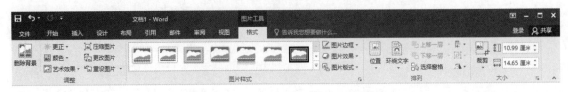

图 3-90　"图片工具－格式"选项卡

（1）调整图片的大小。在文档中插入图片时，由于页面大小的限制或其他原因，有时用户希望将图片缩小或者放大。操作步骤如下：

1）先用鼠标单击图片，此时图片四周将会出现 8 个控制点，如图 3-91 所示。

图 3-91　插入图片控制点示例

2）将鼠标指针放在图片左边或右边的中间控制点上，当鼠标指针变成 ⟷ 形状时，按住鼠标左键不放，左右移动鼠标就可以横向缩小或放大图片。

3）将鼠标指针放在图片上边或下边的中间控制点上，当鼠标指针变成 ↕ 形状时，按住鼠标左键不放，上下移动鼠标就可以纵向缩小或放大图片。

4）将鼠标指针放在图片 4 个角的控制点上，当鼠标指针变成 ↖ 或 ↗ 形状时，按住鼠标左键不放，向内或者向外移动鼠标就可以使图片缩小或放大。

当然最准确的方法就是通过"图片工具－格式"选项卡上的大小区域进行高度和宽度设置。

（2）图片裁剪。如果是希望去掉一些不需要的图片内容，可以使用"图片工具－格式"选项卡下"大小"功能区的"裁剪"的下拉按钮。单击后下拉按钮打开功能下拉菜单，如图 3-92 所示。

1）裁剪。单击功能下拉菜单中的"裁剪"（或直接单击功能区上的"裁剪"），图片软件的 8 个控制点位置新增了 8 个黑色裁剪控制柄，图片进入裁剪状态，如图 3-93 所示。

图 3-92　图片裁剪功能　　　　　　　　　　　图 3-93　裁剪状态

拖动裁剪控制柄可以从 8 个方向裁剪图片，被裁剪的内容会被 Word 自动隐藏起来，不会影响显示和打印，也可以恢复。当单击被裁切过的图片时，裁切菜单的功能会有不同。最后两个菜单项"填充"和"调整"的功能和"裁剪"是相似的，单击后都出现裁剪控制柄。对于没有裁剪的图片，"填充"和"调整"功能就相当于裁剪；而对于裁剪过了的图片，单击它们可以使图片恢复被裁剪前的外观。

2）裁剪为形状。这个功能可以让图片按比例依照如图 3-94 所示的形状进行裁剪，产生不规则图片。

3）纵横比裁剪。这是一种比较特别的裁剪方案，图片会按一定的比例进行裁剪，操作时 Word 会自动按约定比例在图片上绘制一个区域，我们不能移动区域，但是可以移动图片来改变区域中的内容，从而确定裁剪出的内容，如图 3-95 所示。

图 3-94　预设的裁剪形状　　　　　　　　　图 3-95　纵横比裁剪

3. 图片背景删除

Word 中可以对插入的图片进行简单颜色调整，比如删除背景色、调整对比度、添加颜色和艺术效果等，其中删除背景色是最常用的。

（1）删除图片背景色。我们将图片插入到 Word 时，如果图片本身是透明 PNG 图片，则可以看到不规则的图片效果，达到图片和 Word 背景的和谐融合。操作步骤如下：

1）选中插入的图片，单击"图片工具－格式"选项卡上"调整"功能区上的"删除背景"，如图 3-96 所示。可以看到图片被高亮选中，并且中间出现了一个去背景后保留区域框。

2）调整保留区域大小。从上图可以看到，部分图片内容没有进入区域，调整框的大小后在图片外区域单击即可完成操作，如图 3-97 所示。

图 3-96　删除背景　　　　　　　　　　图 3-97　删除背景后效果

4．设置图片文字环绕方式

在 Word 2016 中，通过设置环绕文字方式，可以处理文字在图片周围的显示方式，使文字与图片融为一体。操作步骤如下：

（1）单击需要设置文字环绕方式的图片。

（2）单击"图片工具－格式"选项卡，在"排列"组中单击"自动换行"按钮，弹出如图 3-98 所示的"文字环绕"下拉菜单。

图 3-98　"环绕文字"下拉菜单

（3）根据需要选择一种文字环绕方式即可。

- 嵌入型（默认环绕方式）：Word 2016 将嵌入的图片当作文本中的一个普通字符来对待，图片将跟随文本的变动而变动。
- 四周型环绕：不管图片是否为矩形图片，文字以矩形方式环绕在图片四周。
- 紧密型环绕：文字紧密环绕在实际图片的边缘（按实际的环绕顶点环绕图片），而不是环绕在图片的边界。
- 衬于文字下方：图片在下、文字在上分为两层，文字将覆盖图片。

- 浮于文字上方：图片在上、文字在下分为两层，图片将覆盖文字。
- 上下型环绕：文字环绕在图片上方和下方。
- 穿越型环绕：文字可以穿越不规则图片的空白区域环绕图片。

4. 移动图片位置

默认情况下插入的图片可以从一个光标位置被拖动到另一个光标位置，无法自由移动。不过可以通过设置"环绕文字"方式，比如选择"衬于文字下方"和"浮于文字上方"后，就可以在编辑区域自由拖动图片了。

操作步骤如下：

（1）先单击图片，此时在图片的四周将会出现 8 个控制点。

（2）将鼠标指针移至图片上，当鼠标指针变成✛形状时，按住鼠标左键不放，然后移动鼠标，即可移动该图片的位置。

3.4.3 页面背景

页面背景主要用于设置 Word 文档的背景颜色和水印。

1. 页面颜色

用户可根据需要将各种颜色或填充效果作为页面颜色。操作步骤如下：

（1）单击"设计"选项卡，在"页面背景"功能组中单击"页面颜色"按钮，在弹出的样式下拉菜单中选择一种背景颜色即可。

（2）如果要选择一种特殊的填充效果作为背景，在"页面背景"组中单击"页面颜色"按钮，在弹出的样式下拉菜单中选择"填充效果"，将会弹出如图 3-99 所示的"填充效果"对话框。可在该对话框中选择将渐变、图案、图片、纯色、纹理或水印等作为图片背景，渐变、图案、图片和纹理将以平铺或重复的方式填充页面。

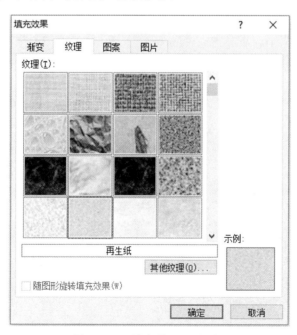

图 3-99　"填充效果"对话框

2．水印

水印是显示在文档文本后面的文字或图片，可以增加趣味或标识文档的状态。操作步骤如下：

（1）单击"页面布局"选项卡，在"页面背景"组中单击"水印"按钮，在弹出的样式下拉菜单中选择一种"水印效果"即可。

（2）如果要自定义一种水印，则在"页面背景"组中单击"水印"按钮，在弹出的样式下拉菜单中选择"自定义水印"，将会弹出如图 3-100 所示的"水印"对话框。

（3）在该对话框中可将图片、自定义文本设置为水印。

（4）设置完成后，单击"确定"按钮即可。

图 3-100　"水印"对话框

【任务分析】

经过前面的预备知识，我们现在可以对"制作公司宣传海报"进行编辑排版。在本任务中，要完成如下工作：

（1）创建空白文档，并录入文本内容。

（2）制作标题艺术字。

（3）设置页面背景颜色。

（4）插入剪贴画和图片，进行图文混排。

（5）正文排版。

【任务实施】

1．创建文档

（1）新建一个空白文档。

（2）单击快速访问工具栏中的"保存"按钮，将会打开"另存为"对话框，再选择文档存盘路径，在"文件名"处输入文件名"公司宣传海报.docx"。

（3）单击"保存"按钮，即可保存文档。

2．录入广告文本

根据设计录入海报中的宣传文本。

3. 利用艺术字设计海报欢迎标题

（1）在"插入"选项卡中的"文本"组中单击"艺术字"按钮，在弹出的下拉菜单中选择一种艺术字样式，并输入"迎中秋、庆国庆双节同乐"，并在双节同乐前换行。

（2）选中艺术字文本，设置字体为"微软雅黑"，字号为"48号"。

（3）单击"绘图工具－格式"选项卡，单击 A 文本填充 ▾ 按钮，在弹出的下拉菜单中选择"红色"；单击 ✍ 文本轮廓 ▾ 按钮，在弹出的下拉菜单中选择"金色"；单击 A 文本效果 ▾ 按钮，弹出其下拉菜单，可以选择"转换"，在其下拉菜单中选择"腰鼓"，如图 3-101 所示。

迎中秋、庆国庆
双节同乐

图 3-101　欢迎标题艺术字效果

4. 设置页面背景颜色

（1）单击"设计"选项卡。

（2）在"页面背景"组中单击"页面颜色"按钮，在弹出的下拉菜单中选择"填充效果"选项，选择"渐变"选项卡，选双色"红色"和"金色，个性 4，淡色 60%"，底纹样式选"中心辐射"。

（3）单击"确定"按钮完成背景设定。

5. 插入本地图片：中秋和国庆素材

（1）选中中秋图片，首先采用 1:1 纵横比裁剪，得到含有月亮部分的正方形，然后再采用"裁剪为形状"，选择"椭圆"（椭圆功能对正方形就是正圆）。

（2）选中国庆图片，采用"删除背景"操作。

（3）将插入的两张图片调整至适当大小，设置"环绕文字"→"衬于文字下方"。

6. 插入联机画

（1）通过"联机图片"，搜索"鞭炮"，如图 3-102 所示。

图 3-102　"联机图片"搜索"剪贴画"类型的鞭炮图

（2）在搜索出的结果中挑选一张合适的图片插入文档，并用同样的办法搜索"气球"，选择类型为"透明"，插入到文档。

（3）调整两张图片的大小，并设置"环绕文字"→"衬于文字下方"。

7．排版

用前面介绍的方法，对文本进行格式排版。

（1）选中正文文本。

（2）设置字体：宋体、加粗、四号、深蓝色。

（3）段落设置：首行缩进为"2字符"、行间距为"单倍"。

（4）将日期"2021年9月20日"设置为"右对齐"。

（5）调整图片的大小和位置。

8．保存文档

单击快速访问工具栏中的"保存"按钮即可。整体效果如图3-103所示。

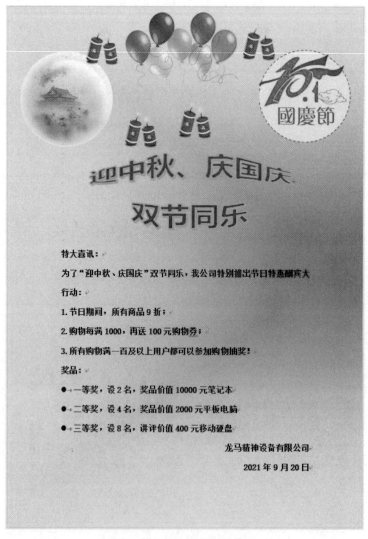

图3-103　制作海报最终效果

【任务小结】

（1）本任务主要介绍了：Word 2016 空白文档的创建和保存，文本的录入和修改，字体、字型、字号、段落的设置，制作艺术字，项目编号的插入，"图片"和"剪贴画"的插入。

（2）本任务中介绍的文档的编辑和排版的方法不唯一，读者可以用不同的方法进行练习。

任务 3.5　电子板报设计

【任务说明】

学生李华想把这段时间的学习内容做成一份电子板报，介绍宋代理学家朱熹和现代科学家傅里叶。

【预备知识】

3.5.1　特殊格式设置

1. 首字下沉

为了强调段首或章节的开头，可以放大第一个字母以引起注意，这种字符效果叫做首字下沉。操作步骤如下：

（1）将光标放到文档段落中的任何一处（这个段落中必须含有文字）。

（2）在"插入"选项卡中的"文本"组中单击"首字下沉"按钮，在弹出的下拉菜单中单击 ![首字下沉选项(D)...] 按钮，弹出如图 3-104 所示的"首字下沉"对话框。

（3）在对话框中单击"下沉"或"悬挂"选项，用户可以在预览区看到这两种首字（字母）格式的区别。

（4）选择字体，首字的大小可以是段中正文字体大小的1～10 倍，确定"下沉行数"后，单击"确定"按钮，就可以看到首字下沉效果了。

（5）删除首字下沉时，只需重设首字下沉，然后选择对话框中的"无"选项，再单击"确定"按钮，即可删除首字下沉格式。

图 3-104　"首字下沉"对话框

2. 分页

在编辑报刊、杂志等文档时，人们往往习惯于将整个页面分成几栏，编辑时逐栏编排文字，Word 2016 将这种排版方式称为分栏。

Word 2016 在默认设置下，编排任何文档都只有一个分栏。如果用户希望分成多栏，可以按下列步骤进行操作。

（1）选择需要分栏的文本范围（不选择将对全文进行分栏）。

（2）单击"布局"选项卡，在"页面设置"组中单击"分栏"按钮，在弹出的下拉菜单中单击 ![更多分栏(C)...] 按钮，弹出如图 3-105 所示的"分栏"对话框。

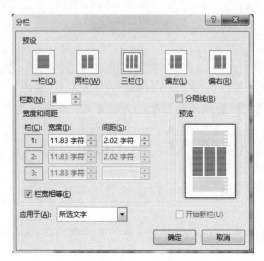

图 3-105 "分栏"对话框

（3）根据需要，在"分栏"对话框中进行下列设置。

● "预设"栏中显示了 Word 2016 预设的几种分栏样式，用户可以在其中选择一种样式并单击。

● 在"栏数"微调框中，确定分栏数。

● 在"宽度和间距"栏中，先在"栏"文本框中选好某一栏，然后在"栏宽"中调整该分栏的宽度，再在"间距"微调框中调整本栏与下一栏之间的距离，并对每一栏都进行上述设置。

● 如果要使各分栏的宽度都一样，则勾选"栏宽相等"复选框即可。

● 如果要在各分栏之间添加分隔线，则勾选"分隔线"复选框即可。

● 在"应用于"下拉列表中确定本次分栏设置的有效范围。

（4）完成上述设置后，单击"确定"按钮即可。

3.5.2 文本框及其用法

所谓文本框，实际上是一个可以放置文字、表格、图片等所需内容的容器。放入文本框中的文档元素可以当做一个整体，以文本框的形式在文档中任意移动和定位。位于文本框外部的文本可以以各种方式环绕文本框，而文本框中的内容可以应用任意格式，不影响外部的文档。

利用文本框可以将某些文本段落或图片集中起来。例如将图片以及对它所做的题注放在某个文本框之内，可以使它们始终在一起，不会由于 Word 2016 的自动分页而发生错位。

1. 插入文本框

操作步骤如下：

（1）将光标定位到需要插入文本框的位置。

（2）单击"插入"选项卡，在"文本"组中单击"文本框"按钮，弹出如图 3-106 所示的下拉菜单。

（3）在该列表中选择合适的选项，即可插入一个文本框，如图 3-107 所示。

（4）在"文本框"中单击鼠标左键，就可以输入文本内容，包括输入文字，插入图片、形状等元素，编辑方法与 Word 2016 文档的编辑方法完全相同。

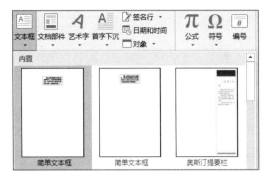

图 3-106 "文本框"列表

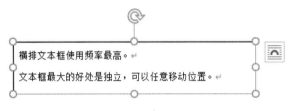

图 3-107 插入的文本框

2. 编辑文本框

编辑文本框包括删除文本框、调整其大小及相对于段落的位置，设置文本框和周围文字的间距等。

（1）选择文本框。在移动或缩放文本框前都必须选择文本框。只需在"页面视图"下，把鼠标定位到文本框的任一边上，当鼠标指针变成 ✛ 形状时，单击鼠标左键，即可选中文本框。

（2）调整文本框的大小。其操作步骤如下：

1）首先选择文本框，此时在文本框的四周将会出现 8 个控制点。

2）将鼠标指针放在文本框的左边或右边的中间控制点上，当鼠标指针变成 ⟷ 形状时，按住鼠标左键不放，左右移动鼠标就可以横向缩小或放大文本框。

3）将鼠标指针放在文本框的上边或下边的中间控制点上，当鼠标指针变成 ↕ 形状时，按住鼠标左键不放，上下移动鼠标就可以纵向缩小或放大文本框。

4）将鼠标指针放在文本框的 4 个角的控制点上，当鼠标指针变成 ⬉ 或 ⬈ 形状时，按住鼠标左键不放，向内或者向外移动鼠标就可以缩小或放大文本框。

（3）为文本框设置边框和底纹。一个新文本框的默认设置是一个单线边框，无底纹。改变文本框的边框和底纹的操作方法与给段落文字添加边框和底纹的操作方法相同。

（4）使正文环绕文本框。该操作可以控制正文在文本框周围的分布形式，形成"文包图"的效果。其操作方法与设置图片文字环绕方式的操作方法相同。

（5）删除文本框。删除文本框的方法很简单，首先选中文本框，然后按 Delete 键即可（或者右键菜单→剪切）。

3.5.3 插入和编辑形状

1. 插入形状

在 Word 2016 中除了可以插入图片和剪贴画外，还可以使用形状工具来绘制需要的图形。

Word 2016 提供的形状工具包括线条、基本形状、箭头总汇、流程图、标注、星与旗帜等，如图 3-108 所示。

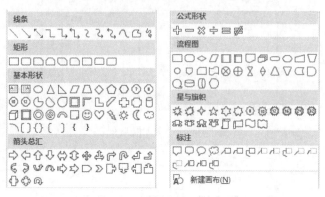

图 3-108　"形状"类型下拉菜单

操作步骤如下：

（1）单击"插入"选项卡，在"插图"组中单击"形状"按钮，弹出"形状"下拉菜单。

（2）在该下拉菜单中选择所需插入的形状。

（3）在文档中单击鼠标并拖动，到达合适位置后释放鼠标左键，即可绘制出形状。

2. 编辑形状

在文档中插入形状后，还可以对其添加文字，并需要设置样式、阴影效果、三维效果及调整大小等，以使其符合用户需要。

（1）添加文字。操作步骤如下：

1）选中需要添加文字的形状。

2）用鼠标右键单击需要添加文字的形状，在弹出的下拉菜单中选择"添加文字"命令，即可在形状上添加一个光标，用户可在该光标位置输入文本，效果如图 3-109 所示。

（2）编辑顶点。通过上图对话框，我们也看到在右键菜单中有一个"编辑顶点"命令，单击后选中的形状上会出现多个控制点，调整这些点可以改变形状，如图 3-110 所示。

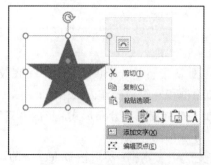

图 3-109　给形状添加文字

图 3-110　编辑形状顶点

（3）形状样式。当用户选中需要编辑的形状时，在 Word 2016 的选项卡栏会出现一个"绘图工具－格式"选项卡，该选项卡中有丰富的编辑图片工具。

艺术字修饰主要侧重艺术字样式，自定义形状的修饰重点是形状样式。因为操作方式和前面类似，这里不再赘述。

3.5.4　插入和编辑 SmartArt 图形

SmartArt 图形是 Word 2016 中的一种预置图形格式,用户可以借助于这种图形创建具有设计师水准的图形。

1. 插入 SmartArt 图形

操作步骤如下:

(1)将光标定位在需要插入 SmartArt 图形的位置。

(2)单击"插入"选项卡,在"插图"组中单击"SmartArt"按钮,弹出"选择 SmartArt 图形"对话框,如图 3-111 所示。

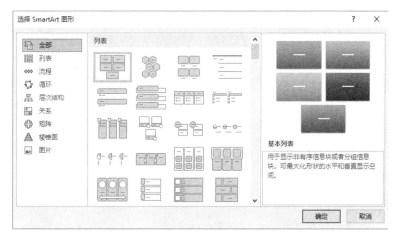

图 3-111　"选择 SmartArt 图形"对话框

(3)在该对话框左侧的列表框中选择 SmartArt 图形的类型;在中间的"列表"列表框中选择子类型,在右侧可以预览 SmartArt 图形的效果。

(4)设置完成后,单击"确定"按钮即可,效果如图 3-112 所示。

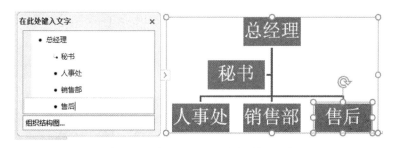

图 3-112　插入 SmartArt 图形效果示例

(5)如果需要输入文字,在"文本"字样处单击即可。

2. 编辑 SmartArt 图形

选中 SmartArt 图形后,Word 2016 功能区会出现"SmartArt 工具－设计"和"SmartArt 工具－格式"两个选项卡,可以通过这两个选项卡对图形进行编辑和处理。这里有些方法和前文介绍的图片编辑方法相同,在此只介绍与图片编辑方法不同的"SmartArt 工具－设计"选项卡,如图 3-113 所示。

图 3-113　"SmartArt 工具－设计"选项卡

（1）版式。如果要更改 SmartArt 图形的版式布局，可按照以下步骤操作：

1）选中要更改布局的 SmartArt 图形。

2）单击"SmartArt 工具－设计"选项卡，在"版式"组中单击下拉菜单按钮，弹出其下拉菜单，如图 3-114 所示。

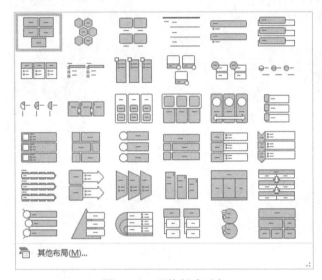

图 3-114　更换版式列表

3）在该列表中选择合适的选项，即可改变 SmartArt 图形的布局。

（2）更改 SmartArt 样式。如果要更改 SmartArt 图形的样式，可按照以下步骤操作：

1）选中要更改样式的 SmartArt 图形。

2）单击"SmartArt 工具－设计"选项卡，在"SmartArt 样式"组中单击下拉菜单按钮，弹出如图 3-115 所示的下拉菜单。

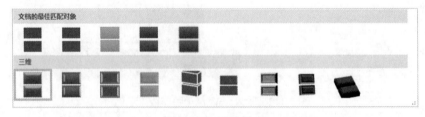

图 3-115　更改样式

值得注意的是，不同的图形样式的造型是不一定相同的，但是种类是相同的。

（3）更改 SmartArt 颜色。如果要更改 SmartArt 图形的颜色，可按照以下步骤操作：

1）选中要更改样式的 SmartArt 图形。

2）单击"SmartArt 工具－设计"选项卡，在"SmartArt 样式"组中单击"更改颜色"按钮，弹出如图 3-116 所示的下拉菜单。

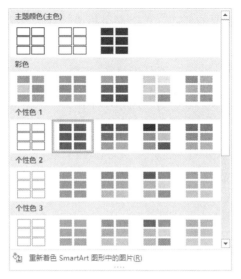

图 3-116　更改 SmartArt 图形颜色

3）在该列表中选择合适的选项，即可改变 SmartArt 图形的颜色。

3.5.5　数学公式输入方法

数学公式、数学表达式是许多数学和科学研究论文中几乎不可缺少的元素。在 Word 2016 中，不仅可以直接插入公式，并且公式的样式也有更多选择。下面介绍在 Word 2016 中公式的编辑方法。

1．插入预设公式

Word 2016 预设了很多数学中常用的公式，包括二次公式、二项式定理、傅立叶级数、勾股定理、和的展开式、三角恒等式、泰勒展开式、圆的面积等，让公式输入更加便捷。操作步骤如下：

（1）将光标定位到需要插入公式的位置。

（2）单击"插入"选项卡，在"符号"组中单击"公式"按钮，弹出如图 3-117 所示的"常用公式"下拉菜单。

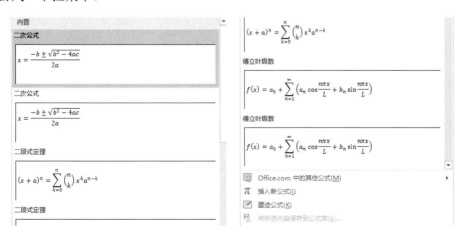

图 3-117　"常用公式"下拉菜单

（3）如果用户找到了需要的公式，单击即可将该公式插入文档中，如图 3-118 所示。

2．插入新公式

操作步骤如下：

（1）将光标定位到需要插入公式的位置。

（2）单击"插入"选项卡，在"符号"组中单击"公式"按钮，弹出如图 3-117 所示的"常用公式"下拉菜单。

（3）单击"插入新公式"按钮，在文档中会插入一个空白的公式对象，如图 3-119 所示。

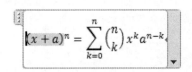

图 3-118　二项式定理效果示例　　　　　　图 3-119　"新公式"对象

（4）此时，在 Word 2016 的功能区增加了一个"公式工具－设计"选项卡，该选项卡中含有很多输入公式的工具按钮，如图 3-120 所示。

图 3-120　"公式工具－设计"选项卡

"公式工具－设计"选项卡中给出了编辑数学公式的格式、类型以及所有数学特殊符号。在"符号"组中有很多的数学基本符号，选择一个插入即可。在"结构"组中，有分数、上下标、根式、积分、大型运算符、分隔符、函数、导数符号、极数和对数、运算符和矩阵多种运算方式。在每个组的下方都有一个小箭头，可以展开下拉菜单。利用这些数学公式工具栏，可以在数学公式编辑窗口中制作出任意的数学公式。在制作数学公式时，首先要搞清楚公式的结构，然后选用相应的工具来制作。

3．墨迹公式

Word 2016 对于习惯手写输入的用户还提供了墨迹公式，允许用户以手写形式录入公式，如图 3-121 所示。

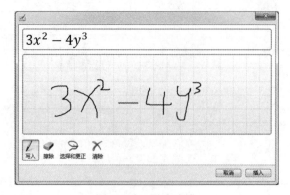

图 3-121　墨迹公式

以在文档中插入如下公式为例：

$$p(x) = \frac{x^2 - 4x + y^4 - y^3}{\sqrt{\dfrac{6ab}{a^2 + b^2}}}$$

操作步骤如下：

（1）利用前面介绍的方法在文档中插入新公式。

（2）输入"$p(x)$="。

（3）由于"="右边公式的结构是分式，因此用鼠标单击"分数"按钮，在如图 3-122 所示的下拉菜单中单击"分数（竖式）"按钮。每个小框都是一个输入载体，单击后可以录入内容，也可以在此基础上选择类型为更复杂的公式。

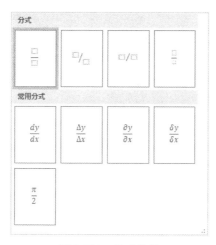

图 3-122　分式选择

（4）将光标定位到分子框，用鼠标单击"上下标"按钮，在如图 3-123 所示的下拉菜单中单击"x^2"按钮。

（5）采用同样的方法输入分子中的其他各项。注意掌握输入"x^2"后输入"+"的技巧——鼠标后点或者向右按方向键。

（6）由于分母是根式，因此单击"根式"按钮，在如图 3-124 所示的下拉菜单中单击"平方根"按钮。

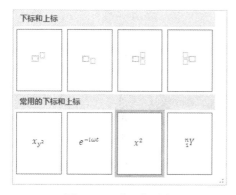

图 3-123　上下标选择

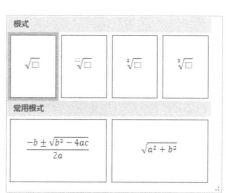

图 3-124　根式选择

（7）由于根号中又有分式，因此在根号下用鼠标单击"分数"按钮，在如图 3-122 所示的下拉菜单中单击"分数（竖式）"按钮。

（8）用前面的方法输入分子和分母后，即可完成如图 3-125 所示的数学公式。

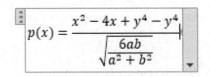

$$p(x) = \frac{x^2 - 4x + y^4 - y^4}{\sqrt{\dfrac{6ab}{a^2 + b^2}}}$$

图 3-125　最终公式效果

【任务分析】

经过前面的知识准备，我们现在可以对"电子板报设计"进行编辑排版。在本任务中，要完成如下工作。

（1）录入朱熹的名篇诗词文本。

（2）利用形状工具和艺术字制作醒目标题。

（3）利用文本框设计漂亮的诗词框。

（4）利用分栏工具对诗词注解进行分栏排版。

（5）插入 SmartArt 图形，进行图文混排。

（6）插入傅立叶公式。

【任务实施】

1．创建文档

（1）新建一个空白文档。

（2）单击快速访问工具栏中的"保存"按钮，将会打开"另存为"对话框，再选择文档存盘路径，在"文件名"处输入文件名"电子板报设计.docx"。

（3）单击"保存"按钮即可保存文档。

2．设计报头

（1）插入图形。

1）单击"插入"选项卡，在"插图"组中单击"形状"按钮，弹出"形状"下拉菜单。

2）在该下拉菜单中选择"星与旗帜"中的"上凸弯带形"按钮，

3）在文档中单击鼠标并拖动，到达合适位置后释放鼠标左键，即可绘制出形状，连续做两个，如图 3-126 所示。

图 3-126　设计报头

（2）编辑图形。

1）选中要改变样式的形状。

2）单击"绘图工具－格式"选项卡，在"形状样式"组中单击 ▾ 按钮，在其下拉菜单中选择样式为"彩色轮廓—蓝色，强调颜色1"，设置后效果如图3-127所示。

图3-127　彩色轮廓—蓝色，强调颜色1

3）再单击"绘图工具—格式"选项卡，在"形状样式"组中单击 形状效果▾ 按钮，在其下拉菜单中选择"发光"，单击下拉菜单中的"发光，18磅；蓝色主题5"，效果如图3-128所示。

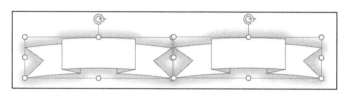

图3-128　发光效果

（3）插入艺术字。

1）"插入"选项卡中的"文本"组中单击"艺术字"按钮，在弹出的下拉菜单中选择一种艺术字样式——"填充-金色，主题4，软棱台"，设置"艺术字样式"→"文本效果"→"阴影"→"向右"。

2）在文本区录入"学习"，字体设置为"华文行楷，36"。同样方法录入艺术字"园地"，并将艺术字放到形状上，调整好位置。

3）按住Ctrl逐个点选艺术字和形状，单击右键菜单选择"组合"，如图3-129所示。组合后形成一个整体，方便移动和统一操作。

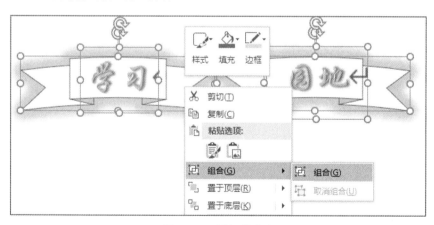

图3-129　添加艺术字

3．编辑诗词"观书有感"

（1）插入文本框。

1）将光标定位到需要插入文本框的位置（报头的下方）。

2）单击"插入"选项卡，在"文本"组中单击"文本框"按钮，弹出其下拉菜单，选择"绘制竖排文本框"。

3）在报头下方，按住鼠标左键，拉出一个文本框，调整其位置和大小。

4）在该文本框中录入《观书有感》诗词和诗词释义。

5）设置字体为仿宋四号；设置行距为固定值 25 磅。

（2）编辑文本框。

1）选中文本框。

2）选择绘图工具"格式"选项卡，单击"形状样式"组中的"形状轮廓"下拉按钮，选择主题颜色为"蓝色"，粗细"1.5 磅"，虚线"划线-点"；单击"排列"组中的"自动换行"下拉按钮，选择"四周型"，如图 3-130 所示。

图 3-130　竖排文字的文本框

（3）编辑作者简介。

1）在文本框下方，录入《观书有感》的作者简介，设置字体为"宋体"、"五号"、行距设置为单倍行距，首行缩进 2 字符。

2）等所有内容录入完毕后，选中第二段，单击"布局"选项卡"页面设置"功能区的"栏"，选择下拉菜单中的"两栏"，设置效果如图 3-131 所示。

朱熹（1130—1200），南宋思想家、哲学家和教育家，闽学派的代表人物，世称朱子。字元晦。祖籍婺源，生于尤溪，长于建州，从师五夫，讲学武夷，结庐云谷，授徒孝亭，葬于唐石。↵

————————————————————分节符(连续)————————————————————

他广注典籍，对经学、史学、文学、乐律乃至自然科学等都有不同程度的贡献，给后人留下浩如烟海的著述。他继承和发扬中国传统文化，融汇儒、释、道诸家而建构博大精深的思想体系，对中国文化和人类文明产生了深远的影响。他的学术成果，"致广大，尽精微，综罗百代"，深得历代文人推崇和历朝皇帝褒奖封号。后人尊他为"朱文公"，评价他为"理学正宗"，是继孔孟之后的第三圣人。他一生致力倡兴教育，先后创办了考亭、岳麓、武夷、紫阳等多所著名书院，培养了数以千计的门生，对创建中国古代文明作出了不可磨灭的贡献。有《朱文公文集》↵

————————————————————分节符(连续)————————————————————

图 3-131　第二段分两栏的效果

4．插入 SmartArt 图形

（1）插入 SmartArt 图形。

1）把插入点定位在诗词正文下方。

2）单击"插入"选项卡，在"插图"组中单击"SmartArt"按钮，弹出如图 3-132 所示的"选择 SmartArt 图形"对话框。

3）选择"流程"中的"基本 V 形流程"，单击"确定"按钮即可，如图 3-132 所示。

（2）编辑 SmartArt 图形。

1）录入文字：将光标移入 SmartArt 图形文本框中，输入如图 3-133 所示的文字。

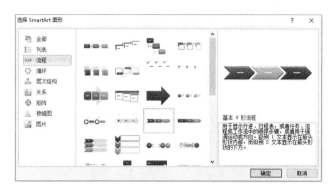

图 3-132　"插入 SmartArt 图形"对话框

图 3-133　插入 SmartArt 图形

2）选中"SmartArt 图形"。

3）选择"SmartArt 工具"的"SmartArt 工具－格式"选项卡，单击"形状填充"下拉按钮，在弹出的菜单中选择"渐变"→"深色变体"→"中心辐射"。

4）单击"排列"组中的"自动换行"下拉按钮，选择"四周环绕"。

5. 编辑"数学家介绍"部分

（1）录入"数学家——傅立叶"的生平介绍。录入"数学家——傅立叶"的生平介绍的文字部分，文字设置为宋体五号，1.5 倍行距。

（2）设置"首字下沉"。把光标放在第一段中，单击"插入"选项卡上的"文本"组中"首字下沉"，在弹出的列表中选择第二项"下沉"采用默认值，下沉三行效果如图 3-134 所示。

傅立叶，法国欧塞尔人，著名数学家、物理学家。1780 年，就读于地方军校。1795 年，任巴黎综合工科大学助教，跟随拿破仑军队远征埃及，成为伊泽尔省格伦布尔地方长官。1817 年，当选法国科学院院士。1822 年，担任该院终身秘书，后又任法兰西学院终身秘书和理工科大学校务委员会主席，敕封为男爵。主要贡献是在研究《热的传播》和《热的分析理论》，创立一套数学理论，对 19 世纪的数学和物理学的发展都产生了深远影响。

图 3-134　傅立叶介绍

（3）插入公式。

1）将光标定位到需要插入公式的位置。

2）单击"插入"选项卡，在"符号"组中单击"公式"按钮，弹出"常用公式"下拉菜单。

3）单击 π 插入新公式(I) 按钮后，文档中会插入一个空白的公式对象。

4）利用"公式工具－设计"选项卡中输入如图 3-135 所示的傅立叶公式。

$$F(\omega) = F[f(t)] = \int_{-\infty}^{\infty} f(t) e^{iwt} dt$$

图 3-135　傅立叶公式

6. 保存文档

单击快速访问工具栏中的"保存"按钮即可。

【任务小结】

（1）本任务主要介绍了：Word 2016 空白文档的创建和保存，文本的录入和修改，字体、字型、字号、段落的设置，艺术字的制作，形状的插入，文本框的插入，首字下沉，SmartArt 图形的插入，数学公式的插入和编辑。

（2）本任务中介绍的文档的编辑和排版的方法不唯一，读者可以用不同的方法进行练习。

任务 3.6　制作期末成绩表

【任务说明】

张老师是中学高二（1）班的班主任，期末考试结束后，他需要使用 Word 2016 制作一张班级各科期末考试成绩分析表，他该如何制作？

【预备知识】

在日常的文档处理中，人们往往需要用到大量的表格，Word 2016 在这方面提供了强大的功能。制作文档中不是很复杂的表格时，使用 Word 2016 提供的表格功能，可以非常方便地制作出精美的表格。

3.6.1　创建表格

Word 2016 提供了两种创建空白表格的方式："插入表格"和"绘制表格"。其中，"插入表格"可以创建一个各行、各列完全一样的规则表格；"绘制表格"可以随心所欲地绘制不规则的、比较复杂的表格，各行、各列的宽度和高度可以不同。

1. 制作规则的表格

这里以如图 3-136 所示表格为例，介绍创建规则表格的方法。

学号	姓名	性别	数学	英语

图 3-136　规则表格示例

（1）使用"表格"按钮创建表格。操作步骤如下：

1）将光标定位在需要插入表格的位置。

2）在"插入"选项卡的"表格"组中单击"表格"按钮，弹出如图 3-137 所示的下拉菜单。

3）在该下拉菜单中第一项，按下鼠标左键拖曳，会突出显示所选表格的行数和列数，然后松开鼠标左键，系统就会在光标处插入 5 行 5 列的表格。

4）此时表格中并未输入文字，用户只需输入需要的文字即可。

（2）使用"插入表格"对话框创建表格。

1）将光标定位在需要插入表格的位置。

2）在"插入"选项卡中的"表格"组中单击"表格"按钮，弹出下拉菜单。

3）单击 ▦ 插入表格(I)… 按钮，弹出如图 3-138 所示的"插入表格"对话框。

图 3-137　"插入表格"下拉菜单　　　　图 3-138　"插入表格"对话框

4）在该对话框中输入表格的行数、列数和列间距。

5）设置完成后，单击"确定"按钮，即可生成用户需要的表格。

2. 制作不规则的表格

"绘制表格"功能一般可用来修补表格，以达到制作不规则表格的目的。下面就以如图 3-139 所示的不规则表格为例介绍其制作方法。

学号	姓名	性别	数学		英语	
			正考	补考	正考	补考

图 3-139　不规则表格示例

操作步骤如下：

（1）用制作规则表格的方法插入一个 3 行 7 列的表格，如图 3-140 所示。

图 3-140　插入 3 行 7 列的表格

（2）在"插入"选项卡中的"表格"组中单击"表格"按钮，在弹出的下拉菜单中单击 📝 绘制表格(D) 按钮，此时鼠标指针变为铅笔形状。在上图所示的表格第 1 行的第 4 列到第 7 列中间画一条直线，如图 3-141 所示。

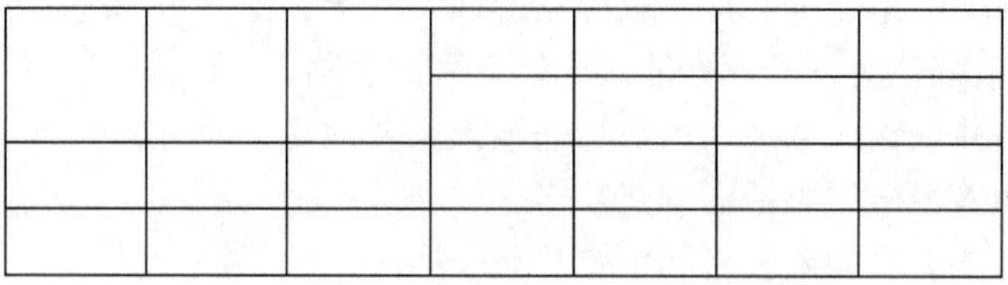

图 3-141　在表格中添加一条横线

填写上对应的文字，表格设计就完成了。

3. 使用"快速表格"插入表格

Word 2016 有很多漂亮的表格模板，我们可以利用这些表格模版快速创建表格。操作步骤如下：

（1）将光标定位在需要插入表格的位置。

（2）在"插入"选项卡中的"表格"组中单击"表格"按钮，弹出如图 3-142 所示的下拉菜单。

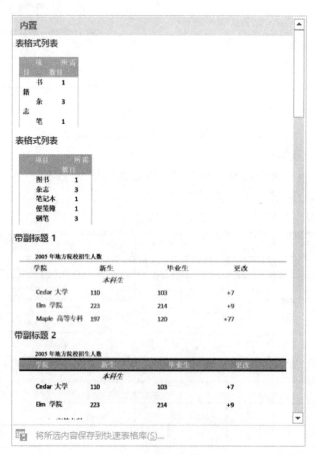

图 3-142　"快速表格"菜单

（3）选择"快速表格"菜单，在弹出的下拉菜单中选择一种需要的表格模版即可，快速表格模板效果如图 3-143 所示。

2005 年地方院校招生人数			
学院	新生	毕业生	更改
	本科生		
Cedar 大学	110	103	+7
Elm 学院	223	214	+9
Maple 高等专科院校	197	120	+77
Pine 学院	134	121	+13
Oak 研究所	202	210	-8

图 3-143　选择"快速表格"产生的表格

3.6.2　表格编辑

创建表格后可根据需要对表格进行编辑，如插入行或列、删除行或列、合并单元格等。

用户对表格进行编辑，常用的方法有鼠标快捷键、"表格属性"对话框、快捷菜单和表格工具等。其中，当用户将光标插入到表格中时，会在 Word 2016 的功能区增加两个选项卡，即"表格工具－设计"选项卡和"表格工具－布局"选项卡，这两个选项卡中含有很多编辑表格的工具按钮。

使用"表格工具－设计"选项卡提供的功能可以对已经存在的表格进行修改，如图 3-144 所示。

图 3-144　"表格工具－设计"选项卡

"表格工具－布局"选项卡，如图 3-145 所示，主要功能是修改表格的结构和内容。相对"表格工具－设计"选项卡来说，"表格工具－布局"选项卡的功能更实用，使用频率也更高。

图 3-145　"表格工具－布局"选项卡

1. 选择表格

（1）选择整个表格。

- 利用鼠标：将鼠标指针置于表格左上角，表格左上角会出现一个移动控制点⊞，当鼠标指针指向该移动控制点时，鼠标指针变成✥形状。单击即可选定整个表格。
- 利用"表格工具－布局"选项卡：将光标插入表格中，单击"表格工具－布局"选项卡，在"表"组中单击"选择"按钮，在弹出的下拉菜单中选择"选择表格"命令即可，如图 3-146 所示。

图 3-146　选择整个表格效果图

（2）选择单元格。

● 利用鼠标：将鼠标指针定位到要选择的单元格边框上，当鼠标指针变成右斜箭头↗时，单击鼠标左键，即可选择该单元格。

● 选择多个相邻的单元格：将鼠标在表格中进行拖动或同时按 Shift+光标控制键，则可选择多个相邻的单元格。

● 利用"表格工具－布局"选项卡：将光标插入到需要选择的单元格中，单击"表格工具－布局"选项卡，在"表"组中单击"选择"按钮，在弹出的下拉菜单中选择"选择单元格"命令即可。

（3）选择表格行（整行）。

● 单击鼠标：将鼠标指针定位到要选择行的左边框上，当鼠标指针变成右斜空心箭头↗时，单击鼠标左键即可。

● 双击鼠标：将鼠标指针定位到要选择行的任意单元格中，当鼠标指针变成右斜箭头↗时，双击鼠标左键，即可选择该行。

● 选择多行：将鼠标在表格中上下拖动或同时按 Shift 键和光标控制键，则可选择多行。

● 利用"表格工具－布局"选项卡：将光标插入到需要选择的表格行中，单击"表格工具－布局"选项卡，在"表"组中单击"选择"按钮，在弹出的下拉菜单中选择"选择行"命令即可。

（4）选择表格列（整列）。

● 利用鼠标+Shift 键：将鼠标指针定位到表格中需选取的某列任意单元格中，按下 Shift 键的同时，按下鼠标右键即可。

● 利用鼠标：将鼠标指针定位到表格顶部的列选取区上方，当鼠标指针变成向下的黑箭头↓时，单击鼠标左键即可。

● 选择多列：将鼠标在表格中左右拖动或按 Shift+光标控制键，则可选择多列。

● 利用"表格工具－布局"选项卡：将光标插入到需要选择的表格列中，单击"表格工具－布局"选项卡，在"表"组中单击"选择"按钮，在弹出的下拉菜单中选择"选择列"命令即可。

选择表格示例如图 3-147 所示。

2．调整行高

对 Word 2016 文档而言，如果没有指定行高，则各行的行高将取决于该行中单元格的内容以及段落文本的前后间隔。调整行高常用的方法有如下 4 种：

（1）利用 Enter 键。将光标移到需要改变行高的单元格内，然后按 Enter 键即可增加一行文本的高度。

（2）利用鼠标拖动。把鼠标指针放在表格横线附近，当鼠标指针变成⇕形状时，按住鼠标左键向上或向下拖动，就可以改变行高。

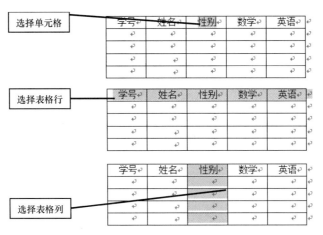

图 3-147　选择表格示例

（3）利用"标尺"。如果在页面视图下操作时，还可以用鼠标拖动垂直标尺上的行标志来改变行高。

（4）利用"表格工具－布局"选项卡。上述 3 种调整行高的方法都简单易用，但缺点是不能精确设置行高，如果用户希望精确设置行高，可以采用"表格工具－布局"选项卡来设置。操作步骤如下：

1）选择需要调整行高的行。

2）单击"表格工具－布局"选项卡，在"单元格大小"组的"高度"微调框中输入行高即可。

3．调整列宽

调整列宽的方法有以下 3 种：

（1）利用鼠标拖动：将鼠标指针放在表格竖线附近，当鼠标指针变成 ✛ 形状时，按住鼠标左键向左或向右拖动鼠标，就可以改变列宽。

（2）利用"标尺"：如果在"页面视图"下操作时，还可以用鼠标拖曳水平标尺上的列标志来改变列宽。

（3）利用"表格工具－布局"选项卡：上述 2 种调整列宽的方法都简单易用，但缺点是不能精确设置列宽，如果用户希望精确设置列宽，可以采用"表格工具－布局"选项卡来设置。操作步骤如下：

1）选择需要调整列宽的各列。

2）单击"表格工具－布局"选项卡，在"单元格大小"组的"宽度"微调框中输入列宽即可。

4．插入表格行

除了使用"表格工具－布局"选项卡"行和列"功能区来新增行外，还可以使用鼠标右键菜单来增加行。操作步骤如下：

（1）将光标定位到需要插入行的位置。例如，要在第 2 行之前插入一行，则将光标移到第 2 行上。

（2）右击，在弹出的快捷菜单中选择"插入"命令，将弹出如图 3-148 所示的"插入"子菜单。

图 3-148　"插入"子菜单

（3）在该子菜单中选择"在上方插入行"命令，即可在当前行之前插入一行。

提示： 另一种方法：如果将光标定位到表格某行最右边的竖线之后，按 Enter 键，则可以在当前行之后插入一行。如果光标处于表格最后一行的最后一个单元格，按 Tab 键，也可以在末尾增加一行。

5. 删除表格行

要完全删除一行或多行，先选择所要删除的行，然后单击鼠标右键，在弹出的快捷菜单中选择"删除行"命令即可。

6. 插入表格列

操作步骤如下：

（1）将光标定位到需要插入列的位置。

（2）单击"表格工具－布局"选项卡在"行和列"功能区上根据要插入列和当前列的关系，选择"在左侧插入"或"在右侧插入"。

7. 删除表格列

要完全删除一列或多列，先选择需要删除的列，然后单击鼠标右键，在弹出的快捷菜单中选择"删除列"即可。

8. 插入单元格

操作步骤如下：

（1）先选择作为插入样板的一个或多个单元格。

（2）右击后，在弹出的快捷菜单中选择"插入"命令，将弹出"插入"子菜单。

（3）选择"插入单元格"命令，弹出如图 3-149 所示的"插入单元格"对话框。

（4）根据插入方式，选择对话框的选项。

● 活动单元格右移：在所选择的单元格左边插入新单元格，表格可能变得畸形。

● 活动单元格下移：在表格最后一行下面增加一行，并将当前列的数据从当前单元格下移一行，当前单元格被清空，如图 3-150 所示。

图 3-149　"插入单元格"对话框　　　图 3-150　3 行 3 列处"活动单元格下移"结果

● 整行插入：在含有选择的单元格的行之上插入一整行。

● 整列插入：在含有选择的单元格列的左边插入一整列。

（5）选择好插入方式后，单击"确定"按钮即可。

9. 删除单元格

操作步骤如下：

（1）将光标定位到需删除的单元格中，或者选择需要删除的单元格。

（2）右击，在弹出的快捷菜单中选择"删除单元格"命令，弹出如图 3-151 所示的"删除单元格"对话框。

（3）根据删除方式，在对话框中确定选项。

- 右侧单元格左移：删除选择的单元格，将剩下的单元格向左移动，这样可能造成表格矩形的不完整。
- 下方单元格上移：删除选择的单元格，将剩下的单元格向上移动，但整个表格的其他行列没有变化。最后一行的当前列位置被清空，如图 3-152 所示。

图 3-151　"删除单元格"对话框　　　　　图 3-152　3 行 3 列处"下方单元格上移"结果

- 整行删除：删除所有包含选择单元格的行，并将剩下的行向上移动。
- 整列删除：删除所有包含选择单元格的列，并将剩下的列向左移动。

（4）选择好删除方式后，单击"确定"按钮即可。

10. 合并单元格

合并单元格就是将相邻的两个单元格或者多个单元格合并成一个单元格。图 3-153 所示为将表格中第 2、3、4 行中的第 2、3 两列的 6 个相邻的单元格合并成一个单元格的效果。

学　号	姓　名	性　别	数　学	英　语

图 3-153　合并单元格效果图

操作方法如下：

- 利用快捷菜单：选择需要合并的单元格，右击并在弹出的快捷菜单中选择"合并单元格"命令。
- 利用"表格工具-布局"选项卡：选择需要合并的单元格，单击"表格工具-布局"选项卡，在"合并"组中单击"合并单元格"按钮。

11. 拆分单元格

拆分单元格就是把一个单元格拆分成多个单元格，其操作步骤如下：

（1）选择需拆分的单元格。

（2）单击"表格工具-布局"选项卡，在"合并"组中单击"拆分单元格"按钮，弹出如图 3-154 所示的"拆分单元格"对话框。

图 3-154　"拆分单元格"对话框

（3）根据需要设置拆分后的列数和行数。例如，将表格中的一个单元格拆分成 3 行、4 列共 12 个单元格。

（4）单击"确定"按钮，效果如图 3-154 所示。

学 号	姓 名	性 别	数 学	英 语

图 3-155   拆分单元格效果图

12. 水平拆分表格

水平拆分表格就是将一个表格水平拆分成上下两个表格，其操作步骤如下：

（1）将光标移到表格中需要拆分所在的行，如将光标放在表格第 3 行。

（2）单击"表格工具－布局"选项卡，在"合并"组中单击"拆分表格"按钮，效果如图 3-156 所示。

学 号	姓 名	性 别	数 学	英 语

图 3-156   拆分表格效果图

3.6.3   表格内容的计算

Word 2016 的表格处理功能具有很强的数值计算能力，可以构造公式和在表格中输入公式域，还可以在表格中进行一些复杂的四则运算。Word 2016 将公式作为域插入在表格中，当表格中的数据内容发生变化时，Word 2016 会根据公式自动计算结果进行更新。

下面就以图 3-157 所示的学生成绩登记表为例，介绍表格内容的计算方法。

学 号	姓 名	性 别	数 学	英 语
10001	王 刚	男	75	67
10002	王 芳	女	60	76
10003	李 新	男	88	54
10004	张 敏	男	78	90
10005	李自强	男	73	85
合 计				

图 3-157   表格内容的计算示例

1. 表格排序

需要对表格中的数据进行排序（按从小到大或者从大到小）时，可以用 Word 2016 的排序功能。

表格排序的方法如下：

（1）选择表格中需要排序的行（如果没有选择，则默认对所有行进行排序）。

（2）单击"表格工具－布局"选项卡，在"数据"组中单击"排序"按钮，弹出如图 3-158 所示的"排序"对话框。

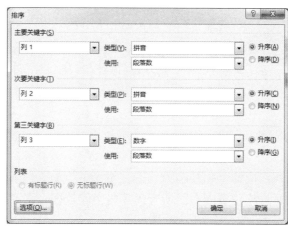

图 3-158　"排序"对话框

（3）在"主要关键字"下拉列表中选择需要排序的列。如果要对图 3-157 所示的学生成绩登记表中的第 4 列"数学"按从小到大的顺序进行排序，则在"主要关键字"下拉列表中选择"列 4"。在"类型"下拉列表中选择"数字"，并在"类型"右边的单选按钮中选择排序方式，如选择"升序"，则表示按从小到大的顺序进行排序。

（4）最后单击"确定"按钮，效果如图 3-159 所示。

学　号	姓　名	性　别	数　学	英　语
10002	王　芳	女	60	76
10005	李自强	男	73	85
10001	王　刚	男	75	67
10004	张　敏	男	78	90
10003	李　新	男	88	54
合　计				

图 3-159　将"数学"成绩按从小到大的顺序排序

2. 求和

求和就是对表格中的列或者行的数字求总和，操作步骤如下：

（1）将光标移到需要存放和数的单元格。如果要计算数学成绩的总和，则将光标移到"合计"行的第 4 列。

（2）单击"表格工具－布局"选项卡，在"数据"组中单击"公式"按钮，弹出如图 3-160

所示的"公式"对话框。

图3-160　表格"公式"对话框

（3）在"公式"文本框中显示"=SUM(ABOVE)"，其中 SUM 表示求和。

括号中英文单词表示统计数据的范围，常用的选择还有如下几个：

- ABOVE：表示从光标位置向上的所有单元格中的数据（直到遇到非数字为止）进行求和。
- BELOW：表示从光标位置向下的所有单元格中的数据（直到遇到非数字为止）进行求和。
- LEFT：表示从光标位置向左的所有单元格中的数据（直到遇到非数字为止）进行求和。
- RIGHT：表示从光标位置向右的所有单元格中的数据（直到遇到非数字为止）进行求和。

以上4个英文单词中，前面两个用于求列的和，后面两个用于求行的和。

（4）选择后，单击"确定"按钮，求和结果如图3-161所示。

学　号	姓　名	性　别	数　学	英　语
10001	王　刚	男	75	67
10002	王　芳	女	60	76
10003	李　新	男	88	54
10004	张　敏	男	78	90
10005	李自强	男	73	85
合　计			374	

图3-161　对列求和

3．求平均值

操作步骤如下：

（1）将光标移到需要存放平均值数的单元格。例如要计算数学成绩的平均值，则应将光标移到"平均值"行的第4列。

（2）单击"布局"选项卡，在"数据"组中单击"公式"按钮，弹出"公式"对话框。

（3）在"公式"文本框中显示"=SUM(ABOVE)"，求和是 Word 表格的默认运算。现在需要求平均值，因此，必须修改公式。首先删除"公式"文本框中"SUM(ABOVE)"，然后单击"粘贴函数"框右边的下箭头，将弹出一个下拉列表，在该下拉列表中有很多常用的公式，如 AVERAGE 表示求平均值，MAX 表示求最大值，MIN 表示求最小值，COUNT 表示统计数据个数等。选择 AVERAGE，并选择好统计数据范围，即"公式"框中应为"=AVERAGE(ABOVE)"。

（4）选择好"公式"后单击"确定"按钮，效果如图 3-162 所示。

学　号	姓　名	性　别	数　学	英　语
10001	王　刚	男	75	67
10002	王　芳	女	60	76
10003	李　新	男	88	54
10004	张　敏	男	78	90
10005	李自强	男	73	85
平均值			62.33	

图 3-162　对列求平均值

【任务分析】

经过前面的知识准备，我们现在可以制作"期末成绩表"了。在本任务中，要完成如下工作：

（1）创建空白文档。

（2）插入表格并输入数据。

（3）表格样式设置。

（4）对表格数据进行运算和排序。

【任务实施】

1. 创建文档

（1）新建一个空白文档。

（2）单击快速访问工具栏中的"保存"按钮，将会打开"另存为"对话框，再选择文档存盘路径，在"文件名"处输入文件名"期末成绩表.docx"。

（3）单击"保存"按钮，即可保存文档。

2. 页面设置

（1）在"页面布局"选项卡的"页面设置"组中单击"对话框启动器"按钮 ，弹出"页面设置"对话框。

（2）设置"页边距"的上下左右全为"2 厘米"。

（3）单击"确定"按钮完成页面设置。

3. 创建表格

（1）插入表格。

1）将光标定位在需要插入表格的位置。

2）在"插入"选项卡中的"表格"组中单击"表格"按钮，弹出"插入表格"下拉菜单。

3）单击 插入表格(I)... 按钮，弹出"插入表格"对话框。

4）在该对话框中输入表格的行数（22 行）、列数（9 列）。

5）设置完成后，单击"确定"按钮，即可生成用户需要的表格。

（2）输入表格内容。

1）在第一行的第一个单元格内按 Enter 键，自动在表格前插入段落，表格下移，在此输入标题内容"期末成绩表"。

2）表格内输入学生学号、姓名和各科的成绩，如图 3-163 所示。

学号	姓名	语文	数学	英语	化学	物理	总分	平均分
1688801	梁静	148.4	123	128.6	126.8	133.9		
1688802	李秦	123.3	130.8	127.8	126.6	143.9		
1688803	代贵阳	130.4	138.1	136.1	141.1	146.2		
1688804	李军	146.3	145.5	144.2	148.4	140		

图 3-163　成绩表格

4. 表格样式设置

（1）将光标移动表格的任意位置。

（2）单击"表格工具－设计"选项卡，调整"表格样式选项"功能区，在默认值基础上再勾选"汇总行"，如图 3-164 所示。更改选项后，对应的表格样式也会自动适应改变。

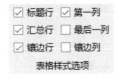

图 3-164　"表格样式选项"

（3）在"表格样式"组中单击按钮▼，弹出如图 3-165 所示的"表格样式"下拉菜单。

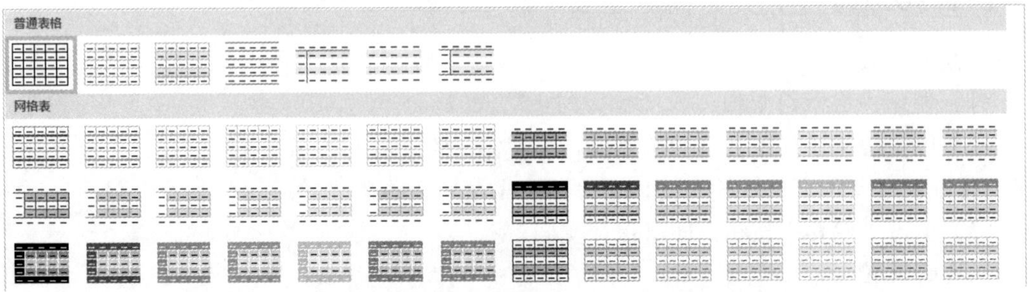

图 3-165　"表格样式"下拉菜单

（4）在"表格样式"下拉菜单中选择第二行最后一个"网格表 4—着色 6"，即可快速应用该表格样式，应用效果如图 3-166 所示。

学号	姓名	语文	数学	英语	化学	物理	总分	平均分
1688801	梁静	148.4	123	128.6	126.8	133.9		
1688802	李秦	123.3	130.8	127.8	126.6	143.9		
1688803	代贵阳	130.4	138.1	136.1	141.1	146.2		
1688804	李军	146.3	145.5	144.2	148.4	140		

图 3-166　应用样式后的成绩表

5. 标题排版

（1）选中标题文本。

（2）设置标题为微软雅黑、小二号、加粗、蓝色、居中，如图 3-167 所示。

期末成绩表

学号	姓名	语文	数学	英语	化学	物理	总分	平均分
1688801	梁静	148.4	123	128.6	126.8	133.9		
1688802	李秦	123.3	130.8	127.8	126.6	143.9		
1688803	代贵阳	130.4	138.1	136.1	141.1	146.2		
1688804	李军	146.3	145.5	144.2	148.4	140		

图 3-167　标题排版效果图

6. 表格行处理

（1）单击"表格工具－布局"选项卡，在"表"功能组上的"选择"下拉菜单中单击"选择表格"，完成表格并选中。

（2）再单击"表"功能组上的"属性"按钮。

（3）在弹出的"表格属性"对话框中，单击如图 3-168 所示的"行"选项卡，勾选"指定高度"设置为 1 厘米。

图 3-168　"表格属性"对话框

（4）单击"确定"关闭对话框。

（5）单击"表格工具－布局"选项卡上"对齐方式"功能区的"水平居中" ▤ 按钮，让所有行的数据都水平和垂直居中。

7. 表格列处理

（1）手动调整学号和姓名两列的宽度。

（2）表头鼠标移动到第一行"语文"列顶部边线处，当呈黑色向下箭头时单击，选中整列，然后按住左键拖动选中后面所有列。

（3）右击选中区域，在弹出菜单中选择如图 3-169 所示的"平均分布各列"。

8. 计算总分和平均分

（1）由于 Word 2016 表格公式的特点，使用单词表达计算范围，所以需要先计算平均分，再计算总分（否则在计算平均分时，总分会被当作普通成绩处理）。

（2）把光标定位到第一个学生行的"平均分"单元格里，单击"表格工具－布局"选项卡"数据"功能区上的"公式"按钮，在弹出的"公式"对话框中的公式文本框里输入"=AVERAGE(Left)"，并复制运算式，单击确定完成运算。

（3）余下的平均成绩都采用单击"公式"，粘贴运算式的方式解决（也可以复制刚运算出的平均分，粘贴到其他单元格，然后使用右键菜单上如图 3-170 所示的"更新域"，重新运算公式得到正确的平均分。

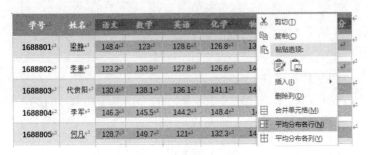

图 3-169　平均分部成绩数据列　　　　　　　　　　　　图 3-170　更新域

（4）用同样的方法处理完所有的平均分和总分。

9. 处理表格汇总行

（1）选中表格最后一行学号和姓名单元格，右击菜单，选择"合并单元格"。

（2）在合并后的单元格内输入"汇总数据"。

（3）计算各科成绩、总分列的平均分。公式内容都输入"=AVERAGE(ABOVE)"，运算结果如图 3-171 所示。

1688817	肖岁于	133.3	127.7	145.6	147.9	126.3	680.8	132.14
1688818	龙波	129.4	139.8	120.2	138.1	131.6	659.1	131.82
1688819	张豪	120.2	137.1	146.5	132.6	120.4	656.8	131.36
1688820	代炜	137.2	129.5	128	140.9	137.2	672.8	134.56
汇总数据		136.01	132.63	135.36	135.99	133.41	673.4	

图 3-171　汇总行处理结果

10. 表格排序

（1）全选学生数据行（不包括标题和汇总行）。

（2）单击"表格工具－布局"选项卡，在"数据"组中单击"排序"按钮，弹出"排序"对话框。

（3）在"主要关键字"下拉列表中选择"列 8"，在"类型"栏选择"数字"，在右侧选择"降序"。

（4）最后单击"确定"按钮即可完成排序。

11. 保存文档

单击快速访问工具栏中的"保存"按钮即可。

【任务小结】

（1）本任务主要介绍了：Word 2016 空白文档的创建和保存，页面设置，创建和编辑表格、字体、字型、字号、表格边框和底纹的设置，表格数据的计算（平均值和求和），排序等操作。

（2）本任务中介绍的表格的编辑和排版的方法不唯一，读者可以用不同的方法进行练习。

【项目练习】

1．完成以下倡议书，并按要求进行设置。要求：

（1）标题：二号、楷体、加粗、段前 1 行、段后 1 行、居中对齐。

（2）正文：小四、楷体、1.5 倍行间距。

（3）落款和时间：小四、楷体、1.5 倍行间距、右对齐。落款右缩进 1 个字符、时间右缩进 1.5 个字符。

（4）保存在指定文件夹中，文件名为"校园绿色环保倡议书.docx"。

校园绿色环保倡议书

亲爱的同学们：

你们是否发现自己的脚下已经不如刚开学时干净了呢？你们是否察觉天空不再蔚蓝，而出现许多飞舞的塑料袋呢？相信你会看到，我们的校园环境已经不好了。

刚开学时，操场上没有一点纸屑，广场上一尘不染，草坪上花草都生机勃勃，整个校园洁净如新。可是现在呢？美丽的校园没有了，操场上处处都是白色垃圾，天空中飞舞着纸屑，草坪上那些小草都被踩弯了腰，有的甚至被同学们踩出了一条"路"！

面对这些"成果"，同学们难道不觉得羞愧吗？

可能有人不以为然："这算什么？不保护环境对我们没有多大的影响嘛！"下面我就来举例说明破坏环境带来的恶果。

黄河是我们的母亲河，她曾经是那么美丽，她孕育了伟大的华夏文明，她无私奉献，滋润田地，使庄稼获得丰收。可今天的黄河呢？由于人们不爱护环境，黄河污染越来越严重了。河水越来越脏，经常看到垃圾。黄土高原原本是森林茂密、水草丰美的地方，因为人们不爱护环境，随意砍伐树木，土壤变得疏松，草木变得越来越稀少，直到今日被黄土覆盖。

黄河一向以"水患"著称，如今却频繁断流，昔日的天际之水变成了苍白的裸石和干涸的黄沙土，听不见那震天的涛声，看不到那一泻千里的浩瀚了。

听了上面的事，你们是否有所感触呢？我呼吁：从身边做起，保护环境。主动捡起每一张纸，不践踏草坪。相信在我们每一个人的努力下，校园环境会变干净，地球会更美好！

重庆工商职业学院

2020 年 12 月 10 日

2．正确录入以下文字，并按要求进行设置。要求：

（1）设置标题为黑体、三号、蓝色、加粗、倾斜，设置正文为楷体、小四、黑色。

（2）设置标题为段前 2 行，段后 1 行，正文行间距为固定值 20 磅，设置正文首行缩进 2 个字符。

（3）正文第一段文字设置字符底纹；正文第二段文字设置为用黄色突出显示。

（4）给标题添加拼音，要求拼音添加在标题后。

（5）保存在指定文件夹中，文件名为"陆地和海洋.docx"。

班级：＿＿＿＿＿姓名：＿＿＿＿＿

陆地和海洋

地球上的陆地面积约 1.49 亿平方米，海洋面积约 3.61 亿平方米。

[陆地]地球表面未被海水淹没的部分。陆地的平均高度为 875 米。大体分为大陆、岛屿和半岛。大陆是面积广大的陆地，全球有六块大陆。大陆和它附近的岛屿总称为洲，全球有七大洲。岛屿是散布在海洋、河流或湖泊中的小块陆地。彼此相距较近的一群岛屿称群岛。

[海洋]地球上广阔连续的水域。海洋平均深度为 3795 米，它包括洋、海和海峡。洋是海洋的主体部分，具有深渊而浩瀚的水域，有比较稳定的盐度（35％左右），世界上有四大洋。海是海洋的边缘部分，面积较小，深度较浅，温度和盐度受大陆的影响较大，海又分边缘海、内海和陆间海三种。

3．正确录入以下文字，并按要求进行设置。要求：

（1）正文设置为绿色、楷体、四号字，为正文添加拼音。

（2）注释部分设置为黑色、新宋体、五号字。

（3）"注释"两字转换成中文繁体。

（4）在文中适当地方插入脚注，内容和格式如下框所示。

内容：范仲淹（989—1052 年），字希文，谥文正。北宋著名政治家、文学家、军事家、教育家。祖籍那州（今陕西省彬县），后迁居苏州吴县（今江苏省吴县）。

字体格式：宋体、小五、黑色。

（5）保存在指定文件夹中，文件名为"宋词.docx"。

苏幕遮

范仲淹

碧云天，黄叶地，秋色连波，波上寒烟翠。

山映斜阳天接水，芳草无情，更在斜阳外。

黯乡魂，追旅思，夜夜除非，好梦留人睡。

明月楼高休独倚，酒入愁肠，化作相思泪。

注释：

（1）黯乡魂：黯，沮丧愁苦；黯乡魂指思乡之苦令人黯然销魂。黯乡魂，化用江淹《别赋》"黯然销魂者，惟别而已矣"。

（2）追旅思：追，追缠不休。旅思，羁旅的愁思。

（3）夜夜除非："除非夜夜"的倒装。按本文意应作"除非夜夜好梦留人睡"，这里是节拍上的停顿。

4. 输入以下文字，并进行"图文混排"，使版面更美观，排版效果如下。

厉以宁教授讲故事

2003 年 8 月，厉以宁教授应邀到东北老工业基地做实地调研，在长春、吉林、沈阳、阜新、锦州五市作了学术演讲。演讲时，他穿插通俗易懂的故事表达自己的经济学观点，受到广泛欢迎，掌声时起。本文选取其中几个，以飨读者。

龟兔赛跑——最终双赢

龟兔赛跑的故事连幼儿园的小朋友都知道。兔子骄傲，半路上就睡着了，于是乌龟跑第一了。可是，龟兔赛跑不只赛一次啊。第一次乌龟赢了，兔子不服气，要求再赛第二次。

第二次赛跑兔子吸取了经验了，一口气跑到了终点，兔子赢了。乌龟又不服气，对兔子说，咱们跑第三次吧，前两次都是按你指定的路线跑，第三次该按我指定的路线跑。兔子想，反正我跑得比你快，你怎么指定我都同意。于是就按照兔子指定的路线跑。又是一兔当先，快到终点时，一条河挡住路，兔子过不去了。乌龟慢慢爬到河边，一游就游过去了，这次是乌龟得了第一。

当龟兔商量再赛一次的时候，突然改变了主意，何必这么竞争呢，咱们合作吧！陆地上兔子驮着乌龟跑，很快跑到河边，到了河里，乌龟驮着兔子游，结果是双赢的结局。

这个故事说明什么呢？今天我们发展经济，搞企业，不一定什么事情非要我吃掉你，你吃掉我。企业兼并、企业重组都是双赢。商场上，今天是你的竞争对手，说不定同时或者今后会是你的合作伙伴。商场上不一定要把问题搞得那么僵，各自后退一步，也许就海阔天空，跟战场一样，不战而胜为上。商场上不要什么弦都绷得太紧，人要留有余地，要站得高，看得远。在很多情况下，你说是"让利"，实际不是，而是共同取得更大我利益，是双赢。

5. 制作完成如下所示课程表格，并按要求进行设置。要求：
(1) 完成表格制作，需要合并单元格、绘制斜线表头。
(2) 标题文字设置为楷体、四号字、加粗。
(3) 正文文字设置为宋体、五号字。
(4) 在文中适当地方插入脚注，内容和格式如下框中所示。
(5) 保存在指定文件夹中，文件名为"课程表.docx"。

课程表

时间 / 星期		星期一		星期二		星期四		星期四		星期五	
		科目	教师	科目	教师	科目	教师	科目	教师	科目	教师
上午	第一节										
	第二节										
	第三节										
	第四节										
下午	第五节										
	第六节										
	第七节										
	第八节										

项目四　制作 Excel 表格

【项目描述】

本项目将以企业人事管理工作为依托，系统学习 Excel，通过完成 4 个任务来学习和掌握 Excel 的基本概念、数据格式、录入、排版、公式和函数运算、图表显示等操作知识，让学习者能够有带入感地学习并能学以致用。

【学习目标】

1. 了解 Excel 2016 的基本功能。
2. 掌握 Excel 2016 工作簿和工作表的基本概念和基本操作。
3. 掌握 Excel 2016 设置数据格式的操作方法。
4. 掌握运用公式和函数进行数据计算的操作方法。
5. 掌握利用图表显示数据的方法。
6. 掌握对数据表进行排序、筛选、汇总统计等处理的操作方法。

【能力目标】

1. 能够使用 Excel 录入并管理数据。
2. 能够对 Excel 数据进行排版。
3. 能够运用公式和函数对 Excel 数据进行加工处理。
4. 能够根据 Excel 数据制作常用的图表。
5. 能够深加工 Excel 数据。
6. 掌握 Excel 表格打印技巧。

任务 4.1　使用 Excel 2016 记录单位职工基本信息

【任务说明】

假设公司交代任务给你，要求你使用 Excel 保存员工基本信息，包括"员工资料表"（如图 4-1 所示）和"员工联系表"，前者保存了所有职工基本信息，后者保存了所有员工的联系方式（姓名、员工编号、部门、电话和邮件）资料，那么如何才能有效地用 Excel 记录这些信息呢？

合同号	姓名	部门	员工编号
7045	肖广连	技术部	0302234
7046	贾晓飞	技术部	0302430
7047	梁丽	技术部	0302435
7048	孟凡利	技术部	0302386
7049	薄其成	技术部	0302313
7050	卜庆州	技术部	0302314
7051	李彤	技术部	0302486
7052	刘瑞	技术部	0302383

图 4-1 员工资料表

【预备知识】

4.1.1 认识 Excel 2016

Excel 是美国微软（Microsoft）公司开发的 Office 办公系列软件的重要组件之一，是目前应用最为广泛的功能强大的电子表格应用软件。用户可使用它方便地进行数据的输入、计算、分析、制表、统计，并能生成各种统计图形，目前被广泛地应用于财务、银行、教育等诸多领域。

1982 年微软公司推出了它的第一款电子制表软件——Multiplan，并在 CP/M 操作系统上大获成功，但在 MS-DOS 系统上，Multiplan 败给了 Lotus1-2-3（一款较早的电子表格软件），这促使了 Excel 的诞生。1993 年 Excel 第一次被捆绑进 Microsoft Office 中，随后 Microsoft 公司又推出 Excel 97、Excel 2003、Excel 2007、Excel 2010、Excel 2013、Excel 2016 等版本，版本的升级带来的超强数据管理和分析能力使之成为所适用操作平台上的电子制表软件的霸主。

1. Excel 2016 的功能

Excel 2016 主要有以下功能：

（1）创建表格、统计计算。Excel 是一个典型的电子表格制作软件，它不仅可以制作各种表格，而且可以对表格数据进行计算和统计。

（2）创建多样化的统计图表。图表可以使数据更加直观呈现，易于阅读，帮助用户分析和比较数据，Excel 能进行图表的建立、编辑、格式化等。

（3）数据管理和分析。Excel 提供了强大的数据管理功能，方便用户分析及处理复杂的数据，提高工作效率，包括数据排序、分类筛选、分类汇总、数据透视表等。

（4）工作表的打印。Excel 为打印文档提供了灵活的方式，包括选定数据区域、单页打印、全部打印等。

2. Excel 2016 的工作窗口

启动 Excel 2016 后，系统会自动创建一个新的工作簿，并自动为文档命名为工作簿 X.xlsx（其中 X 可以代表 1，2，3…），如图 4-2 所示。

（1）Excel 2016 的工作窗口组成。

1）Excel 功能菜单：单击该按钮，会弹出下拉菜单，用户可以对文档进行新建、保存、打印、发布、关闭等操作。

2）快速访问工具栏：该工具栏集成了一些常用的按钮，默认状态下包括"保存""撤销""恢复"等按钮。用户单击按钮旁的下拉箭头，弹出相关的功能选项，可以对工具栏内容进行增减。

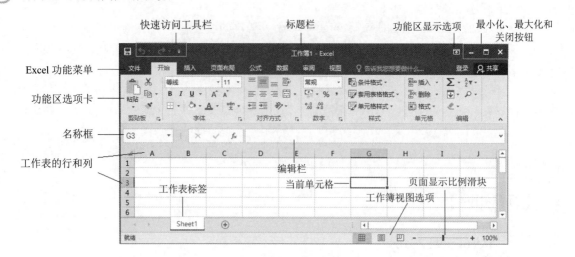

图 4-2　Excel 2016 工作窗口

3）标题栏：用于显示工作簿的标题和类型。对于新建的工作簿文件，系统将其默认命名为"工作簿 X"（X 代表 1，2，3…）。

4）Excel 应用程序窗口最小化、最大化和关闭按钮。

5）功能区显示选项：单击它可以弹出对功能显示或隐藏的设置菜单。

6）功能区选项卡：Excel 2016 将功能进行逻辑分类，分别放在相应的"功能区"中，共分 9 类，即开始、插入、页面布局、公式、数据、审阅、视图。每个功能区又分成几块小的功能区域，其中一些命令按钮旁有下拉箭头，含有相关的功能选项。在功能区域的右下角，有一个小图标即"功能扩展"按钮，单击它可显示该区域功能的对话框或任务窗格，可在其中进行更详细地设置。

7）名称框：显示当前 Excel 2016 工作表中的活动单元格的坐标名称，后面会介绍坐标名称组成。

8）编辑栏：普通文本信息通常只需在单元格中直接输入，当输入内容较多或者使用复杂公式时通常使用编辑栏进行输入。

9）工作表的行和列：Excel 工作表的列号由 A、B、C…英文字母表示，超过 26 列时用 2～3 个字母 AA、AB、…、AZ、BA、BB…表示，直到最后显示 XFD；Excel 的行号用 1、2、3…数字来表示。所以单元格的地址最终由列号和行号组成。

10）当前单元格：每个工作表中只有一个单元格为当前工作的单元格，称为活动单元格。屏幕上带粗框的单元格就是活动单元格，此时可以在该单元格中输入或编辑数据。活动单元格的右下角有一个小方块，称为填充柄，利用它可以填充某个单元格区域的内容。

11）工作簿视图选项：可设置普通、页面布局和分页预览，方便用户用不同方式浏览数据表。

12）页面显示比例滑块：可按住滑块左右移动来调整表格显示比例，默认值为 100%。可以通过调整比例来更清楚查看细节或整体情况。

13）工作表标签：工作表标签显示了当前工作簿中包含的工作表，初始只有一张表，默认命名为 Sheet1。如果需要更多的工作表，可以通过单击标签边的"新工作表"按钮来添加。默认情况下，新工作表将插入原有工作表的右侧且自动增量命名。

（2）Excel 2016 中的工作簿、工作表和单元格。Excel 中每一个工作簿可以包含若干工作表，最多可以添加 255 张。用户的数据处理都是在工作表中完成的，最后所有的工作表都被工作簿以文件的形式保存。

1）工作簿。Excel 的工作簿是由一张或者若干张表格组成的，Excel 将每一个工作簿作为一个文件保存起来，在 Excel 2016 中其扩展名为.xlsx。但用户也可选择将文件保存为早期版本，如 Excel 97-2003 格式文件，其扩展名为.xls。

2）工作表。工作表用于对数据进行组织和分析。Excel 工作表是由行和列组成的一张表格，在 Excel 2016 中最多可包含 1048576 行和 16384 列。

打开某一工作簿时，它包含的所有工作表也被同时打开，工作表名均出现在 Excel 工作簿窗口下面的工作表标签栏里。工作表较多时，工作表标签位置会出现滚动箭头，可以前后滚动显示标签。

3）单元格。由行和列交叉的区域称为单元格。单元格的命名是由它所在的列标和行号组成，如 C8 代表第 8 行第 C 列交叉处的单元格。

3．Excel 2016 的基本操作

（1）创建 Excel 工作簿。要创建一个新的工作簿，常用的方法有以下几种：

1）用"开始"菜单启动 Excel 快捷方式启动。

2）用工作簿文件启动。通过"资源管理器"或"我的电脑"找到 Excel 文档，双击该文件名，即可启动 Excel 2016 并进入该工作簿。

3）用命令启动。打开如图 4-3 所示的运行对话框（也可通过快捷键 Win+R），在命令处输入"Excel"。

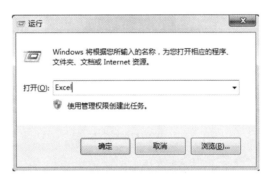

图 4-3　命令方式启动 Excel

（2）保存 Excel 工作簿。创建好工作簿后，用户应及时将其保存，常用保存方法有如下三种：

1）单击"快速访问工具栏"上的"保存"按钮。

2）单击"文件"中的"保存"命令。

3）使用快捷键 Ctrl+S 保存。具体保存过程和 Word 2016 文档保存过程基本相同。无论选择哪一种保存方式保存新文档，都会进入如图 4-4 所示的"另存为"路径选择界面，这个界面将会推荐用户近期使用过的文件夹，方便保存到同一路径。

当选择了某一保存路径或单击了"浏览"后，则会弹出如图 4-5 所示的"另存为"对话框进行保存。

图 4-4　Excel 保存路径选择

图 4-5　Excel "另存为" 对话框

作为 Office 的核心套件之一，Excel 2016 也可以像 Word 2016 一样给工作簿文档设置打开权限和修改权限密码，通过另存为对话框 "工具" 菜单里的 "常规选项" 进行设置，如图 4-6 所示。

图 4-6　Excel 打开和修改权限设置

完成打开权限密码或修改权限密码设置后，单击 "另存为" 对话框的 "保存" 按钮完成保存操作。

对于已经命名保存的工作簿，保存时 Excel 不会有提示，会自动保存在原来的文件上。如果希望更换文件名或路径保存，可以选择 "文件" 菜单的 "另存为"。这种保存和新文件保存类似，唯一不同在于最后的 "另存为" 对话框中会使用现有的文件名。

（3）打开 Excel 工作簿。打开工作簿的常见方法有以下两种：

1）通过"开始"界面打开。Excel 2016 刚被打开时不会自动创建新文档，而是停留在如图 4-7 所示的"开始"界面。

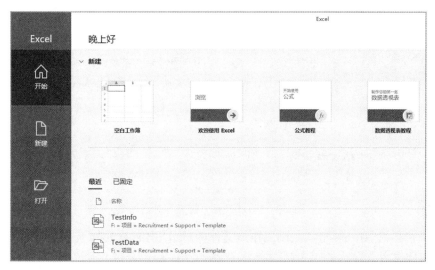

图 4-7　Excel 2016 的"开始"界面

如果需要打开的文件就在最近使用文档列表中，可以直接单击名称打开。对于不在最近目录中的文档，可以单击"打开"命令，切换到如图 4-8 所示的"打开"界面。

图 4-8　Excel 2016"打开"界面

"打开"界面默认显示最近使用过的 Excel 文档，如果要打开的文档不在其中，则需单击"浏览"，弹出如图 4-9 所示的"打开"对话框。使用"打开"对话框，可以浏览定位整个计算机所有外部存储设备上的文件并打开。

2）在资源管理器中找到已有的 Excel 文档，默认情况下双击文档就能自动打开。

（4）关闭与退出。关闭 Excel 工作簿的常用方法有以下 3 种：

1）通过"关闭"按钮关闭。单击 Excel 2016 标题栏右侧的"关闭"按钮即可关闭工作簿文件，同时退出 Excel 2016 应用程序窗口。

图 4-9 Excel 2016 "打开"对话框

2）按下快捷键 Alt+F4 可以关闭工作簿文件同时退出 Excel 2016 应用程序。

3）通过"文件"菜单的"关闭"命令（等同 Ctrl+W 组合键），只关闭工作簿文件，不退出 Excel 2016 应用程序。

4.1.2 工作表的基本操作

1. 选择工作表

选择不同的工作表的方法如下：

（1）选择单张工作表：用鼠标单击工作簿底部的工作表标签选中工作表，高亮度显示的工作表就是当前工作表。

（2）选择多张相邻的工作表：用鼠标单击第一张工作表，按住 Shift 键，再用鼠标单击最后一张工作表的标签。

（3）选择多张不相邻的工作表：用鼠标单击第一张工作表，按住 Ctrl 键，再用鼠标单击其他需要选取的工作表的标签。

（4）选择全部工作表：除了可以使用 Ctrl 键依次选择工作表进行全部选中外，还可以在如图 4-10 所示的任意工作表标签右击，在弹出的快捷菜单中单击"选定全部工作表"命令。

图 4-10 Excel 工作表标签

如果工作簿中工作表比较多，所要选择的工作表标签看不到，可单击标签栏左边的标签滚动按钮，单击这两个箭头形状按钮可以向左/右移动一个标签，如果按住 Ctrl 键再单击则可以直接显示第一个或最后一个标签（界面上的"..."按钮也有相同功能）。

2. 插入工作表

默认情况下，打开 Excel 工作簿只显示 3 个工作表，用户可根据实际需要插入一张或多张工作表。

（1）右侧插入一张工作表：选中一张工作表，单击工作表标签右边的"新工作表"按钮，则在当前工作表右侧插入一张名为"Sheet4"的工作表，并自动成为当前工作表。

（2）左侧插入一张工作表：在某工作表标签上单击鼠标右键，在弹出的快捷菜单上选择"插入"命令，此时在选定的工作表左侧就插入了一个名为"Sheet4"的工作表，并自动成为当前工作表（右键菜单插入效果等效于按下组合键 Shift+F11）。

（3）插入多张工作表：先将鼠标选定若干张工作表，然后单击鼠标右键，在弹出的快捷菜单中选择"插入"命令，此时右侧位置上会出现若干张新增加的工作表。

在工作簿中，用户最多可以插入 255 个工作表。

3. 更名工作表

Excel 系统默认的工作表名称是 Sheet1、Sheet2、Sheet3…，用户可以根据工作表中的内容修改工作表的名称，即重命名工作表，具体方法如下：

（1）双击需要更名的工作表标签，输入新名称后按 Enter 键即可。

（2）右击需要更名的工作表标签，从弹出的快捷菜单中选择"重命名"命令，然后输入新名称即可。

4. 更改工作表标签的颜色

除了给工作表起一个有意义的名字外，还可以改变工作表标签的颜色，让工作表更容易被识别，提高工作的效率。例如，可以为各班成绩工作表指定不同的颜色。

更改工作表标签颜色的方法是用鼠标右键单击某工作表标签，在弹出的快捷菜单中选择"工作表标签颜色"，此时从调色板中选择一种颜色即可。

5. 移动、复制和删除工作表

工作表可以在工作簿内或工作簿之间进行移动或复制。

（1）在同一个工作簿内移动和复制工作表。

1）鼠标拖曳法。

移动：单击要移动的工作表标签，然后按住鼠标左键拖曳该工作表标签到新的位置后释放鼠标。

复制：单击要复制的工作表标签，按住 Ctrl 键，然后按住鼠标左键拖曳该工作表标签到新的位置后释放鼠标。

2）菜单法。选定要移动或复制的工作表后，右击会弹出如图 4-11 所示的快捷菜单。

选择"移动或复制工作表"命令，出现如图 4-12 所示的"移动或复制工作表"对话框。

图 4-11　工作表标签右键菜单

图 4-12　"移动或复制工作表"对话框

在对话框中"下列选定工作表之前"列表中选择插入点，单击"确定"按钮即完成移动操作。在对话框中选中"建立副本"复选框，则可完成复制操作。

（2）在不同的工作簿间移动或复制工作表。一次选择多个工作表进行移动或复制，有以下两种方法：

1）鼠标拖曳法。由于要在两个工作簿之间进行操作，因此应该把两个工作簿同时打开并出现在窗口上。选择功能区的"视图"类，在"全部重排"中选择一种排列方式，已打开的多个窗口就会同时出现。

在一个工作簿中用鼠标选定要移动或复制的工作表标签，然后直接拖拽到目的工作簿的标签行中即可移动工作表，而按住 Ctrl 键拖拽即可复制工作表。

2）菜单法。与在同一工作簿中的操作一样。不过这里还需要在"移动或复制工作表"对话框的"工作簿"列表中选择目的工作簿，列表框中除了有已打开的工作簿名称之外，还有一个"新工作簿"供选择。如果要把所选工作表生成一个新的工作簿，则可选择"新工作簿"，然后单击"确定"按钮。

工作表的移动和复制，在实际应用中有很大的用途。例如，要把许多人采集的数据汇总到一个工作簿文件中，这时就可以依次打开文件并将相应的工作表复制到汇总的工作簿文件中，方便进行数据处理。

（3）删除工作表。要删除一个工作表，则先选中该表，单击鼠标右键，在弹出的快捷菜单中选择"删除"命令。

6．隐藏和显示工作表

（1）隐藏工作表。编辑工作表后，对一些不常用的工作表或包含重要数据的工作表，可以根据需要进行显示或隐藏。具体操作方法如下：

先选中需要隐藏的工作表，单击鼠标右键，在弹出的快捷菜单中选择"隐藏"命令，此时选中的工作表消失在工作簿中。

（2）显示工作表。具体操作方法如下：

在工作簿中右击任意一个工作表标签，在弹出的快捷菜单中单击"取消隐藏"命令，在"取消隐藏工作表"列表框中单击被隐藏的工作表，最后单击"确定"按钮，可以看到被隐藏的工作表显示在工作簿中。

4.1.3　单元格的基本操作

1．单元格和单元格区域

（1）单元格和单元格地址。在工作表内每行、每列的交点就是一个单元格。单元格是工作表的最小单位，每一张工作表都是由许多单元格组成的。单元格中可以包含文字、数字或公式。

单元格在工作表中的位置用地址标识，即由它所在列的列名和所在行的行名组成该单元格的地址，其中列名在前，行名在后。例如，第 C 列和第 4 行交点的单元格地址就是 C4。

单元格地址的表示有以下 3 种方法：

1）相对地址：直接用列号和行号组成，如 A1，IV22 等。

2）绝对地址：在列号和行号前都加上$符号，如$B$4，$F$8 等。

3）混合地址：在列号或行号前加上$符号，如$B1，F$8 等。

这3种不同形式的地址直接使用时效果相同，但是在复制公式时，产生的结果不相同。

一个完整的单元格地址除了列号、行号外，还要加上工作簿名和工作表名。其中工作簿名用方括号[ ]括起来，工作表名与列号、行号之间用"!"隔开。例如：

[教师工资表.xlsx] Sheet1!C3

它代表了工作簿为教师工资表.xls 中的 Sheet1 工作表的 C3 单元格。而 Sheet2!F8 则表示工作表 Sheet2 的单元格 F8。这种加上工作表和工作簿名的单元格地址表示方法，是为了用户在不同工作簿的多个工作表之间进行数据引用；而只加工作表的地址则是为了在同一工作簿下不同工作表间进行数据引用。

（2）单元格区域。单元格区域是指由工作表中一个或多个单元格组成的矩形区域。区域的地址由矩形对角的两个单元格地址组成，中间用冒号相连，如 B2:E8 表示从左上角 B2 单元格到右下角 E8 单元格的一个连续区域。区域地址前同样也可以加上工作表名和工作簿名，如 Sheet5!A1:C8。

2．单元格和单元格区域的选择

在 Excel 中，对某个单元格或某个单元格区域中的内容进行操作（如输入数据、设置格式、复制等）之前，首先要选中被操作的单元格或区域，这被称为当前单元格或当前区域。

（1）单个单元格选择。若要在另一个单元格中输入数据，可用鼠标单击该单元格，粗边框包围该单元格，即该单元格被选中。被选中的单元格称为当前单元格或活动单元格，当用户输入数据时，数据就出现在该单元格中。

（2）多个连续单元格（单元格区域）的选择。用鼠标指向选择区域左上角第一个单元格，按下鼠标左键拖曳到最后一个单元格，然后松开鼠标左键。或用单击选择区域左上角第一个单元格，按住 Shift 键，再用鼠标单击选择区域右下角最后一个单元格，选中的区域以浅灰色显示。

（3）多个不连续单元格或单元格区域的选择。选择第一个单元格或单元格区域，按下 Ctrl 键不放，用鼠标再选择其他单元格或单元格区域，最后松开 Ctrl 键，如图 4-13 所示。

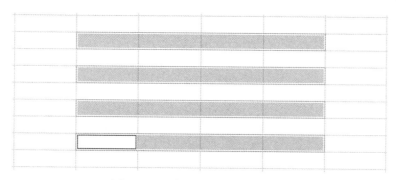

图 4-13　不连续选区和活动单元格

（4）整行或整列单元格的选择。单击工作表相应的行号或列号，即可选择一行或一列单元格。若此时用鼠标拖曳，可选择连续的整行或整列单元格。

（5）多个不连续行或列的选择。单击工作表相应的第一个选择行号或列号，按下 Ctrl 键不放，再单击其他选择的行号或列号，最后松开 Ctrl 键。

（6）全部单元格的选择。单击"全部选择"按钮（ ）或者 Ctrl+A 组合快捷键。需注意的是，对于 Ctrl+A 组合键当我们的活动单元格在用户数据区域内时，全选的是整个数据区域；当活动单元格在数据区域外时全选整个工作表的单元格。正因为如此，它更适合全选操作。

3. 插入单元格

在工作表中输入数据后，可能会发现数据错位或遗漏，这时就需要在工作表中插入单元格、区域或行和列，以满足实际的要求。

（1）通过快捷菜单插入单元格。

1）右击要插入单元格的位置，在弹出的快捷菜单中单击"插入"命令，弹出如图 4-14 所示的"插入"对话框。

图 4-14　"插入"对话框

2）在弹出的"插入"对话框中有 4 个单选项，其意义如下：

● 活动单元格右移：表示把选中区域的数据右移。

● 活动单元格下移：表示把选中区域的数据下移。

● 整行：表示当前区域所在的行及其以下的行全部下移。

● 整列：表示当前区域所在的列及其以右的列全部右移。

在对话框中选定所需的"活动单元格右移"单选按钮，单击"确定"按钮，就完成了插入操作。

（2）通过插入选项插入单元格。

1）在"开始"选项卡中，单击"单元格"功能区中的"插入"按钮，弹出如图 4-15 所示的下拉菜单。

图 4-15　"插入"下拉菜单

2）在弹出的下拉菜单中单击"插入单元格"选项，在弹出的"插入"对话框中选择所需的选项，单击"确定"按钮，就完成了插入操作。

3）当我们在插入单元格前，已经剪切或者复制了其他单元格的数据，则图 4-15 的菜单第一项就会变为"插入剪切的单元格"或"插入复制的单元格"。这种情况下的插入效果取决于复制或剪切的单元格的数量，比如复制了 5 个单元格，则"插入复制的单元格"操作后，就会一次性插入 5 个带数据的单元格。

行列的插入方式和单元格的操作类似，在此不赘述。

4. 移动单元格

移动单元格操作是将工作表中选定的单元格或一个区域中的数据移动到新的位置，一般有两种方法来实现。

（1）用菜单命令进行移动。如果在不同的工作簿或不同的工作表之间移动区域，则用菜单或快捷工具更方便有效。操作步骤如下：

1）选择要移动的区域。

2）在"开始"选项卡功能区中单击"剪切"按钮。

3）切换到另一工作簿或工作表，选定目标区域的左上角单元格。

4）在"开始"选项卡功能区中单击"粘贴"按钮，区域中的数据就移到了新的位置。

（2）用鼠标拖拽的方法进行移动。操作步骤如下：

1）选中要移动的区域。

2）把鼠标指针指向选定区域的外边界，鼠标指针变为箭头形状。

3）此时按住鼠标左键并拖拽至目标位置，松开鼠标左键就实现了移动操作。

5. 复制单元格和区域

复制操作是将工作表中选定单元格或一个区域中的数据复制到新的位置，甚至复制到另一工作簿、另一工作表中，提高工作效率。复制是常用的操作，一般有两种方法来实现。

（1）用菜单命令进行复制。在不同的工作簿或不同的工作表之间复制区域，则用菜单或快捷工具更方便有效，操作步骤如下：

1）选中要复制的区域。

2）在"开始"选项卡功能区中单击"复制"按钮。

3）切换到另一工作簿或工作表，选定目标区域的左上角单元格。

4）在"开始"选项卡功能区中单击"粘贴"按钮，区域中的数据就复制到了新的位置。

（2）用鼠标拖拽的方法进行复制。操作步骤如下：

1）选中要复制的区域。

2）把鼠标指针指向选定区域的外边界，鼠标指针变为箭头形状。

3）按住 Ctrl 键的同时，按住鼠标左键并拖拽至目标位置，释放鼠标左键就实现了复制操作。

6. 特殊的复制操作

除了复制整个区域外，也可以有选择地复制区域中的特定内容。例如，可以只复制公式的结果而不是公式本身，或者只复制格式，或者将复制单元的数值和要复制到的目标单元的数据进行某种指定的运算。操作步骤如下：

（1）选定需要复制的区域。

（2）单击"复制"按钮。

（3）选定粘贴区域的左上角单元格。

（4）在"开始"选项卡功能区中单击"选择性粘贴"按钮（注意：不是"粘贴"），出现"选择性粘贴"对话框，如图 4-16 所示。

（5）选定"粘贴"栏下的所需选项，各选项的功能见表 4-1。如果需要有关对话框选项的帮助信息，单击问号按钮，再选定相应的选项即可获得。

图 4-16　选择性粘贴对话框

表 4-1　"选择性粘贴"对话框中选项的功能

选项	功能
全部	粘贴单元格的所有内容和格式
公式	只粘贴编辑框中所输入的公式
数值	只粘贴单元格中显示的数值
格式	只粘贴单元格的格式
批注	只粘贴单元格中附加的批注
有效性验证	将复制区的有效数据规则粘贴到粘贴区中
边框除外	除了边框，粘贴单元格的所有内容和格式
运算	指定要应用到所复制数据中的运算符
转置	将复制区中的列变为行，或将行变为列

（6）最后单击"确定"按钮。

说明："公式""数值""格式""批注"等均为单选项，所以一次只能"粘贴"一项。如果要想复制某个区域的"数值"与"格式"，必须"选择性粘贴"两次，一次粘贴"数值"，另一次粘贴"格式"。

4.1.4　输入和编辑数据

输入数据是创建工作表的最基本工作，即向工作表中的单元格输入文字、数字、日期与时间、公式等内容。输入数据的方法有 4 种：直接输入、快速输入、自动填充输入和外部导入。

输入时，首先要选择单元格，然后输入数据，输入的数据会出现在选择的单元格和编辑栏中。输入完成后，可按 Enter 键、Tab 键，或单击编辑栏中出现的绿色"√"按钮 3 种方法确认输入。输入过程中发现有错误，可用 Backspace 键删除。若要取消，可直接按 Esc 键或用鼠标单击编辑栏中出现的红色"×"按钮。

Excel 对输入的数据自动进行数据类型判断，并进行相应的处理。Excel 允许输入的数据类型分为文本型、数值型、日期时间型和逻辑类型。

1. 直接输入

（1）文本型。在 Excel 2016 中输入的文本可以是汉字、数字、英文字母、空格和其他各类字符等的组合。文本输入时自动左对齐。

1）如果用户在单元格中输入的文本内容太多，可按 Alt+Enter 组合键强行换行。

2）如果用户要输入由一串数字构成的字符，如学号、身份证号、电话号码、产品的代码等，为避免 Excel 2016 将它们识别为数值，输入时应在数字前加一个英文的单引号"'"。例如，要输入学号 001210，应输入'001210，此时 Excel 将把它当作字符数据沿单元格左对齐。当输入的文本长度超过了单元格宽度时，如果右边相邻的单元格中没有内容，则超出的文本会延伸到右边单元格位置显示出来；如果右边相邻的单元格有内容，则超出的文本不显示出来，但实际内容依然存在。当单元格容纳不下一个格式化的数字时，就用若干个"#"号代替。

3）任何输入，只要系统不认为它是数值（包括日期和时间）和逻辑值，它就是文本型数据。

（2）数值型。在 Excel 2016 中，数值只能由 0～9、+、−、（ ）、/、E、$、%以及小数点和千分位符号等特殊字符组成。数值输入时自动右对齐。

1）用户输入正数时，"+"可以不输入。

2）用户输入负数时，可用"−"或"（）"。例如，输入−25，可直接输入−25，也可输入（25）。

3）在输入分数（如 3/5）时，应先输入"0"和一个空格，然后再输入分数。否则 Excel 将把它处理为日期数据（如将 3/5 处理为 3 月 5 日）。

4）当输入的数值整数部分长度较长时，Excel 用科学计数法表示（如 2.2222E+12），小数部分超过格式设置时，超过部分 Excel 自动四舍五入后显示。

值得注意的是，Excel 在计算时，用输入的数值参与计算，而不是显示的数值。例如，某个单元格数字格式设置为两位小数，此时输入数值 12.236，则单元格中显示数值为 12.24，但计算时仍用 12.236 参与运算。

（3）日期和时间。Excel 2016 将日期和时间视为数值处理。默认状态下，日期和时间在单元格中均右对齐。如果 Excel 2016 不能识别输入的日期或时间格式，输入的内容将被视为文本。

1）输入日期常采用的格式有：年-月-日或年/月/日（内置格式"dd-mm-yy""yyyy/mm/dd""yy/mm/dd"）。

例如：输入"10/3/4"，则单元格中显示为"2010-3-4"；输入"3/4"，则单元格中显示为"3 月 4 日"；输入系统当前的日期，可按组合键 Ctrl+分号键。

2）输入时间常采用的格式有时：分：秒。若用 12 小时制表示时间，则在时间后再输入一个空格，后跟一个字母 a 或 p（a 或 p 表示上午或下午）。

例如：输入"15:25"，则单元格中显示为"15:25"；输入"11:30 a"，则单元格中显示为"11:30 AM"；输入"1:36:20"，则单元格中显示为"1:36:20"；输入"1:36:20 p"，则单元格中显示为"1:36:20 PM"。

3）如果要在同一单元格中输入日期和时间，就要在它们之间用空格分离。

例如：输入 2010 年 9 月 1 日下午 2：30 分，可以输入：10/9/1 14:30。

4）输入当前系统的日期，可按组合键 Ctrl+分号键，输入系统当前的时间，按组合键 Ctrl+Shift+分号键。

（4）输入符号。在制作表格的过程中，用户可能需要插入一些不能直接用键盘输入的实用符号，此时就要使用 Excel 的插入符号功能。

具体操作方法：在"插入"选项卡中单击"符号"组中的"符号"按钮。在弹出的"符号"对话框中选择符号来插入，如图 4-17 所示。"符号"对话框中将符号分门别类进行管理，用户在其中快速找到合适的字符后，单击"插入"即可。

图 4-17　"符号"对话框

（5）快速输入数据。当在工作表的某一列输入一些相同的数据时，可以使用 Excel 提供的快速输入方法："记忆式输入""下拉列表选择输入"和"数据验证法"。

1）记忆式输入。当输入的字与同一列中已输入的内容相同，Excel 会自动填写其余的字符。如图 4-18 所示，在 A6 单元格输入"计"时，单元格内会自动出现"计算机应用"。

	A	B	C	D	E
1	书名	单价	册数	金额	备注
2	英汉词典	¥65.00	21	¥1,365.00	商务出版社
3	汉英词典		22	¥880.00	商务出版社
4	计算机应用	¥35.00	132	¥4,620.00	海天出版社
5	网络现用现查	¥54.00	225	¥12,150.00	航天出版社
6	计算机应用				

图 4-18　Excel 记忆式输入

2）下拉列表选择输入。当我们已经在某一列输入了不同的内容（数值或文本）后，继续输入时我们可以主动选择前面已经录入过的内容。例如在 E6 单元格输入出版社名称时，可以单击鼠标右键，在弹出的快捷菜单中选择"从下拉列表中选择"命令，该单元格会出现如图 4-19 所示的下拉列表，可进行选择输入或者按 Alt+↓ 组合键打开下拉列表，然后选择所需的输入项。

	A	B	C	D	E
1	书名	单价	册数	金额	备注
2	英汉词典	¥65.00	21	¥1,365.00	商务出版社
3	汉英词典		22	¥880.00	商务出版社
4	计算机应用	¥35.00	132	¥4,620.00	海天出版社
5	网络现用现查	¥54.00	225	¥12,150.00	航天出版社
6	计算机应用				
7					海天出版社 航天出版社
8					商务出版社

图 4-19　下拉列表选择输入

3）数据验证法。对于某些特定的数据列，还要求正确地输入。如果这种情况下，该列的内容是数量不多的内容的重复，推荐使用数据验证法输入。

先在 Excel 表格中选中要应用数据验证的单元格区域，然后在"数据"选项卡上单击"数据工具"功能区中的"数据验证"按钮，弹出如图 4-20 所示的"数据验证"对话框（也可以通过它的下拉菜单中选择"数据验证"命令唤出该对话框）。单击"数据验证"对话框中"设置"选项卡的"允许"列表，如图 4-21 所示选择"序列"。

图 4-20 "数据验证"对话框

图 4-21 "允许"类型

选择"序列"后，会多出一栏"来源"，如图 4-22 所示。可以通过"数据区域选择"按钮，在 Excel 中选择已经有的数据；也可以手动输入数据，数据间用半角英文逗号连接。单击"确定"按钮完成数据验证序列设计后，回到 Excel 表，单击刚才选中区域的任一单元格，将自动出现输入值的序列，如图 4-23 所示。

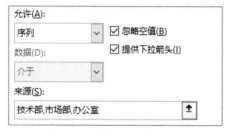

图 4-22 设置"序列"内容

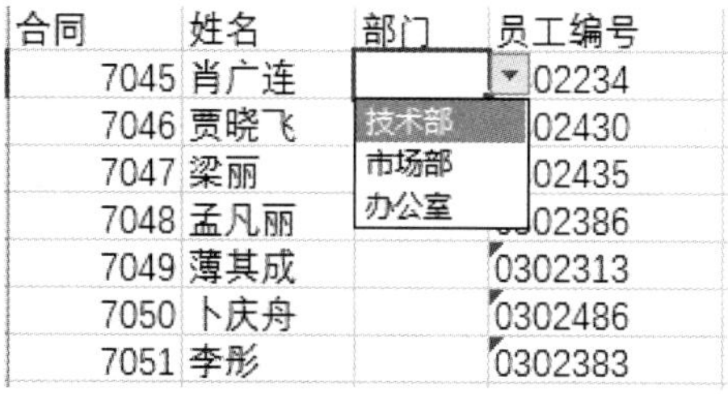

图 4-23 数据验证法序列输入

当然数据验证对话框还有很多其他功能，包括限定输入数据类型、出错提示、关闭输入法等等，大家可以自行探索。

2. 自动填充输入

Excel 提供的自动填充功能可以快速地录入一个数据序列，如日期、星期、序号等。利用这种功能可将一个选定的单元格，按列或行方向给相邻的单元格填充数据。

所谓"填充柄"是指位于当前单元格右下角的小黑方块。将鼠标指向填充柄时，鼠标的形状变为黑十字。通过拖曳填充柄，可以将选定单元格或区域中的内容按某种规律进行复制。进行自动填充的操作。"自动填充"示例如图 4-24 所示。

图 4-24　填充柄及其填充选项

自动填充分为以下 3 种情况：

（1）填充重复数据。若选中 B1 单元格，直接拖曳 B1 的填充柄沿水平方向右移，便会在 C1 和 D1 单元格中产生相同数据。

（2）填充序列数据。如果要在工作表某一个区域输入有规律的数据，可以使用 Excel 的数据自动填充功能。它是根据输入的初始数据，然后到 Excel 自动填充序列登记表中查询，如果有该序列，则按该序列填充后继项，如果没有该序列，则用初始数据填充后继项（即复制）。

具体操作方法如下：先输入初始数据，再将鼠标指向该单元格右下角的填充柄，此时鼠标指针变为实心十字形，按下鼠标左键向下或向右拖曳至填充的最后一个单元格，然后松开鼠标左键即可。

1）如果是日期型序列，只需要输入一个初始值，然后直接拖曳填充柄即可。

2）如果是数值型序列，则必须输入前两个单元格的数据，然后选定这两个单元格后拖曳填充柄，系统将根据默认的等差关系依次填充等差系列数据。

例如，在 B2 单元格中输入 1，在 C2 单元格中输入 3，用鼠标选定 B2 和 C2 两个单元格后，拖曳填充柄至 D2、E2，此时分别填入了 5 和 7 数据。

如果要在 B3:F3 单元格区域按等比序列填充，首先在 B3 和 C3 中分别输入 1 和 2，在"开始"选项卡功能区中，单击"编辑"组中"填充"列表中的"系列"选项，在弹出的"序列"对话框中，选择类型为"等比序列"，步长值为"2"，单击"确定"按钮，然后选中 B3:C3 单元格区域，拖曳填充柄至 F3，此时 B3:F3 单元格区域中依次填充了等比序列数据。如果更改填充类型，则填充的数据会重新按新的类型填充。

（3）填充自定义序列数据。Excel 2016 提供的自动填充序列的内容是来自系统提供的数据。单击"文件"，在弹出的下拉菜单中单击"选项"按钮，弹出"Excel 选项"对话框，在"高级"选项卡下"常规"选项列表中单击"编辑自定义列表"按钮，在"自定义序列"列表框中查看已有的数据系列，还可以自己创建新序列，修改或删除用户自定义的序列，如图 4-25 所示。创建新序列的操作方法如下：

单击"文件"中的"选项"按钮，在弹出的"Excel 选项"对话框中，在"常规"选项右侧列表中单击"编辑自定义列表"按钮，弹出如图 4-26 所示"自定义序列"对话框。先选择"自定义序列"列表框中的"新序列"选项，然后在"输入序列"文本框中输入自定义序列项，每输入一项，要按一次 Enter 键作为分割。整个序列输入完毕后单击"添加"按钮即可完成新序列创建。如果已经在工作表中输入了数据项，则只需在"从单元格中导入序列"文本框中选择工作表中输入的数据项，然后单击"导入"按钮即可。

图 4-25 "编辑自定义列表"设置

图 4-26 自定义序列

3. 自动换行/换列输入

Excel 数据输入时，到了行尾后需要重新换到下一行的行首继续输入。如果希望这个换行操作自动完成，我们可以先把输入范围选取出来。输入时弯沉给一个单元格输入后，如果我们按行输入可以按 Tab 键跳到下一个位置，往回输入则用 Shift+Tab 组合键；如果希望按列输入可以直接敲 Enter 键，如果要往回输入用 Shift+Enter 组合键。

4. 外部导入

在 Excel 2016 中，在"数据"选项卡中的"获取外部数据"功能区组，可以导入其他数据库（如 Access、网站、文本、其他来源等）产生的文件，如图 4-27 所示。

图 4-27 外部导入数据

4.1.5 清除和删除数据

"清除"是指清除所选中单元格中的信息，包括内容、格式和批注，但并不删除选中的单元格。而删除单元格、行或列是将选中的单元格从工作表中移走，并自动调整周围的单元格来填补删除的空间，不但删去了数据，而且用其右边或下方的单元格把区域填充。

1．清除操作

（1）清除内容。

1）选中要清除内容的单元格区域。

2）在"开始"选项卡功能区中单击"编辑"组中的"清除"下拉菜单，如图 4-28 所示。

图 4-28 "清除"菜单

3）在菜单中单击"清除内容"选项完成操作。

选中区域后，直接按 Delete 键也可清除其中的内容。

（2）清除格式。

1）选中工作表带格式的单元格区域。

2）在"开始"选项卡中单击"编辑"组中的"清除"下拉菜单。

3）在菜单中单击"清除格式"选项完成操作。

（3）全部清除。用上述同样的方法，在"清除"列表中单击"全部清除"选项，可将工作表中所选区域的所有数据包括格式一起清除。

单元格的信息包含"内容""格式"和"批注"3 个部分，所以在清除时，要选择清除的是哪一部分信息。如果要把一个区域中的所有信息清除，就直接选择"全部清除"选项。如果只清除其中的部分信息，如"格式"，则选择"清除格式"选项，清除后该区域的"内容"和"批注"仍然存在。

2．删除操作

（1）选中要删除的区域并右击。

（2）在弹出的快捷菜单中选择"删除"命令，弹出"删除"对话框。对话框中的 4 个选项与"插入"对话框相似，只是移动方向正好相反。

（3）在"删除"对话框中选定所需的选项，单击"确定"按钮完成操作。

4.1.6 查看和保护数据

1．工作表窗口的拆分和冻结

对于表行列特别多的情况，Excel 也提供了一系列功能来提高数据查看的便捷性。

（1）拆分工作表窗口。工作表建立好后，如果数据很多，一个文件窗口不能将工作表数据全部显示出来，可以通过滚动屏幕查看工作表的其余部分，这时工作表的行、列标题就可能滚动到窗口区域以外看不见了。在这种情形下，可以将工作表窗口拆分为几个窗口，每个窗口都显示同一张工作表，通过每个窗口的滚动条移动工作表，可使需要的部分分别出现在不同的窗口中，便于查看表中的数据。

例如需要拆分一个超市商品销售记录数据表。具体操作方法如下：

1）单击要拆分窗口的位置，如单元格 H4。拆分位置不同效果也不同。在第一行或第一列的位置只能拆分出 2 个窗口，而在中间位置的则拆分出四个窗口。

2）单击 "视图"选项卡功能区"窗口"组中的"拆分"按钮，如图 4-29 所示。

图 4-29　拆分窗口

3）此时可以看到在单元格 H4 上方和左边都出现了拆分条，窗口拆分为 4 个部分。用户可以拖动滚动条浏览工作表中的数据。

4）如果要取消拆分条，可再次单击"窗口"组中的"拆分"按钮取消拆分。

（2）冻结窗格。冻结窗格是指将工作表窗口特定行或列分别或同时固定住，使其不随滚动条的滚动而移动，方便查看一些数据较多的工作表。在"视图"选项卡的"窗口"功能区上，单击"冻结窗格"，弹出如图 4-30 所示的菜单。

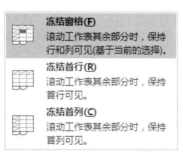

图 4-30　"冻结窗格"菜单

由此看见 Excel 2016 的冻结窗格有三种实现方式。

● 冻结首行。顾名思义，冻结后，第一行在拖动垂直滚动条时，不移动，通常用于列上数据和标题对照。

● 冻结首列。和冻结首行类似，冻结后，第一列的内容在拖动水平滚动条时，不移动，主要用于对行数据对照。

- 冻结窗格。这种方法是对前面两种类型的综合，且功能更强大，可以同时冻结行列，且可以冻结不止一行或一列。使用前两种方式时和当前单元格位置无关，都冻结固定位置；而冻结窗格则依赖当前单元格位置，使用后冻结当前单元格上方所有行和左侧所有列。垂直移动时，冻结的所有行的位置不变；水平移动时，冻结的所有列的位置不变。

具体应用中主要根据数据浏览需求来决定使用哪一种冻结方式。这里以冻结窗格为例，具体操作方法如下：

1）单击要冻结窗口的位置，如单元格 E2。

2）在"视图"选项卡"窗口"功能区中单击"冻结窗格"，在其下拉菜单中，选择"冻结窗格"。冻结首行和前四列效果如图 4-31 所示。

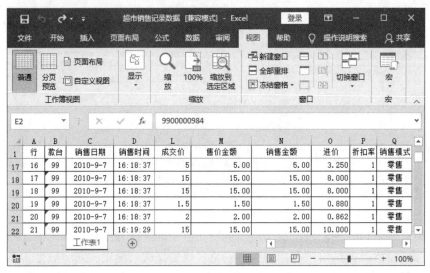

图 4-31　"冻结窗格"效果

3）此时如果用户拖动水平和垂直滚动条，首行和前四列不会随滚动条移动。

4）如果要取消冻结窗口，可以在"视图"选项卡"窗口"功能区中单击"取消冻结窗格"，即可解除冻结效果。

2. Excel 数据保护

我们在保存 Excel 文件时，可以设置"打开权限密码"和"修改权限密码"，这为 Excel 数据保护提供了支持。但是这两种保护都具有局限性，它们都是整体性的，获得权限后就可以对所有数据操作。为了更好保护数据，Excel 提供了更细致的数据保护方法。

在"审阅"选项卡中，我们可以看到一个如图 4-32 所示的"更改"工作区，它们就是 Excel 提供的数据保护方法。

图 4-32　"更改"工作区功能

（1）保护工作表。若要防止其他用户无意或有意更改、移动或删除工作表中的数据，可以锁定 Excel 工作表上的单元格，然后使用密码保护工作表。假设你拥有团队状态报告工作表，在该工作表中，你希望团队成员仅可在特定单元格中添加数据且无法修改任何其他内容。这时可以使用工作表保护，设置仅工作表的特定部分可编辑，而用户将无法修改工作表中任何其他区域中的数据。

具体操作步骤如下：

1）设置可编辑区域。当我们单击任何单元格并查看其单元格属性时，都会发现如图 4-33 所示的"保护"选项。可以看到，在默认情况下 Excel 所有的单元格保护属性就是锁定的，一旦开启了"保护工作表"，就进入只读状态，普通用户无法修改。为了提供普通用户能够修改的权限，需要设置可编辑区域或者去掉锁定。

图 4-33 "单元格"属性对话框中的"保护"选项卡

2）选中普通用户可以编辑的单元格区域，然后在"审阅"选项卡下单击"更改"功能区的"允许用户编辑区域"按钮，打开如图 4-34 所示的对话框。

3）单击对话框的"新建"按钮，出现如图 4-35 所示的"新区域"对话框。该对话框默认使用了操作前预选的区域。

图 4-34 "允许用户编辑区域"对话框

图 4-35 "新区域"对话框

如果没有预选区域，既可以手动输入，也可以通过对话框上的"![按钮]"按钮来鼠标拖动选择区域。如果有多个区域，可以通过多次创建来完成，并且建议给选区命名，便于后期管理。

4）完成"允许用户编辑区域"后在"审阅"选项卡中单击"更改"组中的"保护工作表"按钮，弹出如图 4-36 所示的"保护工作表"对话框。

5）先选中要提供给普通用户的操作权限，再在对话框的"取消工作表保护时使用的密码"文本框中输入密码。单击"确定"按钮，再次输入相同密码后单击"确定"。

6）当设置生效后，"更改"工作区的"保护工作表"按钮会显示为"撤销工作表保护"。单击后弹出"撤销工作表保护"对话框，输入正确的口令即可去除保护。

图 4-36　"保护工作表"对话框

（2）保护工作簿。工作簿是所有工作表的容器，数据保护时只保护工作表有时也是不够的，用户虽然不能修改限定内容，但是可以添加、隐藏或删除工作表等，这些显然影响其他用户的正常使用。通过保护 Excel 工作簿，用户可以锁定工作簿的结构，从而更好地保护共享数据。

操作方法：在"审阅"选项卡的"更改"功能区中单击"保护工作簿"按钮，弹出"保护结构和窗口"对话框，输入密码并确认后即可生效。

如果要放弃保护，再次单击"保护工作簿"按钮，在弹出的"撤销工作簿保护"对话框中输入正确的密码即可撤销。

【任务分析】

根据任务说明该任务中的 Excel 文档包括了两张表格，为了信息利于查询和管理，工作表应该根据内容命名为"员工资料表"和"员工联系表"。

除此以外，还需要完成如下工作：

（1）使用填充柄和产生合同号和员工编号。

（2）员工编号是 0 开，需要做字符化处理。

（3）使用数据验证法保证数据输入。

（4）两张表中员工编号、姓名和部门是相同的可以复制。

（5）保护工作簿和工作表。

【任务实施】

1．打开 Excel 2016，新建一个"空白工作簿"，并保存到计算机桌面，命名为"员工信息表.xlsx"。

2．鼠标右键单击"Sheet1"的工作表名，在弹出菜单中选择"重命名"，将其更名为"员工资料表"。

3．新增一张工作表，重命名为"员工联系表"。

4．单击"员工资料表"工作表标签，单击 A1 单元格，输入"合同号"，在 B1:D1 中分别输入"姓名"、"部门"和"员工编号"。用同样的方法给"员工联系表"录入第一行标题文字。

5．由于第一列合同编号是序列递增的数字，所以这里采用填充柄填充方式录入。先选中

A2 单元格，输入第一个合同编号"7045"，然后在活动单元格的填充柄上按下鼠标左键，拖动到 A19 再松开鼠标左键。这时所有合同编号都是"7045"，没有呈现递增。单击 A19 单元格右下角的"自动填充选项"，选择"填充序列"，递增效果出现。

6. 对照纸质表录入姓名数据（由于员工姓名间没有内在联系，所以只能直接录入）。

7. 对于部门列，先选中所有部门单元格，再采用数据验证法将所有部门添加到序列里。填写时，可以从列表选择输入，对于连续多个相同的部门，也可以使用填充柄复制数据。

8. 在录入员工编号时，每个编号前需要加上半角的单引号"'"，这样可以将原本的数字转换为文本，保证数字以 0 开始。因为员工编号多数前缀相同，所以录入第一个员工编号后，可以使用填充柄将该编号复制到所有行，然后对照表修改尾部数字即可，如图 4-37 所示。

	A	B	C	D
1	合同号	姓名	部门	员工编号
2	7045	肖广连	技术部	0302234
3	7046	贾晓飞	技术部	0302430
4	7047	梁丽	技术部	0302435
5	7048	孟凡利	技术部	0302386
6	7049	薄其成	技术部	0302313
7	7050	卜庆州	技术部	0302314
8	7051	李彤	技术部	0302486
9	7052	刘瑞	技术部	0302383
10	7053	张瑞	技术部	0305252
11	7054	王东	技术部	0305284
12	7055	杨乐玲	技术部	0305313
13	7056	解珍品	技术部	0302014
14	7057	路瑞娟	技术部	0302551
15	7058	任雪霞	办公室	0302608
16	7059	张红敏	技术部	0302696
17	7060	孟光锋	技术部	0302603
18	7061	张晓华	市场部	0302636
19	7062	刘传元	市场部	0305015

员工资料表　员工联系表　Sheet3

图 4-37　录入员工资料

9. 选中"员工资料表"中所有的员工姓名，在"开始"选项卡上单击"剪贴板"功能区的复制。

10. 单击"员工联系表"工作表，单击 A2 单元格，在"开始"选项卡上单击"剪贴板"功能区的粘贴。

11. 用同样的方法把员工编号、部门两列的数据复制粘贴到"员工联系表"工作表。

12. 电话号码数据统一规定使用手机号码，通过数据验证，设定验证允许为"文本长度"，数据为"等于"，长度为 11，并设定"出错警告"，错误信息为"手机号码长度只能为 11"。

13. 完成所有列数据录入后，开启数据保护，设置员工联系方式表中的电话号码为可编辑区域，并开启工作簿保护。

14. 单击"快速访问工具栏"的"保存"按钮，完成所有数据的存盘操作。

【任务小结】

通过本任务，我们主要学习了：
（1）Excel 的发展历程。
（2）Excel 工作簿、工作表和单元格的基本操作。
（3）Excel 数据的查看和保护。

任务 4.2　使用 Excel 进行人事档案管理

【任务说明】

公司领导要求使用 Excel 对单位人事档案信息进行管理，改变以往的纸质管理模式，如图 4-38 所示。

人事信息数据表

序号	员工编号	员工姓名	参工时间	身份证号	出生日期	性别	年龄	工龄
01	AY0001	胡某	2003年4月15日	51013019810315XXXX	1981年4月15日	男	36	14
02	AY0002	陈某	2004年4月16日	51013019800315XXXX	1982年10月10日	女	35	13
03	AY0003	闫某某	2005年4月20日	51013019820315XXXX	1981年4月12日	男	36	12
04	AY0004	敖某某	2006年3月12日	51013019810315XXXX	1981年11月5日	男	36	11
05	AY0005	陈某某	2004年5月18日	51013019810315XXXX	1984年8月15日	男	33	13
06	AY0006	郑某某	2003年5月10日	51013019830315XXXX	1981年3月27日	女	36	14
07	AY0007	满某	2005年4月21日	51013019810315XXXX	1981年6月12日	女	36	12
08	AY0008	廖某	2004年7月19日	51013019840315XXXX	1981年1月7日	男	36	13
09	AY0009	邓某	2006年10月8日	51013019800315XXXX	1980年12月13日	男	37	11
10	AY0010	陈某	2005年3月26日	51013019820315XXXX	1981年3月21日	男	36	12
11	AY0011	郑某某	2004年5月15日	51013019820315XXXX	1982年11月15日	女	35	13
12	AY0012	廖某某	2003年4月16日	51013019840315XXXX	1981年4月13日	男	36	14
13	AY0013	王某某	2006年2月17日	51013019840315XXXX	1984年10月15日	女	33	11
14	AY0014	邓某	2005年6月27日	51013019810315XXXX	1983年8月15日	男	34	12
15	AY0015	闫某	2003年4月19日	51013019830315XXXX	1981年9月12日	女	36	14

图 4-38　单位人事信息数据表

要求：

（1）排版美观。

（2）能够正确录入，避免错误。

（3）能够根据已有数据进行统计分析。

（4）能够依托已有数据提取显示员工信息卡，如图 4-39 所示。

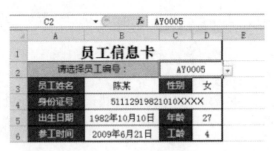

图 4-39　员工信息卡

【预备知识】

4.2.1　工作表的格式化

当工作表的数据建立好后，为了美化工作表，可以对工作表中的数据进行数据格式、字体、表格线、行高列宽、单元格样式和表格样式进行设置。

1. 调整行高、列宽

Excel 的工作表已经预置了行高和列宽，如果认为其效果不合适时，可以随时调整。例如，由于某一列列宽不够，使数据没有完全显示出来，此时可调整列宽使数据显示出来。调整行高、列宽可使用鼠标拖曳法、快捷菜单法和功能区中设置单元格格式的方法。

（1）鼠标拖曳法。将鼠标指针指向要调整行高或列宽的行号或列号的分割线上，此时鼠标指针变为一个双向箭头形状，按下鼠标左键拖曳分割线至需要的行高或列宽即可。

如果想一次调整多行行高或多列列宽，则应先选定调整的多行或多列，然后将鼠标指针指向任一选定行的行号下边界或任一选定列的列号右边界上，此时鼠标指针也变为一个双向箭头的形状，按下鼠标左键拖曳即可。

（2）快捷菜单法。选定调整的行或列，如选中 1 行，单击鼠标右键，从弹出的快捷菜单中选择"行高"或"列宽"命令，如图 4-40 所示，弹出行高或列宽对话框，输入调整的行高或列宽值，然后单击"确定"按钮。

图 4-40　调整行高或列宽值

需要注意的是，Excel 行高所使用单位为磅（1cm=28.6 磅），列宽使用单位为 1/10 英寸（1 个单位为 2.54mm）。

Excel 里的单位和 cm（厘米）可以这样转换：

行高：1 个单位＝0.3612 毫米。

列宽：1 个单位＝2.2862 毫米。

即 1 列宽单位＝6.33 行高单位。

2. 设置单元格格式

可以使用功能区中的设置单元格格式选项进行单元格格式设置，也可以使用快捷菜单命令进行快速设置。不论用哪一种方法，在进行数据格式化时，都必须首先选中要格式化的单元格或单元格区域，然后再使用格式化命令进行设置。

要对单元格或区域进行格式设置，应先选中需要格式化的单元格或区域，单击"开始"选项卡"单元格"组中的"格式"下三角按钮，在弹出的列表中单击"设置单元格格式"选项，或单击鼠标右键，在快捷菜单中选择"设置单元格格式"命令，弹出"设置单元格格式"对话框，如图 4-41 所示，它是 Excel 进行单元格设置最常用的对话框。

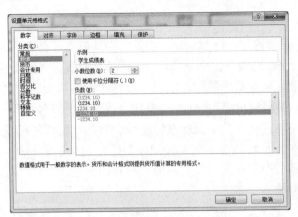

图 4-41 "设置单元格格式"对话框

下面分别介绍"设置单元格格式"对话框中 6 个选项卡的设置。

（1）设置数字格式。Excel 提供了大量的数字格式，如可以将数字格式设置成带有货币的形式、百分比或科学记数法等形式。

具体设置方法为：在"设置单元格格式"对话框中先选择"数字"选项卡，然后在"分类"列表框中选择一种分类，如选择"数值"分类，此时，对话框的右边会出现进一步设置该分类格式的设置项，如设置"小数位数"等。设置后在"示例"框中显示数据的实际形式。若认为合适，单击对话框中的"确定"按钮即可。

对于每一种分类，Excel 在"设置单元格格式"对话框的下方都给出了说明，如果还想进一步地了解其含义，可使用对话框中的帮助按钮查询。这里就不再详细介绍各分类的具体含义。

（2）设置对齐格式。默认情况下，Excel 的单元格对齐格式设置为：文本靠左对齐，数字靠右对齐，逻辑值和错误值居中对齐等。为了产生更好的效果，可以使用"对齐"选项卡自行设置单元格对齐格式。

具体设置方法为：在"设置单元格格式"对话框中先选择"对齐"选项卡，然后在"对齐"选项卡的"文本对齐方式"栏中设置水平对齐和垂直对齐方式，如图 4-42 所示。

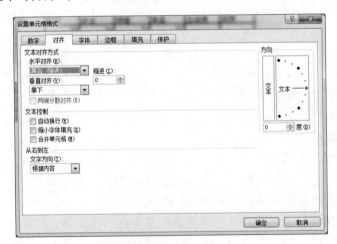

图 4-42 "对齐"选项卡

"水平对齐"下拉列表中包括靠左、居中、靠右、填充、两端对齐、分散对齐和跨列居中选项，"垂直对齐"下拉列表中包括靠上、居中、靠下、两端对齐和分散对齐选项。

在"方向"栏可以直观地设置文本按某一角度方向显示。

"文本控制"栏包括"自动换行""缩小字体填充"和"合并单元格"3 个复选框。当输入的文本过长时，一般应设置为自动换行。一个区域中的单元格合并后，这个区域就成为了一个整体，并把左上角单元的地址作为合并后的单元格地址。

（3）设置字体格式。选中需要设置字体效果的单元格区域，然后在"设置单元格格式"对话框中打开"字体"选项卡，如图 4-43 所示。

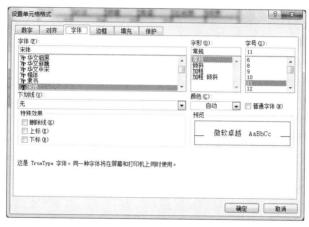

图 4-43   "字体"选项卡

在"字体"列表框中可以根据需要选择恰当的字体、字型、字号、下划线、上下标、颜色等。

（4）设置边框格式。为了使编制的表格美观，使数据易于理解，可以利用边框格式重新设置单元格、单元格区域（对于区域，则有外边框和内边框之分）及整个表格的线型、颜色等。

设置方法为：选择设置边框线的单元格或单元格区域（也可以是整个表格），打开"设置单元格格式"对话框，选择"边框"选项卡，如图 4-44 所示。在对话框中首先选择线条和颜色，然后单击预置选项、预览草图及边框按钮，即可设置边框样式，设置完成后单击"确定"按钮。

图 4-44   "边框"选项卡

除了外边框设计外，还可以通过该选项卡设计单元格的对角斜线，如图 4-45 所示。

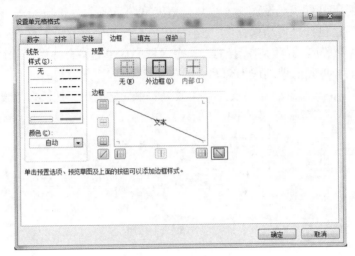

图 4-45　对角斜线设计

（5）设置填充格式。利用填充格式，可为单元格或单元格区域设置颜色及底纹图案，使得表格中的数据更加突出、醒目、错落有致。

设置方法为：选择要设置填充的单元格或单元格区域，打开"设置单元格格式"对话框，选择"填充"选项卡，在对话框中选择颜色和图案，然后单击"确定"按钮，如图 4-46 所示。

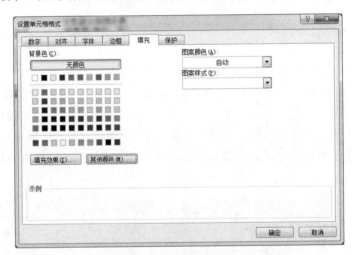

图 4-46　"填充"选项卡

（6）设置保护格式。当工作表设置完成后，可将表格中的数据保护起来，避免因误操作而修改或删除表中的数据，或不希望别人看到表中一些重要数据，此时可用 Excel"保护"选项卡进行设置，如图 4-47 所示。"保护"选项卡的作用是用于"锁定"或"隐藏"所选定的单元格或单元格区域中的公式。"锁定"是使用户只能浏览不能修改；"隐藏"是使用户不能看到内容。

此操作必须是在保护工作表（在"审阅"选项卡上的"更改"组中单击"保护工作表"按钮）后锁定单元格或隐藏公式才有效。

图 4-47　"保护"选项卡

3. 设置条件格式

条件格式可以使工作表中不同的数据以不同的格式来显示，用户可以使用数据条、色阶、图标集以及突出颜色来显示适合条件的单元格，达到更快、更方便地获取重要信息的目的。

在"开始"选项卡，单击"样式"功能区的"条件格式"按钮，会弹出如图 4-48 所示的下拉菜单。

图 4-48　"条件格式"下拉菜单

（1）设置数据条。该操作是对选中区域直接应用效果，只要是数字即自动生效。Excel 2016 用单元格值除以最大值得到百分比值，来设置数据条的显示效果，如图 4-49 所示。

学号	姓名	语文	数学	英语	化学	物理
1688801	梁静	148.4	123	128.6	126.8	133.9
1688802	李秦	123.3	130.8	127.8	126.6	143.9
1688803	代贵阳	130.4	138.1	136.1	141.1	146.2
1688804	李军	146.3	145.5	144.2	148.4	140
1688805	何凡	128.7	149.7	121	132.3	149.8
1688806	白伟	148.8	131	149.3	141.2	139.9
1688807	李奇龙	149.9	125.4	138.2	138.8	131.5

图 4-49　"数据条"效果

（2）设置色阶。该操作能依照预设的规则对选区数据进行自动分类，将所有数据分为 5 个等级，每个等级给予不同的颜色，适合数据浏览，如图 4-50 所示。

学号	姓名	语文	数学	英语	化学	物理
1688801	梁静	148.4	123	128.6	126.8	133.9
1688802	李秦	123.3	130.8	127.8	126.6	143.9
1688803	代贵阳	130.4	138.1	136.1	141.1	146.2
1688804	李军	146.3	145.5	144.2	148.4	140
1688805	何凡	128.7	149.7	121	132.3	149.8
1688806	白伟	148.8	131	149.3	141.2	139.9
1688807	李奇龙	149.9	125.4	138.2	138.8	131.5

图 4-50　"色阶显示"效果

（3）设置图标集。作用效果类似于色阶，预设的规则也是将数据划分等级，根据选择的箭头数量，用不同的图标显示不同的等级，如图 4-51 所示。

学号	姓名	语文	数学	英语	化学	物理
1688801	梁静	⬆ 148.4	⬇ 123	↘ 128.6	↘ 126.8	➡ 133.9
1688802	李秦	⬇ 123.3	↘ 130.8	↘ 127.8	↘ 126.6	↗ 143.9
1688803	代贵阳	⬆ 130.4	↗ 138.1	➡ 136.1	⬆ 141.1	⬆ 146.2
1688804	李军	⬆ 146.3	⬆ 145.5	⬆ 144.2	⬆ 148.4	140
1688805	何凡	↘ 128.7	⬆ 149.7	⬇ 121	➡ 132.3	⬆ 149.8
1688806	白伟	⬆ 148.8	↘ 131	⬆ 149.3	↗ 141.2	↗ 139.9
1688807	李奇龙	⬆ 149.9	⬇ 125.4	↗ 138.2	↗ 138.8	↘ 131.5

图 4-51　对成绩数据使用图标集

（4）突出显示单元格、最前/最后规则。两者的功能非常相似，只是规则不相同。它们都可以手动在规则范围内设置条件和显示效果，凡是符合条件的都能被突出显示。条件和规则内容如图 4-52 所示。

图 4-52　"突出显示单元格"和"最前/最后"规则类型

（5）新建规则突出显示。如果前面的条件规则都不符合，可以通过"新建格式规则"，选择一种规则类型，然后设定好规则条件和突出效果，如图 4-53 所示。

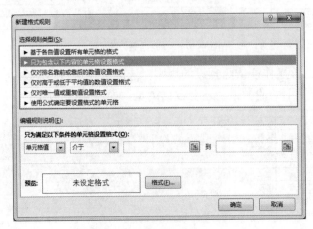

图 4-53　"新建格式规则"对话框

4. 使用系统预定义表格格式

所谓样式是指可以定义并成组保存的格式设置集合，如字体大小、图案、对齐方式等。样式可以简化工作表的格式设置和以后的修改工作，定义了一个样式后，可以把它应用到其他单元格和区域，这些单元格和区域就具有相同的格式，如果样式改变，所有使用该样式的单元格都自动跟着改变。

（1）预定义的"表格样式"。在"开始"选项卡上单击"样式"功能区的"套用表格格式"，打开"表格样式"下拉菜单，如图 4-54 所示。Excel 2016 提供了许多内置的表格样式供用户选择使用，选用后即生效。如用户对内置的单元格样式不满意，还可以根据自己的需要自定义新的单元格样式。

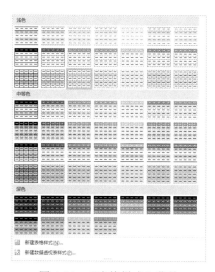

图 4-54　"表格样式"菜单

（2）预定义的"单元格样式"。如果说表格样式是对表格整体的全面的设计，那么"单元格样式"则是局部的样式。同样在"样式"功能区的"单元格样式"可以对选中范围进行样式设置，如图 4-55 所示。

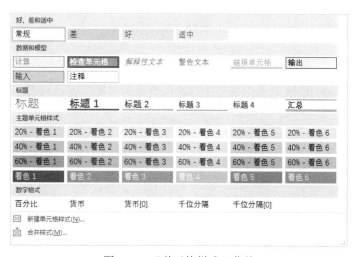

图 4-55　"单元格样式"菜单

5. 创建页眉和页脚

当工作表中的数据太多超过一页甚至几十页时，为了更好地管理工作表中的数据，通常用户会为工作表添加页眉和页脚，操作步骤如下：

（1）在"插入"选项卡中单击"文本"组中的"页眉和页脚"按钮。

（2）在显示的"页眉和页脚工具"的"设计"选项卡中，可直接输入页眉中的文本，如"期末考试成绩"，如图 4-56 所示。

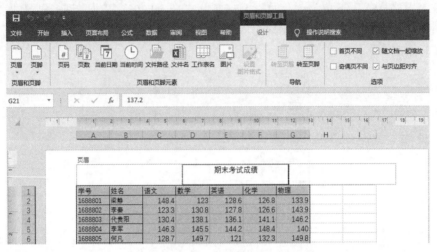

图 4-56　页眉设置

（3）单击"页眉和页脚工具"的"设计"选项卡中的"导航"组中的"转至页脚"按钮，可进行页脚切换，此时单击"页脚"下拉列表中"第 1 页，共？页"选项，如图 4-57 所示。

图 4-57　设置页脚的页码

（4）在页面中间表格区域单击，完成页眉页脚设定（操作完记得把当前的页面布局视图更换为普通视图）。

4.2.2　Excel 公式

Excel 2016 除了能方便地编辑处理数据外，还提供了用于实现各种计算的公式与函数。掌握公式的编写，是完成数据计算的前提。用户可以根据公式编写的规则，编写出各种计算公式来完成复杂的数据计算工作。当工作表中的数据发生变化时，公式的计算结果也会自动更新。

1. 公式

在电子表格中，所谓公式就是以等号开头的一个运算表达式，它由运算对象和运算符按照一定的规则和需要连接而成。运算对象可以是常量、变量、函数以及单元格引用。运算符用于指定要对公式中的元素执行的计算类型，计算时有一个默认的次序，但可以使用括号"（ ）"改变运算优先级。例如，"=B3+B4""=B6*5-B7""=sum(C3:C8)"等。

（1）公式中的运算符及其优先级。Excel 的运算符分为算术运算符、文本运算符、比较运算符和引用运算符 4 大类。其运算优先级从高到低依次为引用运算符、算术运算符、文本运算符、比较运算符。

1）算术运算符。算术运算符主要用于对数值型数据进行加、减、乘、除等数学运算，Excel 提供的算术运算符见表 4-2。

表 4-2　算术运算符

算术运算符	含义	举例
+	加法运算	=B1+B2
−	减法运算	=C2+8
*	乘法运算	=D3*D4
/	除法运算	=D1/10
%	百分号	=10%
^	乘方运算	=8^2

Excel 所支持的算术运算符的优先级从高到低依次为%（百分比）、^（乘幂）、*（乘）和/（除）、+（加）和−（减）。

例如：公式=C2+8

它的值是 C2 单元格的值与常量 8 之和。

2）文本运算符。Excel 的文本运算符只有一个&，它把前后两个文本连接成一个更长的文本。例如：

公式 ="张燕 "&"同学"的结果：张燕同学

若 A1 中的数值为 180，则公式 ="My height is"& A1 的结果：My height is 180。

注意：要在公式中直接输入文本，必须用双引号把输入的文本引起来。

3）比较运算符。Excel 中使用的比较运算符有 6 个。比较运算符完成两个运算对象的比较，并产生逻辑值 TRUE（真）或 FALSE（假）。比较运算符见表 4-3。

表 4-3　比较运算符

比较运算符	含义	举例说明	结果
=	等于	= C2=28（假设 C2 中的值是 20）	FALSE
<	小于	=C2<30	TRUE
>	大于	=B3>C2（假设 C2 中的值是 20，B3 的值是 10）	FALSE
<>	不等于	=C2<>B3	TRUE
<=	小于等于	=C2<=B3	FALSE
>=	大于等于	=C2>=B3	TRUE

比较运算符优先级从高到低依次为=（等于）、<（小于）、>（大于）、<=（小于等于）、>=（大于等于）、<>（不等于）。

4）引用运算符。引用运算符可以将单元格区域合并计算，引用运算符有冒号（:）、逗号（,）、空格（ ）和三维引用（!）。引用运算符见表 4-4。

表 4-4　引用运算符

引用运算符	含义	举例说明	结果
冒号（:）区域运算符	生成对两个引用之间所有单元格的引用（包括这两个引用）	=sum(B1:C2)	对 B1、B2、C1、C2 共 4 个单元格数据求和
逗号（,）联合运算符	将多个引用合并为一个引用	=sum(A1:B2,A4:C5)	对 A1、A2、B1、B2、A4、A5、B4、B5、C4、C5 共 10 个单元格数据求和
空格（ ）交集运算符	生成对两个引用中共有的单元格的引用	=sum(B1:C3　C2:D3)	对 B1:C2 和 C2:D3 的交集区域 C2、C3 两个单元格数据求和
三维引用（!）	在多个工作表上引用相同单元格或单元格的引用称为"三维引用"	=Sheet1!A1（在 Sheet3 表中的 A1 单元格输入以上公式）	表示将 Sheet1 中 A1 单元格的内容"李凤同学"放到工作表 3 的 A1 单元格中。

注意：若要引用另一工作簿的单元格或区域，只需在引用单元格或区域的地址前加上工作簿名称。

（2）公式的输入。在了解了运算符之后，理解公式的基本特性就非常容易了。Excel 中的公式有下列基本特性。

1）全部公式以等号开始。

2）输入公式后，其计算结果显示在单元格中。

3）当选定了一个含有公式的单元格后，该单元格的公式就显示在编辑栏中。

公式的输入方法如下：

1）选定要输入公式的单元格（用鼠标单击或双击该单元格）。

2）在单元格中首先输入一个等号（=），然后输入编制好的公式内容（建议在编辑栏进行输入）。

3）确认输入（可单击编辑栏中的"√"按钮），计算结果自动填入该单元格。

例如，计算一位同学的总分。其操作方法为：用鼠标单击 H2 单元格，输入"="号，用鼠标单击 C2，输入"+"，再如法炮制完成所有成绩的累加，如图 4-58 所示。

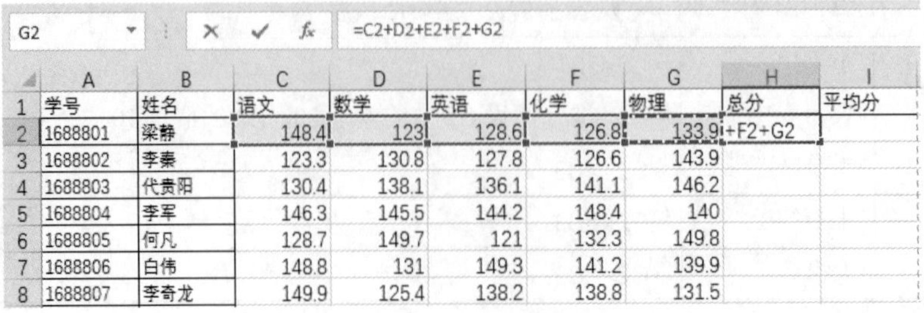

图 4-58　学生成绩表求总分公式

用鼠标单击编辑栏上的"√"按钮（或按 Enter 键），计算结果自动填入 H2 单元格中，此时公式仍然出现在编辑栏中，如图 4-59 所示。

H2			f_x	=C2+D2+E2+F2+G2				
	A	B	C	D	E	F	G	H	I
1	学号	姓名	语文	数学	英语	化学	物理	总分	平均分
2	1688801	梁藓	148.4	123	128.6	126.8	133.9	660.7	
3	1688802	李秦	123.3	130.8	127.8	126.6	143.9		
4	1688803	代贵阳	130.4	138.1	136.1	141.1	146.2		
5	1688804	李军	146.3	145.5	144.2	148.4	140		
6	1688805	何凡	128.7	149.7	121	132.3	149.8		
7	1688806	白伟	148.8	131	149.3	141.1	139.9		
8	1688807	李奇龙	149.9	125.4	138.2	138.8	131.5		

图 4-59　计算出的结果

编辑公式与编辑数据相同，可以在编辑栏中操作，也可以在单元格中操作。

注意：当编辑一个含有单元格引用（特别是区域引用）的公式时，在编辑没有完成之前就移动光标，可能会产生意想不到的错误结果。

在使用公式时需要注意，公式中不能包含空格（除非在引号内，因为空格也是字符）。另外，公式中运算符两边一般需相同的数据类型，虽然 Excel 也允许在某些场合对不同类型的数据进行运算。

（3）单元格引用。单元格的引用是告诉 Excel 计算公式如何从工作表中提取有关单元格数据的一种方法。公式通过单元格的引用，既可以取出当前工作表中单元格的数据，也可以取出其他工作表中单元格的数据。Excel 单元格引用分为相对引用、绝对引用和混合引用 3 种。

在不涉及公式复制或移动的情形下，任一种形式的地址的计算结果都是一样的。但如果对公式进行复制或移动，不同形式的地址产生的结果可能就完全不同了。

1）相对引用。相对引用的好处是，当编制的公式被复制到其他单元格中时，Excel 能够根据移动的位置自动调节引用的单元格。如果公式是在行上复制的，则相对引用地址的行号不变，列号随公式复制的位置变化相应变化。如下图中，H2 处公式"=C2+D2+E2+F2+G2"复制到了 I2 就改变了，因为列号增加了 1，所以原公式中所有的列号都增加 1 变为"=D2+E2+F2+G2+H2"，如图 4-60 所示。其他列上位置以此类推。

=D2+E2+F2+G2+H2					
D	E	F	G	H	I
数学	英语	化学	物理	总分	平均分
123	128.6	126.8	133.9	660.7	1173

图 4-60　行上复制公式

如果公式是在列上复制，则列号不变，行号随公式复制的位置变化而变化。如下图中，H2 处公式"=C2+D2+E2+F2+G2"复制到了 H3 就改变了，因为行号增加了 1，所以原公式中所有的行号都增加 1，变为"=C3+D3+E3+F3+G3"，如图 4-61 所示。其他行上位置以此类推。

如果公式复制后，行号列号都改变了，则公式中相对地址的行号列号也都改变，改变规律和前面一致。

=C3+D3+E3+F3+G3

D	E	F	G	H	I
数学	英语	化学	物理	总分	平均分
123	128.6	126.8	133.9	660.7	1173
130.8	127.8	126.6	143.9	652.4	

图 4-61　列上复制公式

2）绝对引用。在行号和列标前面均加上"$"符号，则代表绝对引用。在复制公式时，绝对引用单元格将不随公式位置的移动而改变单元格的引用，即不论公式被复制到哪里，公式中引用的单元格不变。因此绝对位置的数据是运算中的不可变量。将 I2 处公式引用数据全部改为绝对地址后，其复制出去的公式的运算结果不会改变，如图 4-62 所示。

I2   fx =$C$2+$D$2+$E$2+$F$2+$G$2

	A	B	C	D	E	F	G	H	I
1	学号	姓名	语文	数学	英语	化学	物理	总分	平均分
2	1688801	梁静	148.4	123	128.6	126.8	133.9	660.7	660.7
3	1688802	李秦	123.3	130.8	127.8	126.6	143.9	652.4	660.7
4	1688803	代贵阳	130.4	138.1	136.1	141.1	146.2	691.9	660.7
5	1688804	李军	146.3	145.5	144.2	148.4	140	724.4	660.7
6	1688805	何凡	128.7	149.7	121	132.3	149.8	681.5	660.7
7	1688806	白伟	148.8	131	149.3	141.2	139.9	710.2	660.7
8	1688807	李奇龙	149.9	125.4	138.2	138.8	131.5	683.8	660.7

图 4-62　绝对地址引用公式

3）混合引用。混合引用是指引用单元格名称时，在行号前加"$"符号或在列号前加"$"符号的引用方法。对于公式中的混合引用地址在复制后是否变化，取决于其没有加"$"的位置是否和复制的公式方向一致，一致则不会变化，不一致则变化。如图 4-63 中 I2 里的公式"=$C2"，复制到 J2 时，因为行未固定，且在行上复制，地址不变；而进行列复制时两者方向不同，且行号增加了 1，所以混合引用地址的行号增加 1，变为"=$C3"。

fx =$C2

C	D	E	F	G	H	I	J
语文	数学	英语	化学	物理	总分	平均分	
148.4	123	128.6	126.8	133.9	660.7	148.4	148.4
123.3	130.8	127.8	126.6	143.9	652.4	123.3	

图 4-63　混合地址引用公式

三类引用地址中，混合引用相对最复杂，需要多练习才能掌握，制作如图 4-64 所示的 99 乘法表就是一个非常不错的实践案例。

B2   fx =$A2&"*"&B$1&"="&($A2*B$1)

▲	A	B	C	D	E	F	G	H	I	J
1		1	2	3	4	5	6	7	8	9
2	1	1*1=1	1*2=2	1*3=3	1*4=4	1*5=5	1*6=6	1*7=7	1*8=8	1*9=9
3	2	2*1=2	2*2=4	2*3=6	2*4=8	2*5=10	2*6=12	2*7=14	2*8=16	2*9=18
4	3	3*1=3	3*2=6	3*3=9	3*4=12	3*5=15	3*6=18	3*7=21	3*8=24	3*9=27
5	4	4*1=4	4*2=8	4*3=12	4*4=16	4*5=20	4*6=24	4*7=28	4*8=32	4*9=36
6	5	5*1=5	5*2=10	5*3=15	5*4=20	5*5=25	5*6=30	5*7=35	5*8=40	5*9=45
7	6	6*1=6	6*2=12	6*3=18	6*4=24	6*5=30	6*6=36	6*7=42	6*8=48	6*9=54
8	7	7*1=7	7*2=14	7*3=21	7*4=28	7*5=35	7*6=42	7*7=49	7*8=56	7*9=63
9	8	8*1=8	8*2=16	8*3=24	8*4=32	8*5=40	8*6=48	8*7=56	8*8=64	8*9=72
10	9	9*1=9	9*2=18	9*3=27	9*4=36	9*5=45	9*6=54	9*7=63	9*8=72	9*9=81

图 4-64　99 乘法表案例

（4）公式中的出错信息。当公式有错误时，系统会给出错误信息。公式中常见的出错信息见表 4-5。

表 4-5　公式中常见的出错信息

出错信息	可能的原因
#DIV/0！	公式被零除
#N/A	没有可用的数值
#NAME？	Excel 不能识别公式中使用的名字
#NULL！	指定的两个区域不相交
#NUM！	数字有问题
#REF！	公式引用了无效的单元格
#VALUE！	参数或操作数的类型有错

公式出现错误，或者公式中的参数不太恰当（例如公式=DAY("85-05-04")，使用两位数字表示年份），则在包含该问题公式的单元格的左上角就会出现一个绿色的小三角。选中包含该问题公式的单元格，则在该单元格的左边出现⊠图标，单击该图标，就可获得有关该公式错误的详细信息以及改正的方法。

2. 输入数组

数组就是可以进行直接操作或者个别操作的一组记录。在 Excel 2016 中，数组是用大括号括起来的。数组分为一维数组和二维数组两种，下面介绍如何在单元格或单元格区域中输入数组。

（1）输入一维数字数组。一维数组是由逗号分隔的，如有 4 个元素组成的数组常量"12，56，48，30"，其输入方法如下：

1）选中 A1:A4 连续单元格区域。

2）在编辑栏处输入"={12，56，48，30}"。

3）按 Ctrl+Shift+Enter 组合键。

此时会发现这个数组分别输入到 A1、A2、A3、A4 单元格中。

（2）输入一维文本数组

输入数组时，除了可以输入数字外，还可以输入文本数据，其输入方法如下：

1）选中要输入的连续单元格区域 A2:G2。

2）在编辑栏处输入"={"星期一","星期二","星期三","星期四","星期五","星期六","星期天"}"。

3）按 Ctrl+Shift+Enter 组合键。

此时这个数组将分别输入到连续的单元格区域 A2:G2 中。

如果选中连续单元格区域 A5:C6。假设在编辑栏处输入"={"星期一","星期二","星期三";"星期四","星期五","星期六"}"，按 Ctrl+Shift+Enter 组合键会出现如图 4-65 所示的效果。这是因为要换行显示数组，只需在数组的"星期三"后输入分号而不是逗号。

| A5 | ▼ | f_x | {={"星期一","星期二","星期三";"星期四","星期五","星期六"}} |

图 4-65　输入一维数组

（3）输入数组公式。Excel 2016 工作表中提供了数组公式的输入功能来提高计算的效率。例如，要计算如图 4-66 所示的购买图书金额，其输入方法如下：

1）选中要输入数组公式的单元格区域 D3:D6。

2）在编辑栏处输入"=B3:B6*C3:C6"。

3）按 Ctrl+Shift+Enter 组合键。

图 4-66　显示输入的数组公式

4.2.3　Excel 函数

函数是随 Excel 附带的预定义的公式。使用函数不仅能提高工作效率，而且可以减少错误。Excel 共提供了 300 多个函数，分 14 大类，包括数学与三角函数、日期与时间、统计、查找与引用等。

1．函数的组成

函数由函数名和参数组成，格式如下：

函数名（参数 1，参数 2，…）

函数的参数可以是具体的数值、字符、逻辑值，也可以是表达式、单元格地址、区域、区域名字等。函数本身也可以作为参数。即使一个函数没有参数，也必须加上括号（必须是半角英文的括号）。

2．函数的输入与编辑

Excel 2016 提供了多种输入函数的方法，在输入函数时，可以直接以公式的形式编辑输入，也可以使用"公式"选项卡或函数模板输入函数。

（1）直接输入。选定要输入函数的单元格，输入"="和函数名及参数，按 Enter 键即可。例如，要在 H1 单元格中计算区域 A1:G1 中所有单元格值的和，就可以选定单元格 H1 后，直接输入"=SUM(A1:G1)"，再按 Enter 键。

（2）使用"公式"选项卡中"函数库"组来插入函数。

1）单击"公式"选项卡。

2）在"函数库"组中单击"插入函数"按钮 或按 Shift+F3 组合键，此时会弹出一个"插入函数"对话框，如图 4-67 所示。

图 4-67　"插入函数"对话框

3）"插入函数"对话框中提供了函数的搜索功能，并在"选择类别"下拉列表中列出了所有不同类型的函数，"选择函数"列表中则列出了被选中的函数类型所属的全部函数。选中某一函数后，单击"确定"按钮，会弹出"函数参数"对话框，如图 4-68 所示，其中显示了函数的名称以及它的每个参数、函数功能和参数的描述、函数的当前结果和整个公式的结果。不同的函数，函数参数界面可能不同。

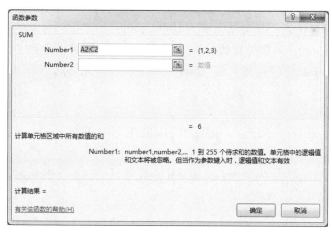

图 4-68　"函数参数"对话框

一般情况下，系统会给定默认的参数，如与题意相符，可直接单击"确定"按钮；如果给出的参数与题意不符，可单击"折叠对话框"按钮，用鼠标重新选择参数后，单击"打开对话框"按钮返回到"函数参数"对话框，再单击"确定"按钮。

3. 常用函数格式及功能说明

Excel 2016 提供了能完成各种不同运算的函数，这些函数按其不同的功能可以分为常用函数、财务函数、数学与三角函数、统计函数等几大类，下面介绍几种最常用的函数格式及功能。如果在实际应用中需要了解其他函数及函数的详细使用方法，可以参阅 Excel 的"帮助"系统。

（1）数学函数。

1）取整函数 INT。

格式：INT(number)。

功能：取数值 number 的整数部分。

例如，INT(123.45)的运算结果值为 123。

2）四舍五入函数 ROUND。

格式：ROUND(number, num_digits)。

功能：按指定的位数 num_digits，将数值 number 进行四舍五入。

例如，ROUND(536.8175,3)等于 536.818。

3）求平方根函数 SQRT。

格式：SQRT(number)。

功能：返回正值 number 的平方根。

例如，SQRT(9)等于 3。

4）求和函数 SUM。

格式：SUM(number1, number2,…)。

功能：返回参数单元格区域中所有数字的和。

例如：SUM(A1:A10)完成 A1 到 A10 共 10 个单元格值求和，SUM(A1,B2,C3)完成 A1、B2 和 C3 三个单元格值的求和。

5）SUMIF 函数。

格式：SUMIF(range, criteria, sum_range)。

功能：对满足条件的若干单元格求和。其中，range 为要进行计算的单元格区域，criteria 为求和的条件，sum_range 为需要求和的实际单元格，其形式可以为数字、表达式或文本，如 50、"50"、">50"、"student"等；只有当 criteria 中的相应单元格满足条件时，才对 sum_range 中的单元格求和。

6）SUMIFS 函数。

格式 SUMIFS(sum_range, criteria_range1, criteria1, criteria_range2, criteria2, criteria_range3, criteria3, ……)。

功能：和 SUMIF 函数类似，不过 SUMIFS 函数可以拥有更多的判定条件，是多个条件成立时才对求和区域的单元格求和。

（2）统计函数。

1）求平均值函数 AVERAGE。

格式：AVERAGE(number1, number2,...)。

功能：返回参数单元格区域中所有数值的平均值。

例如，AVERAGE(A1:A5,C1:C5)返回从单元格 A1:A5 和 C1:C5 中的所有数值的平均值。

AVERAGEIF、AVERAGEIFS 统计满足条件的单元格的平均值，使用方法和前面 SUMIF、SUMIFS 类似。

2）COUNT 函数。

格式：COUNTIF (value 1, value 2,...)。

功能：用于统计单元格的数量。

COUNTIF、COUNTIFS 函数统计满足条件的单元格数量，使用方法类似 SUMIF 和 SUMIFS。

格式：COUNTIFS(criteria_range1, criteria1, [criteria_range2, criteria2],…)。

功能：多个条件都成立的单元格数量，通常统计满足多个条件的行数。

（3）日期和时间函数。

1）YEAR 函数。

格式：YEAR(serial_number)。

功能：返回日期 serial_number 对应的年份值。该返回值为 1900 到 9999 的整数。

例如，YEAR("2010-7-5")返回 2010。

2）MONTH 函数。

格式：MONTH(serial_number)。

功能：返回日期 serial_number 对应的月份值。该返回值为介于 1 和 12 的整数。

例如，MONTH("6-May") 等于 5，MONTH(366)等于 12。

3）DAY 函数。

格式：DAY(serial_number)。

功能：返回一个月间第几天的数值，用整数 1 到 31 表示。serial_number 不仅可以为数字，还可以为字符串（日期格式，一定要用引号引起来）。

4）TODAY 函数。

格式：TODAY()。

功能：没有参数，返回日期格式的当前日期。

（4）条件函数 IF。

格式：IF(x, n1, n2)。

功能：判断逻辑值 x，若 x 的值为 True，则返回 n1，否则返回 n2。其中 n2 可以省略。条件函数是非常有用的函数，使用它可以做出很多精巧运算。

例如假设课程考试平均成绩在 H2:H16 中，要在 J2:J16 中根据平均成绩自动给出其等级：大于或等于 85 为优，75 至 84 为良，60 至 74 为及格，60 以下为不及格，应用 IF 函数判断后，结果如图 4-69 所示。

J2 =IF(H2>=85,"优",IF(H2>=75,"良",IF(H2>=60,"及格",IF(H2<60,"不及格"))))

	A	B	C	D	E	F	G	H	I	J
1	姓名	学号	专业	数学	化学	英语	计算机	平均分	总分	等级评定
2	洪辉	065201	临床医学	100	93	91	95	94.75	379	优
3	曹艺晗	065202	遗传学	95	89	84	94	90.5	362	优
4	李雪琪	065203	临床医学	90	84	93	86	88.25	353	优
5	王凯	065204	医学影像学	95	100	93	82	92.5	370	优
6	黄明达	065205	临床医学	86	92	84	80	85.5	342	优
7	钟晓婷	065206	临床医学	92	94	79	88	88.25	353	优

图 4-69　IF 函数嵌套的应用

条件函数，还有一种特殊应用类型，如：IF({1,0},B2:B21,A2:A21)。它使用数组作为条件，1 代表真，0 代表假，因此这个 IF 语句返回了 2 个子集的合集 {B,A}，但是后者排在前面。通常这种集合用于反向查询。

（5）查找函数。

1）水平查询函数 VLOOKUP。

格式：VLOOKUP(查询对象,查找范围,被查询对象所在的列序,是否精确查询)

功能：从指定查找区域第一列（索引列）中检索指定的值，然后返回找到行所对应的指定列处的值。如果最后条件为“TRUE”，则必须在第一列中找到完全匹配的值才能有返回，如果为“FALSE”，则只要查询对象值被包含也成立，不一定要完全相同。比如查询对象 B7“梁丽”，查询范围是 B2:D5，返回值是范围内的第 3 列，即 D 列，采用非精确查询，如图 4-70 所示。

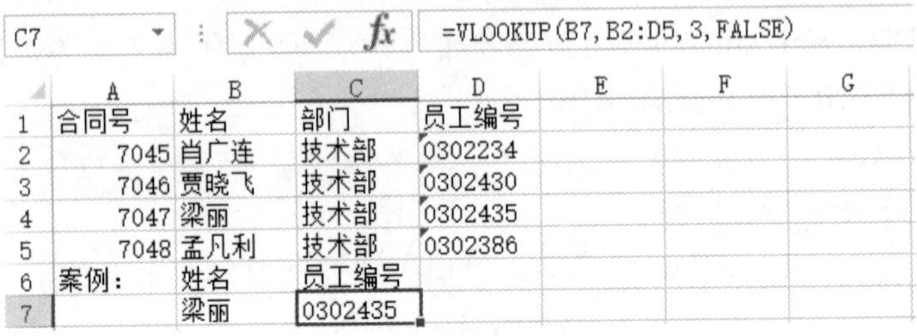

C7　=VLOOKUP(B7,B2:D5,3,FALSE)

	A	B	C	D	E	F	G
1	合同号	姓名	部门	员工编号			
2	7045	肖广连	技术部	0302234			
3	7046	贾晓飞	技术部	0302430			
4	7047	梁丽	技术部	0302435			
5	7048	孟凡利	技术部	0302386			
6	案例：	姓名	员工编号				
7		梁丽	0302435				

图 4-70　VLOOKUP 函数应用

如果需要 VLOOKUP 向前查询，即要查询的值不在第一列的情况，则需要一些技巧，如图 4-71 所示。

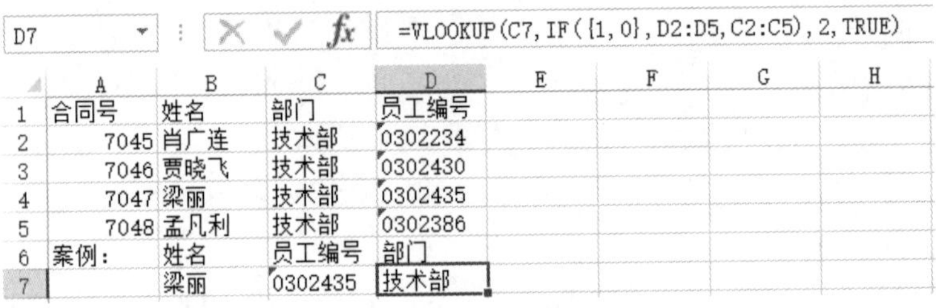

D7　=VLOOKUP(C7,IF({1,0},D2:D5,C2:C5),2,TRUE)

	A	B	C	D	E	F	G	H
1	合同号	姓名	部门	员工编号				
2	7045	肖广连	技术部	0302234				
3	7046	贾晓飞	技术部	0302430				
4	7047	梁丽	技术部	0302435				
5	7048	孟凡利	技术部	0302386				
6	案例：	姓名	员工编号	部门				
7		梁丽	0302435	技术部				

图 4-71　VLOOKUP 向前查询

这里使用 IF 函数将 C 列和 D 列顺序做了互换，使得 D 列成为第一列，满足了第一列是索引列的条件，第二列是返回值列。

2）水平查询函数 HLOOKUP。

格式：HLOOKUP(查询对象,查找范围,被查询对象所在的列序,是否精确查询)

功能：从指定查询区域第一行（索引行）中检索指定的值，然后返回找到列所对应的指定行处的值。默认情况下 HLOOKUP 是向下查询的，如图 4-72 所示。

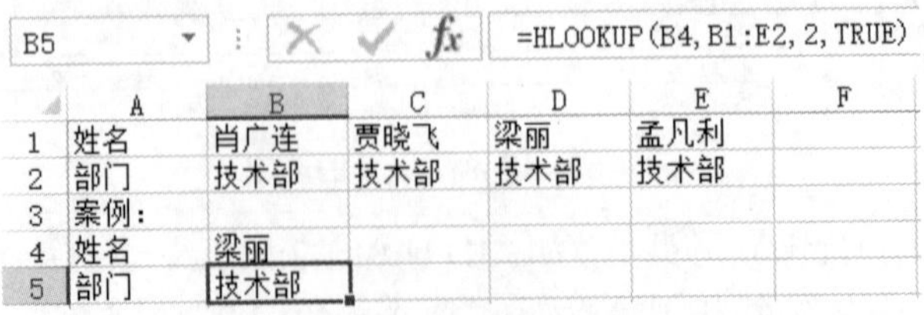

B5　=HLOOKUP(B4,B1:E2,2,TRUE)

	A	B	C	D	E	F
1	姓名	肖广连	贾晓飞	梁丽	孟凡利	
2	部门	技术部	技术部	技术部	技术部	
3	案例：					
4	姓名	梁丽				
5	部门	技术部				

图 4-72　HLOOKUP 查询应用

Excel 函数还有很多，在特定工作场合可能会使用到很多没有介绍到的函数，可以借助 Excel 的“帮助”选项或者直接用搜索引擎检索其使用方法。

【任务分析】

根据任务说明，首先需要将过去纸质的人事信息录入到 Excel 文档中，要实现美观则需要认真排版，设置单元格的数据类型、对齐方式和边框格式等。为了避免录入的错误，除了小心仔细外，对于一些特定数据类型，我们可以通过设置数据有效性来完成，让对应的单元格只能输入特定的数据。另外可以使用条件格式对职工的合同到期情况进行提醒。

员工个人信息卡则是依托职工人事信息基础数据进行的提取，可使用函数来进行检索。

【任务实施】

1. 首先打开 Excel 2016，新建一个空白工作簿并保存到工作文件夹，命名为"人事信息数据表.xlsx"。

2. 右击 Sheet1 工作表名标签，选择快捷菜单的"重命名"，将工作表命名为"人事信息"。

3. 录入信息。

（1）选中 A1 单元格，录入"人事信息数据表"。

（2）选中 A2 单元格，录入"序号"，如法炮制，在第二行上将其他表头标题录入。

（3）观察各列数据，发现序号、员工编号都是递增序列，可以使用填充柄填充录入。选中 A3 单元格，录入"'01"，选中 B3 单元格，录入"AY0001"，然后选中 A3 和 B3 两个单元格，拖动 B3 单元格右下角的填充柄到 B17 结束填充。

（4）录入员工姓名。

（5）身份证号码 7-14 位为出生年月日，其中 17 位表示性别，男为单数，女为双数。因而职工性别、出生日期、年龄和工龄四列，都可以分别使用公式和函数进行计算。此外，可以对生日设置日期格式，年龄和工龄数值格式设置数值格式，如图 4-73 所示。

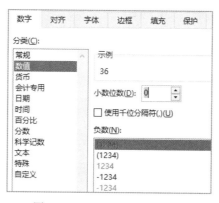

图 4-73 设置单元格数值显示

（6）选中已经计算出的年龄和工龄，拖动填充柄到人事信息数据表最后行，完成整张表格所有数据的录入工作，如图 4-74 所示。

4. 完成录入后，就开始进行排版工作。

（1）将 A1:I1 全选中，单击"开始"选项卡下"对齐方式"组中的"合并后居中"按钮，将这些单元格合并，让标题居中对齐。设置第一行的高度为 40 单位，设置字体为"华文宋体"、22 号，如图 4-75 所示。

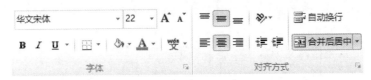

A	B	C	D	E	F	G	H	I
1	人事信息数据表							
2	序号	员工编号	员工姓名	参工时间	身份证号	出生日期	性别	年龄	工龄
3	01	AY0001	胡某	2003年4月15日	51013019810315XXXX	1981年4月15日	男	36	14
4	02	AY0002	陈某	2004年4月16日	51013019800315XXXX	1982年10月10日	女	35	13
5	03	AY0003	闫某某	2005年4月20日	51013019820315XXXX	1981年4月12日	男	36	12
6	04	AY0004	敖某某	2006年3月12日	51013019810315XXXX	1981年11月5日	男	36	11
7	05	AY0005	陈某某	2004年5月18日	51013019810315XXXX	1984年8月15日	男	33	13
8	06	AY0006	郑某某	2003年5月10日	51013019830315XXXX	1981年3月27日	女	36	14
9	07	AY0007	蒋某	2005年4月21日	51013019810315XXXX	1981年6月12日	女	36	12
10	08	AY0008	廖某	2004年7月19日	51013019840315XXXX	1981年1月17日	男	36	13
11	09	AY0009	邓某	2006年10月8日	51013019800315XXXX	1980年12月13日	男	37	11
12	10	AY0010	陈某	2005年3月26日	51013019810315XXXX	1981年3月21日	男	36	12
13	11	AY0011	郑某某	2004年5月15日	51013019820315XXXX	1982年11月15日	女	35	13
14	12	AY0012	廖某某	2003年4月16日	51013019840315XXXX	1981年4月13日	男	36	14
15	13	AY0013	王某某	2006年2月17日	51013019810315XXXX	1984年10月15日	女	33	11
16	14	AY0014	邓某	2005年6月27日	51013019810315XXXX	1983年8月15日	男	34	12
17	15	AY0015	闫某	2003年4月19日	51013019830315XXXX	1981年9月12日	女	36	14

图 4-74　填充柄处理年龄和工龄

图 4-75　合并单元格并设置字体字号

（2）选中所有除标题外所有区域（A2:I17），设置字体为"微软雅黑"、12 号，并且水平居中对齐。

（3）选中第二行 A2:I2 区域，选择字体"加粗"，填充"紫色"，字色"白色"。

（4）选中整个表格（A1:I17），在"开始"选项卡"字体"组中，选择"所有框线"，再次选择边框"粗匣框线"，如图 4-76 所示。

5．为所有人事信息加了边框后，可以为表格数据加入生日提醒功能，即使用条件格式功能将本月内过生日的所有职工信息突出显示。

（1）全选 A3:I17 员工人事信息区域，单击"开始"选项卡下"样式"组里的"条件格式"下拉菜单，选择"新建规则"，如图 4-77 所示。

图 4-76　设置表格边框

图 4-77　条件格式—新建规则

（2）在弹出的"新建格式规则"对话框中，选择"使用公式确定要设置格式的单元格"，输入公式，并设置格式为填充"黄色"，如图4-78所示。

图4-78 使用公式定义条件格式

特别需要注意的是，公式里 F 列是"出生日期"列，我们需要给它加上列绝对坐标，但是起始行是 3，行可以变换以遍历整个区域，所以行不用绝对坐标，但是行号一定要和框选区域的起始行号一致。

（3）单击"确定"完成条件格式设置，如图4-79所示。

序号	员工编号	员工姓名	参工时间	身份证号	出生日期	性别	年龄	工龄
01	AY0001	胡某	2003年4月15日	51013019810315×××	1981年4月15日	男	36	14
02	AY0002	陈某	2004年4月16日	51013019800315×××	1982年10月10日	女	35	13
03	AY0003	闫某某	2005年4月20日	51013019820315×××	1981年4月12日	男	36	12
04	AY0004	敖某某	2006年3月12日	51013019810315×××	1981年11月5日	男	36	11
05	AY0005	陈某某	2004年5月18日	51013019810315×××	1984年8月15日	男	33	13
06	AY0006	郑某某	2003年5月10日	51013019830315×××	1981年3月27日	女	36	14
07	AY0007	满某	2005年4月21日	51013019810315×××	1981年6月12日	女	36	12
08	AY0008	廖某	2004年7月19日	51013019840315×××	1981年1月17日	男	36	13
09	AY0009	邓某	2006年10月8日	51013019800315×××	1980年12月13日	男	37	11
10	AY0010	陈某	2005年3月26日	51013019820315×××	1981年3月21日	男	36	12
11	AY0011	郑某某	2004年5月15日	51013019820315×××	1982年11月15日	女	35	13
12	AY0012	廖某某	2003年4月16日	51013019840315×××	1981年4月13日	男	36	14
13	AY0013	王某某	2006年2月17日	51013019840315×××	1984年10月15日	女	33	11
14	AY0014	邓某	2005年6月27日	51013019810315×××	1983年8月15日	男	34	12
15	AY0015	闫某	2003年4月19日	51013019830315×××	1981年9月12日	女	36	14

图4-79 条件格式效果

注意：条件格式可以反复叠加使用，一个表格可以有多个条件格式，当不需要时，可以先选中编辑区域再使用"条件格式"下拉菜单"清除规则"全部清除，或者单击"管理规则"进行个别删除或者修改。

6. 完成人事信息数据表设计后，就可以接着设计员工信息卡了。

（1）鼠标右键单击 Sheet2 工作表名标签，选择快捷菜单的"重命名"菜单项，将工作表重命名为"员工信息卡"。

（2）在"员工信息卡"工作表中，根据任务说明的员工信息卡样式，完成基本信息的录入，如图4-80所示。

	A	B	C	D
1	员工信息卡			
2	请选择员工编号：			
3	员工姓名		性别	
4	身份证号			
5	出生日期		年龄	
6	参工时间		工龄	

图 4-80　员工信息卡

（3）调整各行高度，并选中 A1:D1 区域进行"合并后居中"，设置字体"华文中宋"、18号、粗体。

（4）选择 A2:B2，选择"合并后居中"，设置字体"微软雅黑"、填充"绿色"，并合并C2:D2 单元格。

（5）选中 A3 单元格，再按下 Ctrl 键，选中 C3、A4、A5、C5、A6 和 C6 单元格，填充"紫色"、设置字体颜色为"白色"。

（6）选中 B4:D4 单元格进行"合并后居中"，然后和"人事信息数据表"一样进行边框设置，设置后效果如图 4-81 所示。

（7）单击 C2 单元格，选择"数据"选项卡中"数据工具"组里的"数据有效性"按钮，如图 4-82 所示。

图 4-81　美化个人信息卡

图 4-82　设置 C2 单元格数据来源

对于数据来源，直接单击最后的"▦"按钮，单击"人事信息"工作表标签，然后直接单击 B3 单元格后，拖动选中整列数据，如图 4-83 所示。

员工编号	员工姓名	参工时间	身份证号	出生日期
AY0001	胡某	2003年4月15日	51013019810315XXXX	1981年4月15日
AY0002	陈某	2004年4月16日	51013019800315XXXX	1982年10月10日
AY0003	闫某某	2005年4月20日	51013019820315XXXX	1981年4月12日
AY0004	敖某某	2006年3月12日	51013019810315XXXX	1981年11月5日
AY0005	陈某某	2004年5月18日	51013019810315XXXX	1984年8月15日
AY0006	郑某某	2003年5月10日	51013019830315XXXX	1981年3月27日
AY0007	满某	2005年4月21日	51013019810315XXXX	1981年6月12日
AY0008	廖某	2004年7月19日	51013019840315XXXX	1981年1月17日
AY0009	邓某	2006年10月8日	51013019800315XXXX	1980年12月13日
AY0010	陈某	2005年3月26日	51013019820315XXXX	1981年5月21日
AY0011	郑某			月15日
AY0012	廖某某	2005年4月16日	51013019840315XXXX	1981年4月13日
AY0013	王某某	2006年2月17日	51013019840315XXXX	1984年10月15日
AY0014	邓某	2005年6月27日	51013019810315XXXX	1983年8月15日
AY0015	闫某	2003年4月19日	51013019830315XXXX	1981年9月12日

图 4-83　选取有效性验证的数据序列范围

松开左键，并按 Enter 键返回"数据有效性"对话框，单击"确定"按钮完成有效性设置，并返回"员工信息卡"工作表。以后员工编号就可以不用输入，可以从列表中选择。

（8）单击 B3 单元格，输入查询函数"=VLOOKUP($C$2,人事信息!$B$3:$I$17,2,TRUE)"，并将公式复制粘贴到所有需要数据的单元格，根据各关键字出现的列位置，修改函数里的返回值列相对序号（注意：公式中的绝对坐标是为了防止复制公式时坐标发生改变），如图 4-84 所示。

图 4-84　设计查询公式

（9）从图 4-87 可以看到，出生日期与参工时间显示不正确，主要原因是单元格格式不正确，选中 B5:B6 单元格，在右击菜单中选择"设置单元格格式"，选择中文日期格式，如图 4-85 所示，则所有数据显示正常。

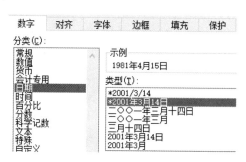

图 4-85　设置单元格日期显示格式

7. 单击 Excel 快速访问工具栏中的"保存"按钮（或者按快捷键 Ctrl+S），保存所有操作结果，完成任务。

【任务小结】

通过本任务练习，我们主要学习了：
（1）Excel 工作表的格式化。
（2）Excel 公式和函数的使用。

任务 4.3　使用 Excel 进行免试人员数据分析

【任务说明】

假设你组织了一次公司的人才招聘会，基础数据都被记录到了 Excel 中。领导要求你就这些基础数据做一次招聘人才数据分析，并把分析结果打印后提交给办公室。

【预备知识】

4.3.1 数据处理

Excel 2016 具有强大的数据处理能力，数据处理就是利用已经建好的电子数据表格，根据用户需要进行数据查找、排序、筛选和分类汇总的过程。这里主要介绍数据的排序、筛选及分类汇总的方法。

1. 数据排序

排序是指根据某个列或某几个列的升序或降序重新排列数据记录的顺序，从而满足不同数据分析的要求。

排序又分为简单排序和高级排序两种。简单排序是指对表格中某一单列的数据以升序或降序方式排列数据。高级排序也称多条件排序，就是将多个条件同时设置出来，对工作表数据进行排序，一般指对 2 列或 3 列的数据进行复杂的排序。

在排序时所依据的列（字段）称为"关键字"，关键字根据起作用的先后顺序分为主关键字、次要关键字和第二次要关键字。排序过程中，只有当主要关键字相同时才考虑次要关键字，当次要关键字也相同时才考虑第二次要关键字。

排序的方式有升序（默认）和降序两种，升序即指由小到大的顺序，即为递增，降序则反之，即为递减。对于数值数据，排序依据是数值大小；字母以字典顺序为依据，默认大小写等同，可在"选项"对话框中设置区分大小写；汉字默认按拼音顺序，也可在"选项"对话框中设置按拼音或笔画顺序进行排序；空单元格始终排在最后。

比如对一个成绩数据表进行排序，首先全选成绩表，单击"数据"选项卡"排序和筛选"功能区的"排序"按钮，即可弹出如图 4-86 所示"排序"对话框。

图 4-86 "排序"对话框

（1）简单排序。如果将成绩表按"总分"成绩降序进行排序，具体步骤如下：

1）选中排序字段"数学"列的任一单元格。

2）单击"数据"标签，在"排序和筛选"组中单击"排序"按钮。

3）弹出"排序"对话框，在"主要关键字"下拉列表框中单击"总分"选项，排序依据处选"数值"，次序选"升序"。

4）单击"确定"按钮，此时所有学生的数学成绩就按照从小到大的方式进行了排序。

（2）高级排序。如果要求成绩表以"总分"为主关键字进行"降序"排列，再以"数学"成绩为次要关键字进行"升序"排序，具体操作步骤如下：

1）用鼠标将表格全部选中。

2）单击"数据"标签，在"排序和筛选"组中单击"排序"按钮。

3）弹出"排序"对话框，在"主要关键字"下拉列表中单击"总分"选项，在"次序"

下拉列表中单击"降序"。

4）如果存在相同的总分，此时需要单击"添加条件"按钮，然后设置"次要关键字"为"数学"，排序次序为"升序"。

5）单击"确定"按钮，此时表格中的数据首先按照"总分"降序排列，对于总分相同的成绩，再按照"数学"课成绩"升序"排序，如图4-87所示。

学号	姓名	语文	数学	英语	化学	物理	总分	平均分
1688804	李军	146.3	145.5	144.2	148.4	140	724.4	144.88
1688806	白伟	148.8	131	149.3	141.2	139.9	710.2	142.04
1688811	王怡	147.1	128.1	140.3	149.4	131.2	696.1	139.22
1688803	代贵阳	130.4	138.1	136.1	141.1	146.2	691.9	138.38
1688815	雷浩	146.4	145.8	127.6	134.7	129.4	683.9	136.78
1688812	邹易平	147	122.2	146.2	142.5	125.9	683.8	136.76
1688807	李奇龙	149.9	125.4	138.2	138.8	131.5	683.8	136.76
1688805	何凡	128.7	149.7	121	133.2	149.8	682.4	136.48
1688817	肖岁于	133.3	127.7	145.6	147.9	126.3	680.8	136.16
1688820	代炜	137.2	129.5	128	140.9	137.2	672.8	134.56

图4-87　排序后效果

2. 数据筛选

数据筛选就是从数据表中筛选出复合一定条件的数据记录，不满足条件的数据记录则被暂时隐藏起来。Excel 2016的筛选功能包括筛选和高级筛选。其中筛选比较简单，而高级筛选的功能强大，可以利用复杂的筛选条件进行筛选。

（1）筛选。筛选的操作步骤如下：

1）选定工作表中的任意单元。

2）在"数据"选项卡中单击"筛选"按钮。此时在各字段名的右下角出现一个下三角按钮，如图4-88所示。

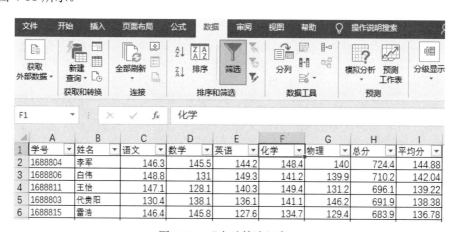

图4-88　"自动筛选"窗口

3）单击某字段的下三角按钮，弹出的下拉菜单通常包括4个选项：升序、降序、按颜色排序、文本筛选或数字筛选，如图4-89所示。

4）在文本筛选或数字筛选的下拉菜单中，选择一种筛选方式，则会弹出一个对话框，如图4-90所示。

图 4-89　数据列筛选菜单

5）在对话框中设定了筛选条件后单击"确定"，这时符合筛选条件的记录将被显示，不符合筛选条件的记录均被隐藏起来，如图 4-91 所示。

图 4-90　文本筛选和数字筛选的筛选菜单

图 4-91　"介于"筛选

恢复隐藏的记录有以下两种方法。

● 在"开始"选项卡的"编辑"组中，单击"排序和筛选"按钮，然后单击"清除"按钮则可恢复显示所有的记录，此时各字段名的"自动筛选"右下角下拉按钮仍存在，故仍可以进行筛选。

● 单击字段名的下三角按钮，然后在列表中单击"从××（字段名）中清除筛选"选项或从展开的列表中勾选"（全选）"复选框，即可将原来数据全部重新显示出来。

（2）高级筛选。对于复杂的筛选条件，可以使用"高级筛选"。使用"高级筛选"的关键是在工作表的任意位置先设置用户自定义的组合条件，这些组合条件常常是放在一个称为条件区域的单元格区域中。

1）筛选的条件区域。条件区域包括两个部分：标题行（也称字段名行或条件名行），一行或多行的条件行。条件区域的创建步骤如下：

● 在数据表记录的下面准备好一个空白区域。

● 在此空白区域的第一行输入字段名作为条件名行，最好是从字段名行复制过来，以避免输入时因大小写或有多余的空格而造成不一致。

● 在字段名的下一行开始输入条件。

2）筛选的条件。

①简单比较条件。简单比较条件是指只用一个简单的比较运算（=、>、>=、<、<=、<>）表示的条件。在条件区域字段名正下方的单元格输入条件，如：

姓名	英语	数学
刘*	>80	>=85

当是等于（＝）关系时，等号"＝"可以省略。当某个字段名下没有条件时，允许空白，但是不能加上空格，否则将得不到正确的筛选结果。

对于字符字段，其下面的条件可以用通配符"*"及"?"。字符的大小比较按照字母顺序进行，对于汉字，则以汉语拼音为顺序，若字符串用于比较条件中，必须使用双引号""。

②组合条件。如果需要使用多重条件在数据表中选取记录，就必须把条件组合起来。其基本的形式有如下两种：

- 在同一行内的条件表示 AND（"与"）的关系。例如，要筛选出所有姓刘并且英语成绩高于 80 分的人，条件表示为：

姓名	英语
刘*	>80

如果要建立一个条件为某字段的值的范围，必须在同一行的不同列中为每一个条件建立字段名。例如，要筛选出所有姓刘并且英语成绩在 70～79 分的人，条件表示为：

姓名	英语	英语
刘*	>=70	<80

- 在不同行内的条件表示 OR（"或"）的关系。例如，要筛选出满足条件姓刘并且英语分数大于等于 80 分或者英语分数低于 60 分的人，这时组合条件在条件区域中表示为：

姓名	英语
刘*	>=80
	<60

如果组合条件为：姓刘或英语分数低于 60 分，在条件区域中则写成：

姓名	英语
刘*	
	<60

由以上的例子，可以总结出组合条件的表示规则如下：

规则 A：当使用数据表不同字段的多重条件时，必须在同一行的不同列中输入条件。

规则 B：当在一个数据表字段中使用多重条件时，必须在条件区域中重复使用同一字段名，这样可以在同一行的不同列中输入每一个条件。

规则 C：在一个条件区域中使用不同字段或同一字段的逻辑 OR 关系时，必须在不同行中输入条件。

4）高级筛选操作。高级筛选的操作步骤如下：

- 按照前面所讲的方法建立条件区域。
- 在数据表区域内选定任意一个单元格。
- 在"数据"选项卡的"排序和筛选"组中单击"高级"按钮，弹出"高级筛选"对话框，如图 4-92 所示。如果系统默认的列表区域不正确，可单击"列表区域"文本框右侧的折叠按钮重新选择。

图 4-92　高级筛选

- 在"高级筛选"对话框中选中"在原有区域显示筛选结果"单选按钮。
- 输入"条件区域"，即单击"条件区域"文本框右侧的折叠按钮选择第一步中建立的条件区域。
- 单击"确定"按钮，即可筛选出符合条件的记录。

如果要想把筛选出的结果复制到一个新的位置，则可以在"高级筛选"对话框中选定"将筛选结果复制到其他位置"单选按钮，并且还要在"复制到"文本框中输入要复制到的目的区域的首单元地址。注意，以首单元格地址为左上角的区域必须有足够多的空位存放筛选结果，否则将覆盖该区域的原有数据。

有时要把筛选的结果复制到另外的工作表中，则必须首先激活目标工作表，然后再在"高级筛选"对话框中，输入"列表区域"和"条件区域"。输入时要注意加上工作表的名称，如列表区域为 Sheet1!A1:H16，条件区域为 Sheet1!A20:B22，而复制到的区域直接为 A1。这个 A1 是当前的活动工作表（如 Sheet2）的 A1，而不是源数据区域所在的工作表 Sheet1 的 A1。

在"高级筛选"对话框中，选中"选择不重复的记录"复选框后再筛选，得到的结果中将剔除相同的记录（但必须同时选择"将筛选结果复制到其他位置"此操作才有效）。这个特性使得用户可以将两个相同结构的数据表合并起来，生成一个不含有重复记录的新数据表。此时筛选的条件为"无条件"，具体做法是：在条件区只写一个条件名，条件名下面不要写任何的条件，这就是所谓的"无条件"。

例如，在期末成绩表中，要求使用高级筛选，将总分大于 680 分且英语或数学分数大于 140 分的数据记录筛选到新的位置。

具体操作步骤如下：

1）先建立筛选条件区域 G26:I28，条件区域如图 4-93 所示。

数学	英语	总分
>140		>680
	>140	>680

图 4-93　成绩筛选的条件区域

2）选择工作表中的任一单元格。在"数据"选项卡的"排序和筛选"组中单击"高级"按钮，弹出"高级筛选"对话框。

3）在"高级筛选"对话框中，设置"列表区域""条件区域"和"复制到"3个文本框中的内容，如图4-94所示。

	A	B	C	D	E	F	G	H	I
1	学号	姓名	语文	数学	英语	化学	物理	总分	平均分
2	1688804	李军	146.3	145.5	144.2	148.4	140	724.4	144.88
3	1688806	白伟	148.8	131	149.3	141.2	139.9	710.2	142.04
4	1688811	王怡	147.1	128.1	140.3	149.4	131.2	696.1	139.22
5	1688803	代贵阳	130.4	138.1	136.1	141.1	146.2	691.9	138.38
6	1688815	雷浩	146.4	145.8	127.6	134.7	129.4	683.9	136.78
7	1688807	李奇龙	149.9	125.4	138.2	138.8	131.5	683.8	136.76
8	1688812	邹易平	147	122.2	146.2	142.5	125.9	683.8	136.76
9	1688805	何凡	128.7	149.7	121	133.2	149.8	682.4	136.48
10	1688817	肖岁于	133.3	127.7	145.6	147.9	126.3	680.8	136.16
11	1688820	代炜	137.2	129.5	128	140.9	137.2	672.8	134.56
12	1688810	黎林	126.7	121.2	146.5	131.2	142.2	667.8	133.56
13	1688808	唐鑫煜	144.4	126.1	130.1	141.7	121.1	663.4	132.68
14	1688813	张娅翔	130.8	138	147.4	123.7	122	661.9	132.38
15	1688801	梁静	148.4	121	128.6	126.8	133.9	660.7	132.14
16	1688818	龙波	129.4	139.8	120.2	138.1	131.6	659.1	131.82
17	1688819	张豪	120.2	137.1	146.5	132.6	120.4	656.8	131.36
18	1688809	陈泽	128.2	135.2	124.1	121.7	147.5	656.7	131.34
19	1688814	赵彩辉	126.8	130.4	138.3	133	125	653.5	130.70
20	1688802	李秦	123.3	130.8	127.8	126.6	143.9	652.4	130.48
21	1688816	魏坤	126.8	127.9	121.7	128.1	123.1	627.6	125.52

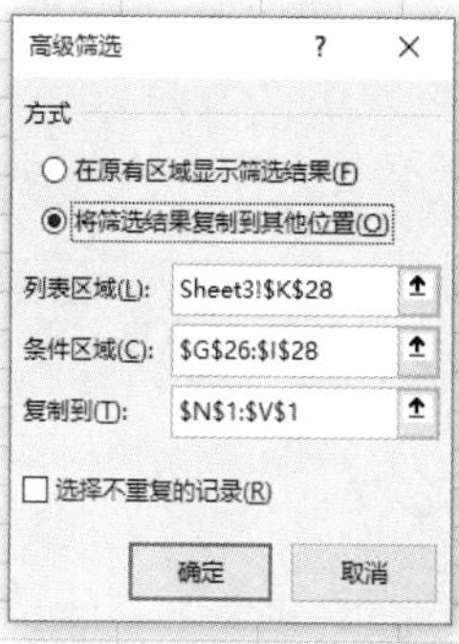

高级筛选 对话框：

方式
○ 在原有区域显示筛选结果(F)
● 将筛选结果复制到其他位置(O)

列表区域(L)：Sheet3!$K$28
条件区域(C)：$G$26:$I$28
复制到(T)：$N$1:$V$1

□ 选择不重复的记录(R)

确定　　取消

图4-94 "高级筛选"对话框

4）单击"确定"按钮，"复制到"区域内就出现了筛选结果，如图4-95所示。

N	O	P	Q	R	S	T	U	V
学号	姓名	语文	数学	英语	化学	物理	总分	平均分
1688804	李军	146.3	145.5	144.2	148.4	140	724.4	144.88
1688806	白伟	148.8	131	149.3	141.2	139.9	710.2	142.04
1688811	王怡	147.1	128.1	140.3	149.4	131.2	696.1	139.22
1688815	雷浩	146.4	145.8	127.6	134.7	129.4	683.9	136.78
1688812	邹易平	147	122.2	146.2	142.5	125.9	683.8	136.76
1688805	何凡	128.7	149.7	121	133.2	149.8	682.4	136.48
1688817	肖岁于	133.3	127.7	145.6	147.9	126.3	680.8	136.16

图4-95 高级筛选结果

3. 分类汇总

分类汇总是指将数据表中的记录先按某个字段进行排序分类，然后再对另一字段进行汇总统计。汇总的方式包括求和、求平均值、统计个数等。

例如，要将如图4-96所示的学生考试报名表按班级分类统计出报考科目数。操作步骤如下：

	A	B	C	D	E
1	班级	学号	姓名	性别	报考科目
2	18移动1班	1801591	周超	男	3
3	18移动1班	1801617	任丽	女	2
4	18移动1班	1801619	范欣然	男	3
5	18移动1班	1801633	姚澳	男	1
6	18移动2班	1801543	杨洋	男	1
7	18移动2班	1801588	陶万清	男	3
8	18移动2班	1801589	黄江	男	2
9	18软件1班	1801801	李豪	男	2
10	18软件1班	1801817	王玉杰	男	3

图4-96 报考情况表

（1）全部选中工作表数据，在"数据"选项卡的"排序和筛选"组中单击"排序"按钮，主要关键字设为"班级"，次序为"升序"，将学生记录进行排序。

（2）在"数据"选项卡中单击"分类汇总"按钮，弹出"分类汇总"对话框，如图 4-97 所示。

（3）在"分类字段"下拉列表中选择"班级"字段。注意，这里选择的字段就是在第一步排序时的主关键字。在"汇总方式"下拉列表中选择"求和"。在"选定汇总项"列表框中选定"报考科目"复选框。

（4）单击"确定"按钮即可。分类汇总的结果如图 4-98 所示。

图 4-97　"分类汇总"对话框

1 2 3		A	B	C	D	E
	1	班级	学号	姓名	性别	报考科目
	2	18移动1班	1801591	周超	男	3
	3	18移动1班	1801617	任丽	女	2
	4	18移动1班	1801619	范欣然	男	3
	5	18移动1班	1801633	姚澳	男	1
	6	18移动1班 汇总				9
	7	18移动2班	1801543	杨洋	男	1
	8	18移动2班	1801588	陶万清	男	3
	9	18移动2班	1801589	黄江	男	2
	10	18移动2班 汇总				6

图 4-98　分类汇总结果

可以单击汇总表左上角的"123"三个数字键，分别查看三种视角的分类汇总数据。

如果要撤销分类汇总，可以在"数据"选项卡的"分级显示"组中单击"分类汇总"按钮，进入如图 4-97 所示"分类汇总"对话框后，单击"全部删除"按钮即可恢复原来的数据清单。

4. 数据透视表

数据透视表是一个功能强大的数据汇总工具，用来将数据表中相关的信息进行汇总，而数据透视图是数据透视表的图形表达形式。当需要用一种有意义的方式对成千上万行数据进行说明时，就需要用到数据透视图。

分类汇总虽然也可以对数据进行多字段的汇总分析，但它形成的表格是静态的、线性的，数据透视表则是一种动态的、二维的表格。在数据透视表中，建立了行列交叉列表，并可以通过行列转换以查看源数据的不同统计结果。

例如，以如图 4-99 所示的学生期末报考数据为数据源，建立一个数据透视表，按学生的性别和班级分类统计出报考人数和报考科目数。

操作步骤如下：

（1）打开工作表，在"插入"选项卡中单击"表格"功能区中的"数据透视表"下三角按钮。

（2）从弹出的下拉列表中单击"数据透视表"选项，弹出"创建数据透视表"对话框（如

图 4-100 所示），单击"选择一个表或区域"单选按钮，选择 A1:J16 单元格区域，单击"新工作表"单选按钮，最后单击"确定"按钮。

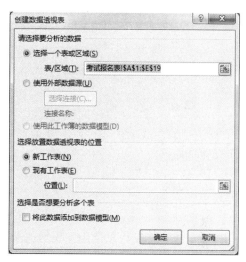

	A	B	C	D	E
1	班级	学号	姓名	性别	报考科目
2	18软件1班	1801801	李豪	男	2
3	18软件1班	1801817	王玉杰	男	3
4	18软件1班	1801801	李豪	男	2
5	18软件1班	1801819	李朝鑫	男	3
6	18软件2班	1801768	李成佳	男	2
7	18软件2班	1801769	何有为	男	2
8	18软件2班	1801772	张中秋	男	2
9	18软件2班	1801775	龚元禧	男	3
10	18软件2班	1801786	代禧龙	男	1
11	18移动1班	1801591	周超	男	3
12	18移动1班	1801619	范欣然	男	3
13	18移动1班	1801633	姚澳	男	1
14	18移动2班	1801543	杨洋	男	1
15	18移动2班	1801588	陶万清	男	3
16	18移动2班	1801589	黄江	男	2
17	18软件3班	1801725	陈卓伦	女	3
18	18软件3班	1801757	刘禹	女	3
19	18移动1班	1801617	任丽	女	2

图 4-99 期末考试报考情况统计表　　　　　图 4-100 数据透视表区域设置

（3）在新的工作表中会显示出"数据透视表字段"任务窗格，可以把列出的字段根据分类的方式拖放到对应的区域，如图 4-101 所示。

图 4-101 数据透视表设计界面

（4）拖动"性别"和"班级"到"行"标签，拖动"姓名"和"报考科目"到"值"标签，如图 4-102 所示。

（5）因为姓名是文本字符，Excel 自动理解了对它是计数操作，而报考科目是数值型数据，Excel 自动推荐了求和。如果 Excel 的建议方式不对，可以单击标签边的黑色箭头，通过其弹出菜单进行设置。

当行和值字段确定后，一张数据透视表就完成了，如图 4-103 所示。

在该数据透视表中，可以任意地拖动交换行、列字段，数据区中的数据会自动随着变化。通过"选项"选项卡中"工具"组的"数据透视图"按钮，可在新的工作表中生成数据透视图。

图 4-102　数据透视表字段设计

行标签	计数项:姓名	求和项:报考科目
男	15	32
18软件1班	4	10
18软件2班	5	9
18移动1班	3	7
18移动2班	3	6
女	3	8
18软件3班	2	6
18移动1班	1	2
总计	18	40

图 4-103　数据透视表效果图

数据透视表生成后，还可以方便地对它进行修改和调整，具体调整方式主要取决于用户对后期数据的需求。

4.3.2　图表

1. 图表简介

在 Excel 中，不仅可以使用二维数据表的形式反映人们需要使用和处理的信息，而且也能够用图表来形象和直观地反映信息。在 Excel 2016 功能区中用户只需选择图表类型、图表布局和图表样式，便可在每次创建图表时即刻获得专业效果。

（1）图表的概念。图表是工作表数据的图形表示，用户可以很直观、容易地从中获取大量信息。Excel 有很强的内置图表功能，可以很方便地创建各种图表，并且图表可以以内嵌图表的形式嵌入数据所在的工作表，也可以嵌入在一个新工作表上。所有的图表都依赖于生成它的工作表数据，当数据发生改变时，图表也会随着做相应的改变。

图表是采用二维坐标系反映数据，通常用横坐标 x 轴表示可区分的所有对象，如学生成绩表中的所有学生的编号或姓名，教师职称人数统计表中所有职称类别（教授、副教授、讲师、助教等），用纵坐标 y 轴表示对象所具有的某种或某些属性的数值大小，如学生成绩表中各课程的分数，教师职称人数统计表中每类职称人数的多少等。因此，常称 x 轴为分类（类别）轴，y 轴为数值轴。

在图表中，每个对象都对应 x 轴的一个刻度，它的属性值的大小都对应 y 轴上的一个高度值，因此，可用一个相应的图形（如矩形块、点、线等）形象地反映出来，有利于对象之间属性值大小的直观性比较和分析。图表中除了包含每个对象所对应的图形外，还包含有许多附加信息，如图表名称、x 轴和 y 轴名、坐标系中的刻度线、对象的属性值标注等。

（2）图表的类型。Excel 2016 提供柱形图、折线图、饼图、条形图、面积图、XY 散点图、股价图、曲面图、圆环图、气泡图和雷达图等 15 种类型的图表，而且每种图表还有若干子类型。不同图表类型适合于表示不同的数据类型。

下面将重点介绍和使用 3 种图表类型，即柱形图、折线图和饼图，学会了这些就很容易使用其他图表类型。

1）柱形图。柱形图是使用最多的图表类型，它用柱形的高低来反映数据表中每个对象同一属性的数值大小，非常便于直观比较，每个对象对应图表中的一簇不同颜色的矩形块，或上下颜色不同的矩形块，所有柱形当中的同一颜色的矩形块属于数据表中的同一属性，如各门课程分数属性等。

柱形图类型如图 4-104 所示，在柱形图的各种子类型中，有二维柱形图和三维柱形图，用户可以根据工作需要或个人偏好进行选择。

2）折线图。折线图通常用来反映数据随时间或类别而变化的趋势，如反映某个学校历年来考取高一级学校的总人数发展趋势，或反映一年 12 个月中某种菜价的变化趋势或某个产品在某个地区的某段时间内的销售量变化趋势。

折线图包含 7 个子类型，折线图中每个数据点或每截线段的高低就表示对应数值的大小，如图 4-105 所示。

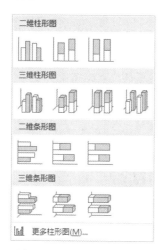

图 4-104　柱形图下拉菜单

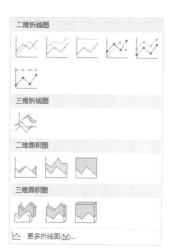

图 4-105　折线图下拉菜单

3）饼图。饼图通常用来反映同一属性中的每个值占总值（所有值之和）的比例。饼图可用一个平面或立体的圆形饼状图表示，由若干个扇形块组成，扇形块之间用不同颜色区分，一种颜色的扇形块代表同一属性中的一个对应对象的值，其扇形块面积大小就反映出对应数值的大小和其在整个饼图中的比例。

饼图的子类型有 6 种，如图 4-106 所示。

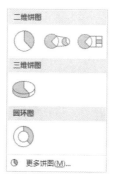

图 4-106　饼图下拉菜单

2. 创建图表

图表是在数据表的基础上使用的，当需要在一个数据表上创建图表时，首先要选择该数据表中的任一个有效数据区域（源数据区域），然后在"插入"选项卡的"图表"组中选择需要的图表类型，在弹出的下拉菜单中选择一个具体图表类型，即可创建图表。

下面以某公司的商品销售表为例（如图 4-107 所示），介绍创建图表的方法。

种类\季度	副食品	日用品	电器	服装
1季度	45,637.00	56,722.00	47,534.00	34,567.00
2季度	23,456.00	34,235.00	45,355.00	89,657.00
3季度	34,561.00	34,534.00	56,456.00	55,678.00
4季度	11,234.00	87,566.00	78,755.00	96,546.00

图 4-107　图表数据源—商品销售表

（1）选择创建图表的数据区域 A1:E5。

（2）单击"插入"选项卡"图表"功能区中的"插入柱形图和条形图"按钮，再从其弹出的下拉菜单中选择一种柱形图类型，比如"三维簇状柱形图"。

（3）系统会以默认的格式在工作表中创建图表，如图 4-108 所示。

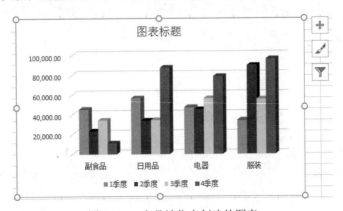

图 4-108　商品销售表创建的图表

从以上操作步骤可以看到，实际上创建图表的过程非常简单。其中的关键是要理解每种图表的意义，选择每种图表所需要的数据，了解哪些数据是图例项，了解哪些数据是水平（分类）轴标签。为了加深理解，我们可以右击图表，在右键菜单中选择"选择数据"命令，打开"选择数据源"对话框，如图 4-109 所示。

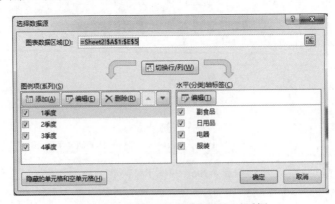

图 4-109　图表"选择数据源"对话框

从对话框中可以看出，一个图表数据源设置包括三个部分：

（1）图表数据区域。这个区域包括标题和所有的数据。

（2）图例项。这个区域反映的是图表要核心呈现的内容，如柱形图的柱上呈现的数据。

它们在水平轴数据的不同阶段有不同的值。

（3）水平（分类）轴标签。它是图例项数据变化的阶段值。

基于这个认识，我们会发现前面 Excel 默认制作的图表可能不符合日常思维习惯，我们习惯于用时间做水平轴标签，每段时间内的成果做图例项，而 Excel 总是默认数据源表格中的列标题作水平轴标签，而把行标题作图例项。如果要更改图标的显示，则单击图表"选择数据源"对话框上的"切换行/列"按钮，再单击"确定"按钮完成设定。修改后的图标如图 4-110 所示。

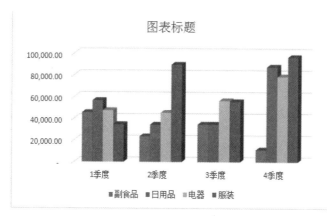

图 4-110　更改行列数据显示后的图表

3．图表的基本操作

图表创建以后，可以对它进行编辑修改和格式化，这样可以突出某些数据，增强人们的印象。编辑修改和格式化图表元素的主要困难在于图表上的各种元素太多，而且每种元素都有自己的格式属性。

（1）设计图表元素。在 Excel 2016 中图表可以呈现 7 类元素，但是默认情况下只显示了坐标轴、图表标题、网格线和图例。如果需要增加元素，可以通过"图表元素"下拉菜单来完成。

1）单击图表，在图表的右侧出现了三个功能图标。单击"图表元素"✚图标，则显示"图表元素"下拉菜单，如图 4-111 所示。这个菜单定义了图表上出现的元素，且单击每个元素后还可以定制。其中图表上的所有标题，包括图表标题、两个坐标轴标题都可以通过单击修改文字。

图 4-111　图表元素定义

2）在下拉菜单中勾选需要的项目即可完成操作。

（2）修改图表外观。一旦创建了一个图表，当我们选中它时 Excel 功能区就增加了两个图表工具选项卡："图表工具－设计"选项卡和"图表工具－格式"选项卡。

"图表工具－设计"选项卡是使用最多的图表选项卡，通过它我们可以快速地改变图表的外观，包括布局、样式、行列数据和图表类型，如图 4-112 所示。

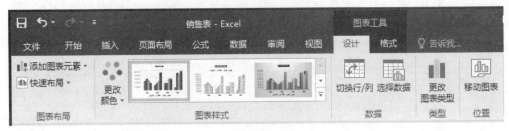

图 4-112 "图表工具－设计"选项卡

1）快速布局。快速布局是在不改变图表现有样式的情况下，将图表各元素的呈现位置和内容做出调整。Excel 2016 里提供了 10 种布局，鼠标移动到一种布局上，即可看到图表的变化，如果需要使用单击该布局即可。在"图表工具－设计"选项卡的"图表布局"功能区中单击"快速布局"按钮，即可打开如图 4-113 所示的下拉菜单。

图 4-113 图表"快速布局"下拉菜单

2）更改样式。Excel 对每一种类型的图表都提供了多种预置的样式供用户选用，可以通过它们在不改变类型和布局的情况下快速更改外观。

在"图表工具－设计"选项卡的"图表样式"功能区单击垂直滚动条下的"其他"按钮，打开"图表样式"下拉菜单，如图 4-114 所示。

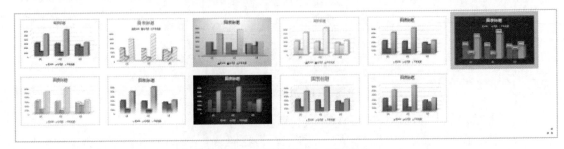

图 4-114 "图表样式"下拉菜单

3）更改图表类型。如果图表制作完成后，对原来选择的子类型或大类型都不满意的话都可以随时更换。在"图表工具－设计"选项卡的"类型"功能区单击"更改图表类型"按钮，即可打开"更改图表类型"对话框，如图 4-115 所示。

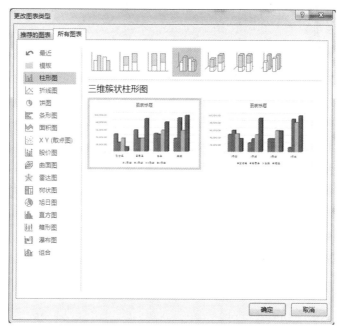

图 4-115　"更改图表类型"对话框

　　用户可以先在 15 种大类型中选择，然后再选择其子类型，选定后单击"确定"按钮即可完成更改。需要注意的是，每种图表都有其特点和局限，不是所有的图表都可以相互转换，例如前文中的商品销售表就不适合转换为饼图。

4.3.3　Excel 2016 打印设置

　　Excel 的打印和 Word 文档的打印有很大不同，因为 Excel 工作表是一个整体，而 Word 文档的每页内容是自然分开的。Word 中每个页面的高度宽度都很明确，Excel 中则不然，需要进行很多设置才能打印出较好的效果。

　　Excel 打印设置的两种方式包括在"页面布局"选项卡进行设置和手动调节行列高度和宽度。

1．Excel 页面布局

　　Excel 的"页面布局"选项卡，包括"主题""页面设置""调整为合适大小""工作表选项"和"排列"五个选项组，如图 4-116 所示。

图 4-116　"页面布局"选项卡

　　其中和打印直接相关的是中间三项，而"主题"和"排列"选项组主要影响排版阶段。

（1）页面设置。

1）"页边距"下拉菜单主要功能是设置 Excel 页面的内容在纸张上的呈现位置，即内容和上下左右四方的距离及页眉页脚的高度，如图 4-117 所示。

"页边距"下拉菜单中预设了三种方案：常规、宽和窄。三种方案适用于大多数情况，需要时可以直接选择对应的方案应用生效。如果都不符合需要，可以单击"自定义边距"进行手动设定，如图 4-118 所示。

图 4-117　页边距列表

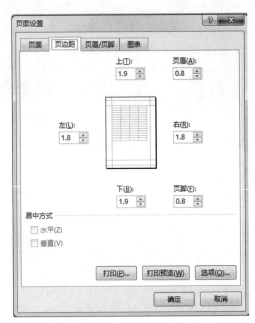

图 4-118　"页面设置"对话框

当打印页面没有占满打印区域时，还可以根据需要选择适合的居中方式让打印出的内容更好看。

2）纸张方向。和 Word 打印类似，Excel 可以设置"纵向"或"横向"打印，前者是默认方式。当打印内容较窄时，一般选择"纵向"打印。而当页面内容较宽，超过了纸张的宽度时，就应该选择"横向"打印，用更宽的幅面去打印内容，这种情况下每页的高度就减少了。

3）纸张大小。一般情况下办公室最常用 B5、A4、A3 纸张，不同的纸张意味着不同的高度和宽度，更换纸张后在相同页面设置情况下，打印区域各不相同，因此需要根据打印内容的不同选择对应的纸张。

需要注意的是，这里设置的纸张大小和打印机中放置的纸张大小是不同概念，设置的纸张大小影响的是排版的区域，因此我们可以将不同纸张大小的内容在同一台打印机上通过 A4 纸打印出来。当然只有当纸张设置和打印机里的纸张规格相同时，打印效果最佳。如果两种纸张不同，则打印时需要进行缩放的设置，后面再进行介绍。

选好纸张后，可以通过"文件"菜单的"打印"菜单项进行打印预览，查看是否所有内容都显示在打印页面上，如图 4-119 所示。

进行了打印预览再返回编辑状态后，可以看到打印范围的虚线，如图 4-120 所示的右边界虚线。如果虚线在数据列中间，即表示一行内容无法在一个页面上完整打印。

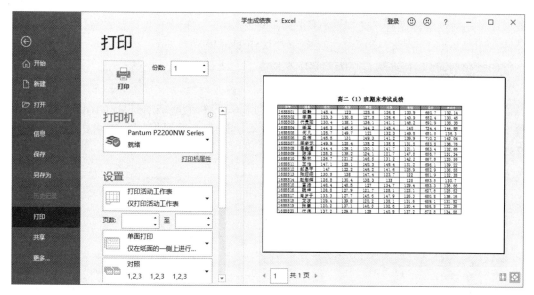

图 4-119　打印预览

高二（1）班期末考试成绩								
学号	姓名	语文	数学	英语	化学	物理	总分	平均分
1688801	梁静	148.4	123	128.6	126.8	133.9	660.7	132.14
1688802	李秦	123.3	130.8	127.8	126.6	143.9	652.4	130.48
1688803	代贵阳	130.4	138.1	136.1	141.1	146.2	691.9	138.38
1688804	李军	146.3	145.5	144.2	148.4	140	724.4	144.88
1688805	何凡	128.7	149.7	121	132.3	149.8	681.5	136.3
1688806	白伟	148.8	131	149.3	141.2	139.9	710.2	142.04

图 4-120　打印范围右边界（虚线）

　　虚线外的列就是没有进入打印范围的列，这时需要调整列宽、设置页边距、设置纸张方向横向等，或者选择缩放打印。

　　4）打印区域。有时不是所有内容都需要打印，可能只需要打印一张表格的一部分，这个时候先选中要打印的区域，然后在"打印预览"界面中选择"打印选定区域"，如图 4-121 所示。

图 4-121　打印对象设置

　　5）打印标题。默认情况下 Excel 多页打印时只在第一页显示标题，其余页只有数据，这显然不利于打印后的内容阅读，我们应该给每页都打印上标题。

　　单击"页面设置"组中的"打印标题"按钮，在弹出的"页面设置"对话框的"工作表"

选项卡中单击"顶端标题行"文本框右侧的折叠按钮,在工作表中选择要设置为标题行的单元格区域,如图 4-122 所示,最后单击"确定"按钮即可生效。

打印预览时可以看到第二页中已经有了表头。

2．调整为合适大小

当工作表内容太多而无法通过调整列宽来将需要的列全部纳入打印范围时,就可以采用缩放的方式。单击"打印预览"界面最后一个下拉列表,再根据打印需求进行选择,如图 4-123 所示。

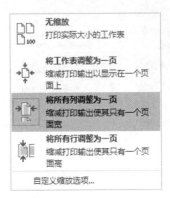

图 4-122　设置每页打印标题　　　　　　图 4-123　缩放打印设置

当所有设置完成后,单击"打印预览"界面的"打印"按钮即可开始打印。

【任务分析】

根据任务说明,核心工作就是对面试人员信息表进行数据分析,所以需要完成这几个方面工作:

(1)检查数据表,看是否有重复无效数据。

(2)招聘流程图基本不涉及数据处理,使用艺术字和 SmartArt 图形即可完成,主要考虑如何做得美观大方。

(3)应聘人员登记表内容本身没有特别之处,但是因为需要提供给公司外人员使用,最好带上公司 Logo,并且使用 Excel 保护功能锁定可编辑区域,不让用户调整其他区域,只能在规定范围内填写,便于后期自动化回收工具的使用。

(4)应聘人员登记表是其中最重要的一张表格,不仅数据重要,还需要通过数据分析掌握一些统计信息。统计信息主要包括人员的性别结构、学历结构、通过率等,一方面通过二维数据进行反应,另一方面可以通过图表进行更生动的展示。

【任务实施】

打开 Excel 2016,在桌面上创建"面试人员名单表.xlsx",双击打开并将"Sheet1"重命名为"面试人员名单表"。

(1)根据面试人员应聘结果填入所有数据并进行排版,如图 4-124 所示。

左侧编号没有使用"'001"方式,而是先设置 A3 单元格为文本格式,然后输入 001,再填充到最后,也可以设置单元格格式为自定义"000"模式再输入 1。两者区别是前者内容是文本"001"，而后者内容其实是数值"1"（数值会自动右对齐），只是显示为"001"。

	A	B	C	D	E	F	G	H	I
1					面试人员名单				
2	编号	面试者姓名	性别	年龄	毕业院校	学历	工作经验	应聘岗位	面试结果
3	001	张燕	女	25	四川大学	大专	3	行政助理	录取
4	002	李乔	女	26	西安大学	本科	4	行政助理	落选
5	003	王琴	女	28	西南交通大学	本科	6	程序员	落选
6	004	邓欣	女	30	西南交通大学	大专	8	技术主管	录取
7	005	章宁	男	26	四川大学	本科	4	程序员	录取
8	006	张容	女	28	四川大学	研究生	3	程序员	落选
9	007	郑燕	女	24	成都电子科大	本科	2	程序员	落选
10	008	刘娜	女	26	成都大学	本科	4	行政助理	录取
11	009	李维俊	男	30	四川大学	本科	8	销售经理	录取
12	010	陈心萍	女	31	西南交通大学	大专	9	技术主管	落选
13	011	王亚玲	女	28	成都电子科大	大专	6	行政助理	落选
14	012	李慷	男	29	武汉大学	本科	8	程序员	录取
15	013	王可	女	30	武汉大学	本科	8	行政助理	录取
16	014	马蓉	女	32	四川大学	本科	8	行政助理	落选
17	015	杨兴武	男	26	武汉大学	研究生	2	销售经理	落选
18	016	郭春莲	女	26	成都电子科大	大专	4	销售员	
19	017	郑海英	女	27	成都大学	大专	5	程序员	落选
20	018	刘奇	男	25	西南交通大学	研究生	1	销售经理	落选
21	019	杨兴武	男	26	武汉大学	研究生	2	销售经理	落选
22	020	张强	男	32	西安大学	本科	8	销售员	录取

图 4-124　录入面试人员结果信息

（2）使用"条件格式"的预制的"重复值"规则对面试者姓名列查重，如图 4-125 所示。因为颜色醒目，比直接姓名排序来的更直接有效。

17	015	杨兴武	男	26	武汉大学	研究生	2	销售经理	落选
18	016	郭春莲	女	26	成都电子科大	大专	4	销售员	落选
19	017	郑海英	女	27	成都大学	大专	5	程序员	落选
20	018	刘奇	男	25	西南交通大学	研究生	1	销售经理	落选
21	019	杨兴武	男	26	武汉大学	研究生	2	销售经理	落选
22	020	张强	男	32	西安大学	本科	8	销售员	录取

图 4-125　使用条件格式查重

尽管面试者重名是有可能的，但是 15 号和 19 号的其他信息都相同，确实是重复录入。所以应删除掉其中一条记录并重新填充编号（从删除行前一行往下填充即可）。

（3）可以使用"分类汇总"功能查看录取情况。为了防止破坏数据，可以先复制工作表，然后在复制出的工作表中进行操作。

1）因为"分类汇总"需要先排序后处理。先选择 A2:I21，即选中包括标题列在内所有数据，单击"数据"选项卡"排序和筛选"组的"排序"按钮。在弹出的"排序"对话框中，设置"主要关键字"为"面试结果"，升序；再添加条件，设置"次要关键字"为"应聘岗位"，升序，如图 4-126 所示。

2）单击排序对话框的"确定"按钮后，整个表格的数据就按既定条件完成了排序，如图 4-127 所示。

3）单击"数据"选项卡"分级显示"组的"分类汇总"按钮，弹出"分类汇总"对话框，设置按面试结果分类汇总，如图 4-128 所示。

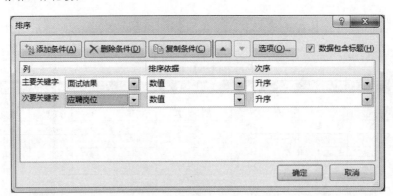

图 4-126 使用两个关键字排序

	A	B	C	D	E	F	G	H	I
1	面试人员名单								
2	编号	面试者姓名	性别	年龄	毕业院校	学历	工作经验	应聘岗位	面试结果
3	005	章宁	男	26	四川大学	本科	4	程序员	录取
4	012	李慷	男	29	武汉大学	本科	8	程序员	录取
5	001	张燕	女	25	四川大学	大专	3	行政助理	录取
6	008	刘娜	女	26	成都大学	本科	4	行政助理	录取
7	013	王可	女	30	武汉大学	本科	8	行政助理	录取
8	004	邓欣	女	30	西南交通大学	大专	8	技术主管	录取
9	009	李维俊	男	30	四川大学	本科	8	销售经理	录取
10	019	张强	男	32	西安大学	本科	8	销售员	录取
11	003	王琴	女	28	西南交通大学	本科	6	程序员	落选
12	006	张容	女	28	四川大学	研究生	3	程序员	落选
13	007	郑燕	女	24	成都电子科大	本科	2	程序员	落选
14	017	郑海英	女	27	成都大学	大专	5	程序员	落选
15	002	李乔	女	26	西安大学	本科	4	行政助理	落选
16	011	王亚玲	女	28	成都电子科大	大专	6	行政助理	落选
17	014	马蓉	女	32	四川大学	本科	8	行政助理	落选
18	010	陈心萍	女	31	西南交通大学	大专	9	技术主管	落选
19	015	杨兴武	男	26	武汉大学	研究生	2	销售经理	落选
20	018	刘奇	男	25	西南交通大学	研究生	1	销售经理	落选
21	016	郭春莲	女	26	成都电子科大	大专	4	销售员	落选

图 4-127 排序后效果

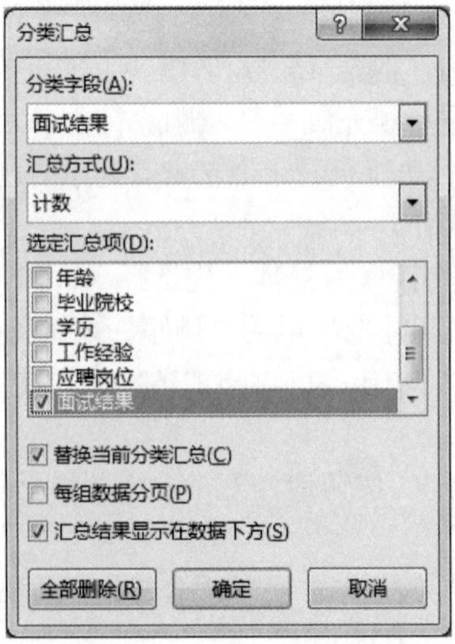

图 4-128 分类汇总对话框

基于面试结果的分类汇总设置完成后，Excel 表格数据如图 4-129 所示。

	编号	面试者姓名	性别	年龄	毕业院校	学历	工作经验	应聘岗位	面试结果
3	005	章宁	男	26	四川大学	本科	4	程序员	录取
4	012	李慷	男	29	武汉大学	本科	8	程序员	录取
5	001	张燕	女	25	四川大学	大专	3	行政助理	录取
6	008	刘娜	女	26	成都大学	本科	4	行政助理	录取
7	013	王可	女	30	武汉大学	本科	8	行政助理	录取
8	004	邓欣	女	30	西南交通大学	大专	8	技术主管	录取
9	009	李维俊	男	30	四川大学	本科	8	销售经理	录取
10	019	张强	男	32	西安大学	本科	8	销售员	录取
11								录取 计数	8
12	003	王琴	女	28	西南交通大学	本科	6	程序员	落选
13	006	张容	女	28	四川大学	研究生	3	程序员	落选
14	007	郑燕	女	24	成都电子科大	本科	2	程序员	落选
15	017	郑海英	女	27	成都大学	大专	5	程序员	落选
16	002	李乔	女	28	西安大学	本科	4	行政助理	落选
17	011	王亚玲	女	28	成都电子科大	大专	6	行政助理	落选
18	014	马蓉	女	32	四川大学	本科	8	行政助理	落选
19	010	陈心萍	女	31	西南交通大学	大专	9	技术主管	落选
20	015	杨兴武	男	26	武汉大学	研究生	2	销售经理	落选
21	018	刘奇	男	25	西南交通大学	研究生	1	销售经理	落选
22	016	郭春莲	女	26	成都电子科大	大专	4	销售员	落选
23								落选 计数	11
24								总计数	19

图 4-129　基于面试结果进行分类汇总

4）我们还可以对数据进行再次分类汇总，再全选数据区域，单击"分类汇总"按钮，设置为按"应聘岗位"分类汇总，但是对话框中不勾选"替换当前分类汇总"复选框，使得出现分类汇总的嵌套，如图 4-130 所示。

图 4-130　再次分类汇总设置

增加应聘岗位二次分类汇总后，Excel 数据如图 4-131 所示。

这样我们就可以得到详细的面试结果数据了。如果需要其他的分类汇总方式，可以创建"面试人员信息表"工作表的副本进行其他的分类汇总操作，比如对性别、毕业学校或学历层次进行分类汇总统计。

	编号	面试者姓名	性别	年龄	毕业院校	学历	工作经验	应聘岗位	面试结果
3	005	章宁	男	26	四川大学	本科	4	程序员	录取
4	012	李慷	男	29	武汉大学	本科	8	程序员	录取
5							程序员 计数	2	
6	001	张燕	女	25	四川大学	大专	3	行政助理	录取
7	008	刘娜	女	26	成都大学	本科	4	行政助理	录取
8	013	王可	女	30	武汉大学	本科	8	行政助理	录取
9							行政助理 计	3	
10	004	邓欣	女	30	西南交通大学	大专	8	技术主管	录取
11							技术主管 计	1	
12	009	李维俊	男	30	四川大学	本科	8	销售经理	录取
13							销售经理 计	1	
14	019	张强	男	32	西安大学	本科	8	销售员	录取
15							销售员 计数	1	
16								录取 计数	8
17	003	王琴	女	28	西南交通大学	本科	6	程序员	落选
18	006	张容	女	28	四川大学	研究生	3	程序员	落选
19	007	郑燕	女	24	成都电子科大	本科	2	程序员	落选
20	017	郑海英	女	27	成都大学	大专	5	程序员	落选
21							程序员 计数	4	
22	002	李乔	女	26	西安大学	本科	4	行政助理	落选
23	011	王亚玲	女	28	成都电子科大	大专	6	行政助理	落选
24	014	马蓉	女	32	四川大学	本科	8	行政助理	落选
25							行政助理 计	3	
26	010	陈心萍	女	31	西南交通大学	大专	9	技术主管	落选
27							技术主管 计	1	
28	015	杨兴武	男	26	武汉大学	研究生	2	销售经理	落选
29	018	刘奇	男	25	西南交通大学	研究生	1	销售经理	落选
30							销售经理 计	2	
31	016	郭春莲	女	26	成都电子科大	大专	4	销售员	落选
32							销售员 计数	1	
33								落选 计数	11
34							总计数	20	
35								总计数	19

图 4-131　基于应聘岗位对汇总后结果二次汇总

单击左上角的“1234”层级中的 3，可以看到如图 4-132 所示结果。

	A	B	C	D	E	F	G	H	I
1	面试人员名单								
2	编号	面试者姓名	性别	年龄	毕业院校	学历	工作经验	应聘岗位	面试结果
5							程序员 计数	2	
9							行政助理 计数	3	
11							技术主管 计数	1	
13							销售经理 计数	1	
15							销售员 计数	1	
16								录取 计数	8
21							程序员 计数	4	
25							行政助理 计数	3	
27							技术主管 计数	1	
30							销售经理 计数	2	
32							销售员 计数	1	
33								落选 计数	11
34							总计数	20	
35								总计数	19

图 4-132　分类汇总结果使用

（4）但是当面试数据太多时，看这样的分类汇总表很辛苦，我们需要汇总数据整理出来，建立结果数据表，并进行图表显示。在分类汇总表下面设计表格，如图 4-133 所示。

（5）根据面试结果汇总表建立饼图图表。

一张饼图只能显示一种数据来源，面试结果汇总表中有三个数据，所以我们要制作三个饼图。第一次选中应聘岗位和报名人数两列数据，单击“插入”选项卡“图表”组的“饼图”，选择“三维饼图”。第二次先选中应聘岗位数据，再按下 Ctrl 键选中录取人数列，然后插入同样类型饼图。第三次也用 Ctrl 键配合选中应聘岗位列和落选人数列，插入同样类型饼图。然后分别给三个饼图增加图表元素，勾选数据标签并选择“数据标注”，如图 4-134 所示。

面试结果汇总表

序号	应聘岗位	报名人数	录取人数	落选人数
001	程序员	6	2	4
002	行政助理	6	3	3
003	技术主管	2	1	1
004	销售经理	3	1	2
005	销售员	2	1	1
合计		19	8	11
比例			42.11%	57.89%

图 4-133　面试结果汇总表

图 4-134　图表元素处理

处理后的三张饼图如图 4-135 所示，因为汇总表已经有个数显示了，数据标签显示比例更合理。

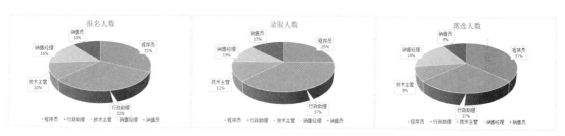

图 4-135　三个数据分析饼图

（6）如果需要同时显示几种数据，可以借助柱形图。单击"插入"选项卡"图表"组的"柱形图"，选择"三维簇状柱形图"，单击后出现柱状图。默认的柱状图不带数据标签，需要通过"图表元素"添加，并修改标题文字，如图 4-136 所示。

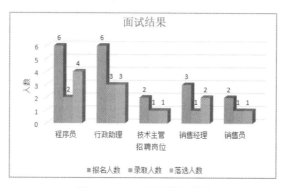

图 4-136　三维簇状柱形图

（7）将四张表格打印提交给办公室。

【任务小结】

本任务中我们主要学习了：

（1）数据处理。

（2）图表制作。

（3）打印设置。

【项目练习】

一、简答题

1. Excel 2007 中工作簿与工作表之间是什么关系？

2. 单元格的格式包括哪些内容？边框线和网格线有什么区别？

3. 函数 IF 参数如何设定？如何设置 IF 函数的嵌套？

4. 如何使用"选择性粘贴"？它与直接"粘贴"有何不同？

5. 相对地址、绝对地址和混合地址有什么不同？它们在公式复制、移动时变化规则是怎样的？

6. 如何给已绘制的图表增加或删除一个数据系列？如何修改柱形图表的背景？

二、操作题

1. 商场销售数据处理。

（1）在 Excel 的 Sheet1 工作表中输入以下表格，然后以该数据表为基础，完成相应操作。

	副食品	日用品	电器	服装	平均值
1 季度	45 637.0	56 722.0	47 534.0	34 567.0	
2 季度	23 456.0	34 235.0	45 355.0	89 657.0	
3 季度	34 561.0	34 534.0	56 456.0	55 678.0	
4 季度	11 234.0	87 566.0	78 755.0	96 546.0	
合计					

（2）在 Sheet1 工作表标题行（字段名行）前增加一行，并在 A1 单元格中输入"新新商场 2010 年销售额分类统计表"，输入完毕后，设置 A1 单元格在表格中合并后居中，并把 A1 中的字体设置为华文行楷、18 磅、蓝色。

（3）在 A2、A3 单元格中分别输入"季度"和"种类"，设置合并单元格，并添加斜线分隔。

（4）在 B2 单元格中输入"销售额（单位：元）"，使其在 B2:F2 单元格区域中合并居中。字体设置为隶书、16 磅。

（5）在 A9:F9 单元格区域分别输入文字："制表人：李佳""审核人：王小丫""日期：2010 年 8 月 1 日"，将文字设置为黑体、12 磅，居中对齐。

（6）设置 A4:A8 单元格区域和 B3:F3 单元格区域的底纹颜色为 RGB(100,155,255)，并将整个表格添加内外框线，外框为橙色（淡色 6）单实线。

（7）用公式复制的方法计算每个种类四个季度销售合计以及平均值，表中 B4:E4 单元格区域数据水平、垂直居中对齐，并设置为"货币"型，保留 1 位小数。

（8）各列宽设置为"最适合的列宽"。

（9）复制该工作表到 Sheet2，并重命名为"销售统计表"。

（10）在"销售统计表"的"平均值"右侧插入一列，列标题为"服装销售提成额"，并按销售额超过 10 万元时提成 0.5 万元，在 5～10 万元以内提成 0.2 万元，5 万元以下只提成 0.1 万元，计算 1～4 季度销售提成额。

（11）在 Sheet3 中输入以下表格内容，用"分类汇总"的方法，分类计算出不同性别的职工的总平均奖金。

序号	姓名	性别	年龄	职称	基本工资	奖金
5501	刘晓华	女	48	总裁	4 500	2 650
5502	李婷	女	39	财务部会计	1 200	565
5503	王宇	男	52	高级工程师	3 500	1 450
5504	张曼	女	44	工程师	2 000	1 250
5505	王萍	女	23	助理工程师	900	560
5506	杨向中	男	45	事业部总经理	2 700	1 256
5507	钱学农	男	25	项目经理	3 000	1 450
5508	王爱华	女	35	财务总监	3 750	2 245
5509	李小辉	男	27	助理工程师	1 000	566
5510	厉强	男	36	财务部会计	2 200	620
5511	吴春华	男	33	助理工程师	1 000	566

（12）计算出基本工资小于或等于 1500 元、1501～2499 元、2500～2999 元、大于或等于 3000 元的职工人数。

（13）筛选出所有年龄在 45 岁及以上的人的记录，并将筛选结果复制到以 A20 开头的区域中。

（14）用高级筛选的方法筛选出所有奖金数高于 2 000 元的女职工的记录，并将筛选结果的姓名、性别、职称、奖金 4 个字段的信息复制到以 A30 开头的区域中。

（15）根据第（12）题计算的结果，绘制一个饼图（生成一个新图表），表示出基本工资在各个区间内职工的分布情况，并要求在图中作出标记（人数及百分比）。

2．使用公式和函数制作九九乘法表。

1×1=1								
1×2=2	2×2=4							
1×3=3	2×3=6	3×3=9						
1×4=4	2×4=8	3×4=12	4×4=16					
1×5=5	2×5=10	3×5=15	4×5=20	5×5=25				
1×6=6	2×6=12	3×6=18	4×6=24	5×6=30	6×6=36			
1×7=7	2×7=14	3×7=21	4×7=28	5×7=35	6×7=42	7×7=49		
1×8=8	2×8=16	3×8=24	4×8=32	5×8=40	6×8=48	7×8=56	8×8=64	
1×9=9	2×9=18	3×9=27	4×9=36	5×9=45	6×9=54	7×9=63	8×9=72	9×9=81

3. 公司领导要求你对单位的员工考勤与请假情况进行管理，要求每月初打印上个月的员工月考勤表、迟到早退记录表、员工出勤概率统计表在部门进行公示。

（1）员工月考勤表。

员工月考勤表

单位：		3 月份考勤表																					
日期 姓名		01	02	03	04	05	08	09	10	11	12	15	16	17	18	19	22	23	24	25	26	29	30	31
刘凤义	上班	✓	✓	迟到	✓	✓	✓	✓	✓	✓	✓	✓	✓	✓	✓	✓	✓	✓	✓	✓	✓	✓	✓	✓
	下班	✓	早退	✓	✓	✓	✓	✓	✓	✓	✓	✓	✓	✓	✓	✓	✓	✓	✓	✓	✓	✓	✓	✓
陈秋菊	上班	✓	✓	✓	✓	迟到	✓	✓	✓	✓	✓	✓	迟到	✓	✓	迟到	✓	✓	✓	✓	✓	✓	✓	✓
	下班	✓	✓	早退	✓	✓	✓	✓	早退	✓	✓	✓	早退	✓	✓	早退	✓	✓	✓	✓	✓	✓	✓	✓
蒋玉珍	上班	✓	✓	✓	✓	✓	✓	✓	✓	✓	✓	✓	✓	✓	✓	✓	✓	✓	✓	✓	✓	✓	✓	✓
	下班	✓	✓	✓	✓	✓	✓	✓	✓	✓	✓	✓	✓	✓	✓	✓	✓	✓	✓	✓	✓	✓	✓	✓
黄茹玉	上班	✓	✓	✓	迟到	✓	✓	✓	✓	✓	✓	✓	✓	✓	✓	✓	✓	迟到	✓	✓	✓	✓	✓	✓
	下班	✓	✓	✓	✓	✓	✓	✓	✓	早退	✓	✓	✓	✓	✓	✓	✓	✓	✓	✓	✓	✓	✓	✓
何哲宇	上班	✓	✓	✓	✓	✓	✓	✓	✓	✓	✓	✓	✓	✓	✓	✓	✓	✓	✓	✓	✓	✓	✓	✓
	下班	✓	✓	✓	✓	早退	✓	✓	✓	✓	✓	✓	✓	✓	✓	✓	✓	✓	✓	✓	✓	✓	✓	✓
郝浩宇	上班	✓	✓	迟到	✓	✓	✓	迟到	✓	✓	✓	✓	✓	迟到	✓	✓	✓	✓	✓	✓	✓	✓	✓	迟到
	下班	✓	✓	✓	✓	早退	✓	✓	✓	✓	✓	✓	✓	✓	✓	✓	✓	✓	✓	✓	✓	✓	✓	✓
陈勇毅	上班	✓	✓	✓	✓	✓	✓	✓	✓	迟到	✓	✓	✓	✓	✓	✓	✓	✓	✓	✓	✓	✓	✓	✓
	下班	✓	✓	✓	✓	✓	✓	✓	✓	✓	✓	✓	✓	✓	✓	✓	✓	✓	✓	✓	✓	✓	✓	✓

要求：

1）日期只显示周末外工作日的时间。

2）正常情况打钩，非正常情况下根据情况填"迟到""早退"或"病假"等。

3）冻结表头，便于浏览。

4）打印前用条件格式将迟到、早退和各种其他情况用不同的颜色突出显示出来（有几种情况就用次条件格式）。

（2）迟到早退记录表。

员工迟到早退记录

姓名	部门	应到次数	实到次数	早退次数	迟到次数	病假次数
刘凤义	销售部	40	32	2	6	0
陈秋菊	人事部	40	31	2	5	2
蒋玉珍	销售部	40	29	2	8	1
赵俏茹	销售部	40	24	6	10	0
黄茹玉	人事部	40	27	8	5	0
何哲宇	人事部	40	30	3	4	3
郝浩宇	研发部	40	28	5	7	0
陈勇毅	研发部	40	33	2	1	4

要求：

1）除了"姓名"列外所有数据都来至其他表（使用公式和函数取得），"部门"列来自职工信息表（自行录入），考勤次数来自员工月考勤表。

2）基于表格数据制作柱形图。

（3）员工出勤概率统计表。

姓名	实到次数	早退次数	迟到次数	病假次数	出勤排名
刘风义	80.00%	5.00%	15.00%	0.00%	2
陈秋菊	77.50%	5.00%	12.50%	5.00%	3
蒋玉珍	72.50%	5.00%	20.00%	2.50%	6
赵俏茹	60.00%	15.00%	25.00%	0.00%	9
黄茹玉	67.50%	20.00%	12.50%	0.00%	8
何哲宇	75.00%	7.50%	10.00%	7.50%	5
郝浩宇	70.00%	12.50%	17.50%	0.00%	7
陈勇毅	82.50%	5.00%	2.50%	10.00%	1

要求：

1）基于员工迟到早退记录表进行设计，用公式计算出结果。

2）设计员工出勤概率统计表的柱状图，只取"姓名"和"出勤排名"两列数据。

项目五　设计 PowerPoint 幻灯片

【项目描述】

本项目将对 Microsoft Office 2016 中的演示文稿处理软件 PowerPoint 2016 的基本操作和使用技巧进行系统介绍，以三个典型的案例（制作"两弹一星"元勋介绍文档、制作生日贺卡文档和制作展销会放映文档）为基础，介绍 PowerPoint 2016 的基本概念和基本功能，包括 PowerPoint 2016 软件的启动和退出、演示文稿的创建、幻灯片的编辑和美化、幻灯片母版的制作和使用、演示文稿的放映、幻灯片发布和打包等内容。

【学习目标】

1. 掌握 PowerPoint 的启动和退出。
2. 掌握演示文稿的创建、打开、保存和关闭方法。
3. 掌握添加、删除、复制、移动幻灯片的方法。
4. 掌握在幻灯片中插入和编辑文本、艺术字、图形、图片、SmartArt 图形和表格的方法。
5. 掌握幻灯片中插入按钮、超链接的方法。
6. 掌握幻灯片中插入声音、影片等多媒体对象的方法。
7. 掌握幻灯片母版的使用方法。
8. 掌握设置自定义动画、幻灯片切换的方法。
9. 掌握设置幻灯片的放映方法。
10. 掌握幻灯片发布和打包的方法。

【能力目标】

1. 能熟练完成 PowerPoint 演示文稿的创建、打开、保存和关闭方法。
2. 会添加、删除、复制、移动幻灯片的方法。
3. 在幻灯片中插入和编辑文本、艺术字、图形、图片、SmartArt 图形和表格的方法。
4. 会用幻灯片母版使演示文稿有统一的风格。
5. 会用 PowerPoint 的超链接功能实现幻灯片间的跳转及导航功能。
6. 会在幻灯片中插入声音、影片等多媒体对象。
7. 能通过设置自定义动画、幻灯片切换等使幻灯片生动活泼。
8. 会自定义幻灯片放映。
9. 会发布和打包幻灯片。

任务 5.1　制作两弹一星元勋介绍文档

【任务说明】

赵老师准备制作一个"两弹一星"元勋人物介绍演示文档，但是他还不会使用 PowerPoint 2016，准备学习后再来制作。

【预备知识】

5.1.1　认识 PowerPoint 2016

1. PowerPoint 2016　简介

PowerPoint 2016 是微软 Office 2016 套件的核心组件之一。PowerPoint 用于设计制作专家报告、教师授课、产品演示、广告宣传的"电子版幻灯片"，制作的演示文稿可以通过计算机屏幕或投影机播放。随着办公自动化的普及，PowerPoint 的应用越来越广。

（1）功能简介。PowerPoint 是制作和演示幻灯片的软件，能够制作出集文字、图形、图像、声音以及视频等多媒体元素于一体的演示文稿，把所要表达的信息组织在一组图文并茂的画面中，多用于介绍公司的产品或展示学术成果。用户不仅可以在投影仪或者计算机上进行演示，也可以将演示文稿打印出来，制作成胶片，以便应用到更广泛的领域中。利用 PowerPoint 不仅可以创建演示文稿，还可以在互联网上召开面对面会议、远程会议或在网上给观众展示演示文稿。

（2）发展历程。PowerPoint 1.0 诞生于 1987 年，它本为苹果操作系统而开发，直到当年晚些时候才被微软公司收购，这同时也是微软公司历史上的第一次收购。从此开始了它的 Office 之旅。随着历次版本更新，它已经变得非常强大。有媒体评价它是在计算机发展史上最辉煌、最具影响力、也引来最多抱怨的软件之一。

（3）术语。在 PowerPoint 中，演示文稿和幻灯片这两个概念还是有些差别，利用 PowerPoint 做出来的东西叫作演示文稿，它是一个文件。而演示文稿中的每一页叫作幻灯片，每张幻灯片都是演示文稿中既相互独立又相互联系的内容。利用它可以更生动直观地表达内容，图表和文字都能够被清晰快速地呈现出来。可以在幻灯片中插入图画、动画、备注和讲义等丰富的内容。

2. PowerPoint 2016 的工作界面

启动 PowerPoint 2016 后，打开如图 5-1 所示的工作界面。PowerPoint 2016 的工作界面包括 PowerPoint 按钮、快速访问工具栏、标题栏、功能区、"幻灯片编辑"窗口、"幻灯片/大纲"窗格、"备注"窗格、页面缩放比例、状态栏和视图栏，下面分别进行介绍。

（1）快速访问工具栏：默认情况下，快速访问工具栏位于 PowerPoint 工作界面的顶部。它为用户提供了一些常用的按钮，如"保存""撤销""恢复"等按钮，用户单击按钮旁的下拉箭头，可以在弹出的菜单中将频繁使用的工具添加到快速访问工具栏中。

（2）标题栏：位于快速访问工具栏的右侧，用于显示正在操作的演示文稿的名称、程序名称等信息。其右侧有 3 个窗口控制按钮：最小化、最大化和关闭按钮。

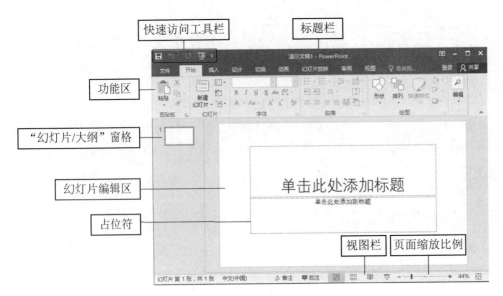

图 5-1 PowerPoint 2016 工作界面

（3）功能区：相当于之前版本的菜单与菜单栏，这是 PowerPoint 2016 中比较有特色的界面组件。选择某个选项卡可打开对应的功能区，上面有许多小功能区，为用户提供常用的命令按钮或列表框。有的工具组右下角会有一个小图标即"功能扩展"按钮，单击"功能扩展"按钮将打开相关的对话框或任务窗格，用户可以进行更详细的设置。

（4）"幻灯片/大纲"窗格："幻灯片/大纲"窗格位于"幻灯片编辑"窗口的左侧，用于显示演示文稿的幻灯片内容、数量及位置，通过它可以更加方便地掌握演示文稿的结构。它包括"幻灯片"和"大纲"两个选项卡，单击不同的选项卡可进行窗格间的切换。

（5）幻灯片编辑区：该窗口是整个工作界面最核心的部分，它用于显示和编辑幻灯片，不仅可以在其中输入文字内容，还可以插入图片、表格等各种对象，所有幻灯片都是通过它完成制作的。

（6）占位符：占位符是幻灯片窗格中一种带有虚线或阴影线边沿的方框，绝大部分幻灯片版式中均有占位符，可以在占位符方框内键入标题、正文，或者插入图片、表格等其他对象。

（7）视图栏：视图栏位于状态栏的右侧，主要用来切换视图模式，可方便用户查看演示文稿内容，其中包括普通视图、幻灯片浏览和阅读视图。

（8）页面缩放比例：位于视图按钮的右侧，主要用来显示及调整演示文稿缩放比例，默认显示比例为 100%，用户可以通过移动控制杆滑块来改变页面显示比例。

5.1.2 PowerPoint 2016 的基本操作

1. 启动 PowerPoint 2016

启动 PowerPoint 2016 的方法有很多种，常用的有以下 3 种方法：

（1）用"开始"菜单启动 PowerPoint 2016 快捷方式启动。

（2）用演示文档文件启动。在"资源管理器"或"我的电脑"里找到 PowerPoint 文档并双击，即可启动 PowerPoint 2016。

（3）用命令启动。按快捷键 Win+R 打开 Windows 运行对话框，在命令处输入"PowerPnt"。

2. 退出 PowerPoint 2016

退出 PowerPoint 2016 常用以下 2 种方法：

（1）利用"关闭"按钮。单击 PowerPoint 2016 主窗口右上角的"关闭"按钮。

（2）利用快捷键。在 PowerPoint 2016 窗口中，按快捷键 Alt+F4 也可以退出 PowerPoint 2016。

3. 创建演示文稿

创建空白演示文稿的随意性很大，能充分满足自己的需要，因此可以按照自己的思路，从一个空白文稿开始，建立新的演示文稿。

通常有 3 种创建方式：

（1）通过启动界面创建。用户每次通过快捷方式或命令打开 PowerPoint 时，程序就会自动处于如图 5-2 所示的启动界面，在这里既可以打开最近使用过的演示文档，也可以通过各种模板创建新的演示文档。

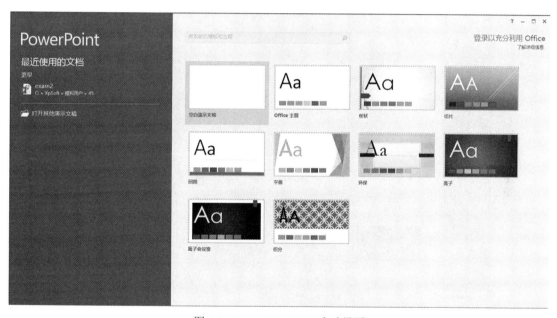

图 5-2　PowerPoint 2016 启动界面

这种方法创建的演示文档只包括一张新幻灯片页面。

（2）通过鼠标右键菜单创建。在资源管理器中通过鼠标右键菜单可以选择创建一个新的 Microsoft PowerPoint 演示文档，如图 5-3 所示。

当文件创建好后，双击该文件即可打开一个全新的、没有一张幻灯片的演示文档。

（3）通过"文件"菜单"新建"命令创建。如果 PowerPoint 已经打开了其他演示文档，则可以通过"文件"菜单的"新建"命令创建，如图 5-4 所示。

新建命令界面和 PowerPoint 的启动界面比较接近，创建方法也相同。PowerPoint 将打开一个新的窗口来呈现新建的演示文档。

图 5-3　鼠标右键菜单

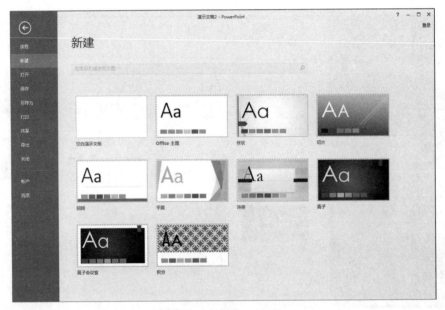

图 5-4　"新建"命令界面

4. 打开演示文稿

在 PowerPoint 窗口中打开已有 PowerPoint 演示文稿的方法有 3 种。

（1）通过启动界面中的最近使用过的记录打开。

（2）通过启动界面的"打开其他演示文档"按钮打开。

单击"打开其他演示文档"按钮后，直接进入 PowerPoint 的打开文件向导，如图 5-5 所示。

和打开 Word、Excel 一样，在这个向导中，默认处于"最近"按钮被选中状态，它将 PowerPoint 2016 最近打开过的文档都罗列了出来，单击文件名就能打开。

在这个界面上一般直接单击"浏览"按钮，接着弹出"打开"对话框，如图 5-6 所示。

默认情况下，"打开"对话框的起始路径是"文档"文件夹。通过左侧的目录可以找到对应的文件和需要打开的文档，选中后单击"打开"按钮即可打开。

图 5-5　打开文件向导

图 5-6　"打开"对话框

（3）通过"文件"菜单的"打开"命令打开。如果 PowerPoint 已经打开了其他演示文档，则可以通过"文件"菜单的"打开"命令来打开。单击"打开"命令后，其打开方法和通过启动界面的"打开其他演示文档"操作相同。PowerPoint 将创建一个新的窗口中来打开该文档。

5. 文档的保存

在 PowerPoint 2016 中打开演示文稿并进行编辑处理后，如果对演示文稿内容进行了修改，则应当将其保存起来。否则，在退出 PowerPoint 2016 后演示文稿内最新编辑的内容将丢失。

在编辑演示文稿的任何时候，都可以单击"保存"命令保存当前演示文稿或全部打开的演示文稿的内容，也可将演示文稿用另一个名字保存起来。

保存演示文稿的方法有以下 4 种：

（1）用键盘命令。按 Ctrl+S 组合键，这是最简单、最方便保存方法。

（2）单击"保存"按钮。单击"快速访问工具栏"上的"保存"按钮。

（3）利用"文件"菜单。单击"文件"菜单，在弹出的菜单中选择"保存"命令。

这三种方式的后续操作过程都一样。如果保存的是一个已经命名的演示文档，则没有任何提示，自动完成保存操作。

　　如果当前正在编辑的演示文稿还未取文件名，都将自动进入"另存为"界面，如图 5-7 所示。

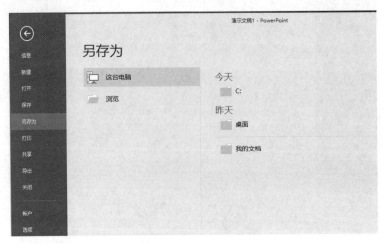

图 5-7　"另存为"界面

　　在该界面上我们可以通过单击"这台电脑"将文件保存至最近曾经保存的路径，也可以单击"浏览"按钮去保存。无论单击哪一个按钮，都会弹出一个如图 5-8 所示的"另存为"对话框。在对话框的文件夹列表中选择存放当前演示文稿的文件夹，并在"文件名"文本框中输入当前演示文稿的文件名，然后单击"保存"按钮即可。

图 5-8　"另存为"对话框

　　（4）利用"文件"菜单的"另存为"保存。如果要将当前正在编辑的演示文稿用另一个文件名保存起来，则可用鼠标单击"文件"菜单，在弹出的菜单中单击"另存为"命令。然后接下来的操作方法就和前面 3 种保存方式几乎一模一样。只有"另存为"对话框里默认的文件名和前面不同，前面三种显示的是系统推荐的名称，而方法 4 中显示的是原文件名。

5.1.3　在幻灯片中输入和编辑文本

　　在 PowerPoint 2016 中输入和编辑文本可以在普通视图的幻灯片中进行。

1. 输入文本

在 PowerPoint 2016 中输入文本有多种情况，一般采用在占位符和文本框中输入文本。可以将文本占位符理解为隐藏边框的文本框。

（1）在占位符中输入文本。单击占位符，使插入点光标移入占位符中即可输入文本，输入完毕后，单击占位符框外的任一空白区域即可。

（2）在文本框中输入文本。单击文本框，使插入点光标移入文本框中即可输入文本，输入完毕后，单击占位符框外的任一空白区域即可。

2. 设置文本格式

字体格式设置主要使用"开始"选项卡中的"字体"工具栏，如图 5-9 所示。

图 5-9 "字体"工具栏

（1）设置字体。操作步骤如下：

1）首先选择需要设置字体的文本。

2）在"开始"选项卡中的"字体"组中单击 宋体 右侧的下箭头按钮，在弹出的"字体"下拉列表中选择一种字体，如"隶书"，这样选中的文本字体就改变为"隶书"了。

（2）设置字型。PowerPoint 2016 共设置了常规、加粗、斜体、下划线和文字阴影 5 种字型，默认设置为常规字型。操作步骤如下：

1）选择要改变或设置字型的文本。

2）在"开始"选项卡中的"字体"组中单击字型按钮（**B** 表示加粗、*I* 表示斜体、<u>U</u> 表示下划线、**S** 表示文字阴影），该部分文本就变成了相应的字型。

3）除了单独设置上述 4 种字型外，用户还可以使用这 4 种字型的任意组合。

（3）设置字号大小。操作步骤如下：

1）选择要设置文字大小的文本。

2）在"开始"选项卡中的"字体"组中单击 10 右侧的下箭头按钮，在弹出的"字号"下拉列表中选择一种字号。

（4）使用"字体"对话框设置字体、字型和字号。

以上介绍的是利用"开始"选项卡中的"字体"组的快捷按钮来设置文本的字体、字型和字号，用户也可以使用"字体"对话框来设置文本的字体、字型和字号。操作步骤如下：

1）选择要设置的文本。

2）在"开始"选项卡中的"字体"组中单击"对话框启动器"按钮，弹出如图 5-10 所示的"字体"对话框。

3）单击"字体"选项卡，在"字体"栏选择中文字体和西文字体，在"字体样式"列表框中选择相应的字型，在"字号"列表框中选择需要的字号。

图 5-10　"字体"对话框

4）设置完成后，单击"确定"按钮。

（5）设置文本颜色。为了突出显示某部分文本，或者为了美观，为文本设置颜色是常用操作。PowerPoint 2016 默认的文本颜色是白底黑字。用户可根据需要，为文本设置合适的颜色。操作步骤如下：

1）选中需要设置字体颜色的文本。

2）在"开始"选项卡中的"字体"组中单击"字体颜色"按钮 **A** 右边的下箭头按钮，在弹出的"字体颜色"下拉列表中选择需要的颜色即可。

5.1.4　设置段落格式

1．设置段落对齐方式

段落有 5 种对齐方式，即左对齐、居中、右对齐、两端对齐和分散对齐。对齐方式确定段落中选择的文字或其他内容相对于缩进结果的位置。操作步骤如下：

（1）选择文字区域或将光标移到段落文字上。

（2）在"开始"选项卡的"段落"组中单击对齐方式按钮（左对齐 ≡、居中 ≡、右对齐 ≡、两端对齐 ≡、分散对齐 ≡）。

- 左对齐：段落文字从左向右排列对齐。
- 居中：段落文字放在每行的中间。
- 右对齐：段落文字从右向左排列对齐。
- 两端对齐：指一段文字（两个回车符之间）两边对齐，对微小间距自动调整，使右边对齐成一条直线。
- 分散对齐：增大行内间距，使文字恰好从左缩进排到右缩进。

2．设置段落缩进

段落缩进是指文本与页边距之间保持的距离。段落缩进包括首行缩进、悬挂缩进、左缩进和右缩进 4 种缩进方式。设置段落缩进有多种方法，这里主要介绍 3 种。

（1）使用"开始"选项卡中"段落"组中的工具按钮设置段落缩进。

1）将光标定位于将要设置段落缩进的段落的任意位置。

2）单击"增加缩进量"按钮 ，即可将当前段落右移一个默认制表位的距离。相反，单击"减少缩进量"按钮 ，即可将当前段落左移一个默认制表位的距离。

3）根据需要可以多次重复上述步骤来完成段落缩进。

（2）使用"段落"对话框设置段落缩进。

1）将光标定位于将要设置段落缩进的段落的任意位置。

2）打开"开始"选项卡，在"段落"组中单击"对话框启动器"按钮 ，弹出如图 5-11 所示的"段落"对话框。

图 5-11　"段落"对话框

3）单击"缩进和间距"选项卡，在"缩进"区域中设置缩进量。

● 文本之前：输入或选择希望段落从左侧页边距缩进的距离。

● 特殊格式：选择希望每个选择段落的第一行具有的缩进类型。单击其右边的下箭头按钮，将弹出下拉列表，其选项的含义如下：

➤ 无：把每个段落的第一行与左侧页边距对齐。

➤ 首行缩进：把每个段落的第一行按在"磅值"微调框内指定的量缩进。

➤ 悬挂缩进：把每个段落中第一行以后的各行按在"磅值"微调框内指定的量右移。

● 度量值：在其微调框中输入或选择希望第一行或悬挂行缩进的量。

4）设置完成后，单击"确定"按钮。

3．设置行间距和段间距

行间距是指段落中行与行之间的距离，段间距是指段落与段落之间的距离。

（1）设置行间距。操作步骤如下：

1）选择需要设置段落行间距的文字区域。

2）打开"开始"选项卡，在"段落"组中单击"对话框启动器"按钮 ，弹出"段落"对话框。

3）单击"缩进和间距"选项卡，在"行距"下拉列表中选择一种行间距。

● 单倍行距：把每行间距设置成能容纳行内最大字体的高度。

● 1.5 倍行距：把每行间距设置成单倍行距的 1.5 倍。

● 2 倍行距：把每行间距设置成单倍行距的 2 倍。

- 最小值：选中该选项后可以在"设置值"微调框中输入固定的行间距，当该行中的文字或图片超过该值时，PowerPoint 2016 自动扩展行间距。

- 固定值：选中该选项后可以在"设置值"微调框中输入固定的行间距，当该行中的文字或图片超过该值时，PowerPoint 2016 不会扩展行间距。

- 多倍行距：选中该选项后可以在"设置值"微调框中输入值为行间距，此时的单位为行，而不是磅。允许行距以任何百分比增减。

4）以上行间距设置完成后，单击"确定"按钮。

（2）设置段间距。段间距是指段落和段落之间的距离，在"段落"对话框中，可在"缩进和间距"选择卡的"间距"栏内设置段落间的距离。其中，"段前"表示在每个选择段落的第一行之上留出一定的间距量，单位为行。"段后"表示在每个选择段落的最后一行之下留出一定的间距量，单位为行。

5.1.5 插入和编辑文本框

1. 插入文本框

当要在幻灯片上的空白处输入文本时，必须先在空白处添加文本框。然后才能在文本框中输入文本。操作步骤如下：

（1）选择某张幻灯片。

（2）单击"插入"选项卡的"文本"组中"文本框"按钮。

（3）在弹出的下拉菜单中选择"横排文本框"或"垂直文本框"选项。

（4）此时鼠标指针将变为"†"形状，将其移动到幻灯片中需要输入文本的位置，按住鼠标左键不放，拖曳到合适大小时释放鼠标左键，即可插入一个文本框。

（5）在文本框插入点输入所需文本，输入完毕后，单击文本框外的任一空白区域即可。

2. 编辑文本框

（1）调整文本框的大小。操作步骤如下：

1）先单击文本框，此时在文本框的四周将会出现 8 个控制点。

2）将鼠标指针放在文本框左边或右边的中间控制点上，当鼠标指针变成 ←→ 形状时，按住鼠标左键不放，左右移动鼠标就可以横向缩小或放大文本框。

3）将鼠标指针放在文本框上边或下边的中间控制点上，当鼠标指针变成 ↕ 形状时，按住鼠标左键不放，上下移动鼠标就可以纵向缩小或放大文本框。

4）将鼠标指针放在文本框 4 个角的控制点上，当鼠标指针变成 ↖ 或 ↗ 形状时，按住鼠标左键不放，向内或者向外移动鼠标就可以使文本框按比例缩小或放大。

（2）移动文本框位置。操作步骤如下：

1）先单击文本框，此时在文本框的四周将会出现 8 个控制点。

2）将鼠标指针移至文本框上，当鼠标指针变成 ✛ 形状时，按住鼠标左键不放，然后移动鼠标，即可移动该文本框的位置。

3. 设置文本框形状格式

（1）选中文本框。

（2）打开"格式"选项卡，在"形状样式"组中单击"对话框启动器"按钮 ⌐，弹出"设置形状格式"浮动对话框。

（3）该对话框包括形状选项和文本选项两大类，前者有"填充与线条""效果""大小和属性"三个选项卡，如图 5-12 所示；后者有"文本填充与轮廓""文字效果"和"文本框"三个选项卡，如图 5-13 所示。

图 5-12　"设置形状格式"工具栏（形状选项）　　图 5-13　"设置形状格式"工具栏（文本选项）

5.1.6　插入各类素材

在 PowerPoint 2016 的幻灯片中可通过插入一些图形对象，如图片、艺术字、自选图形、SmartArt 图形、图表、表格等，让幻灯片更加丰富多彩，赏心悦目，提高演示效果。默认情况下幻灯片中插入的所有素材都可以幻灯片页面上自由拖动。

1. 插入本地图片文件

操作步骤如下：

（1）选择需要插入图片的幻灯片。

（2）单击"插入"选项卡，在"图片"组中单击"图片"按钮，弹出"插入图片"对话框，如图 5-14 所示。

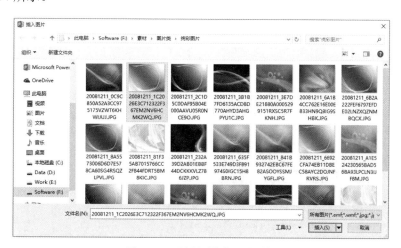

图 5-14　"插入图片"对话框

（3）在磁盘上找到需要插入的图片文件，最后单击"插入"按钮即可。

如果插入的图片互相遮挡，可以通过右键菜单设置图片的叠放顺序，如图 5-15 所示。如果希望图片做背景可以直接设为"置于底层",如果不希望被遮挡可以设为"置于顶层",其他则可以设置的"上移一层"或者"下移一层"。图片叠放原则是上一层可以遮挡下一层。

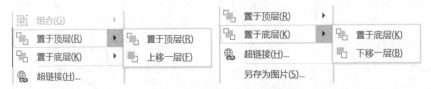

图 5-15　图片叠放层次右键菜单

2. 插入联机图片

联机图片顾名思义就是从互联网上获取图片,图片的来源可以是搜索引擎,也可以是微软的 OneDrive 个人网盘空间,如图 5-16 所示。因为用户需求的不确定性,使用搜索引擎获取图片是主要方式。

图 5-16　"联机图片"首页

操作步骤如下:

(1)选择插入图片的来源,如图 5-17 所示选择"必应图像搜索",在搜索框输入"长城"后按 Enter 键开始查询。

(2)第一次搜索结束后,对话框上就会出现过滤选项,如图 5-18 所示,灵活应用设置可以帮助我们更快检索符合要求的图片。

图 5-17　必应搜索结果

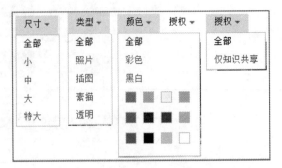

图 5-18　"搜索"对话框搜索选项

如果检索出的图片有版权问题,可以单击搜索对话框上"授权"下拉菜单,选择"全部"。搜索出满意图片后,单击该图片,勾选图片上的复选框☑(可以多选),然后单击对话框下的

"插入"按钮，图片就可以直接插入到幻灯片页面上，如图 5-19 所示。

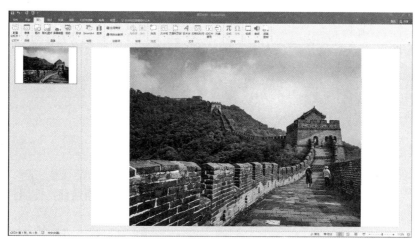

图 5-19　插入联机图片后的效果

3．插入艺术字

操作步骤如下：

（1）选择需要插入艺术字的幻灯片。

（2）单击"插入"选项卡，在"文本"组中单击"艺术字"按钮，弹出"艺术字样式"下拉列表，如图 5-20 所示。

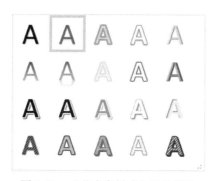

图 5-20　"艺术字样式"下拉菜单

（3）在该下拉列表中选择一种艺术字样式，即可进入艺术字文字编辑窗口，如图 5-21 所示。

图 5-21　艺术字文字编辑窗口

（4）在该窗口中输入需要插入的艺术字即可。

　如果艺术字的字体、字号等不符合要求，可通过选择"开始"选项卡，在"字体"组中进行编辑；如果需要修改艺术字的形状、样式和效果，可通过选择"绘图工具－格式"选项卡，在"艺术字样式"组进行修改。详细的编辑及设置方法与 Word 2016 中艺术字相同，在此不再赘述。

4. 插入 SmartArt 图形

SmartArt 图形在 PowerPoint 制作中非常重要，灵活应用能够取得非常好的呈现效果。操作步骤如下：

（1）单击"插入"选项卡，在"插图"功能区单击"SmartArt"按钮，弹出"选择 SmartArt 图形"对话框，如图 5-22 所示。

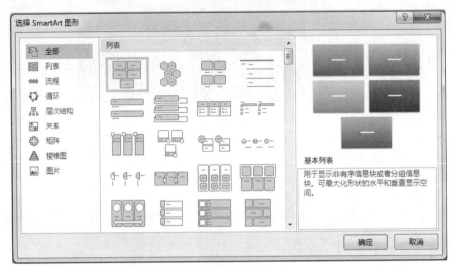

图 5-22 "选择 SmartArt 图形"对话框

（2）选择一个需要的图形模板，然后单击"确定"按钮，插入到幻灯片页面，如图 5-23 所示。

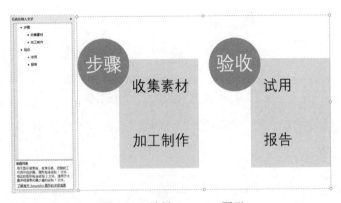

图 5-23 编辑 SmartArt 图形

初步插入的图形效果不够突出，需要进一步的设置，包括其字体、字号、颜色、样式等等，还可以通过其专有的"SmartArt 工具－设计"和"SmartArt 工具－格式"对话框进行调整。具体设置内容可以参考 Word 2016 章节。

5. 插入 Excel 图表

演示文档制作中，经常会呈现大量的数据分析结果，Excel 的各种图表是非常适合的载体。

实际应用中我们建议在 Excel 里完成各种图表的制作，毕竟 Excel 才是专业数据分析的软件，PowerPoint 擅长的是呈现。完成图表制作后通过屏幕截图直接粘贴到幻灯片上即可。操作步骤如下：

（1）在 Excel 中完成数据录入和公式运算。

（2）在 Excel 中完成图表的制作。

（3）切换到 PowerPoint 2016，单击"插入"选项卡"图像"功能区的"屏幕截图"，在其下拉菜单中"可用的视窗"中单击 Excel 窗口，如图 5-24 所示。

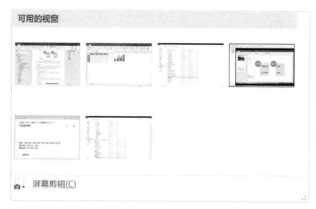

图 5-24　"屏幕截图"下拉菜单

（4）将图表截图插入到幻灯片页面上。

6．插入表格

PowerPoint 中也可以插入漂亮的表格。操作步骤如下：

（1）选择需要插入表格的幻灯片。

（2）在"插入"选项卡中的"表格"组中单击"表格"按钮，弹出下拉菜单。

（3）在该下拉菜单中拖曳鼠标选择表格的行数和列数，然后松开鼠标左键，系统就会在光标处插入表格，如图 5-25 所示。

图 5-25　创建表格效果示例

（4）此时表格中并未输入文字，用户只需输入需要的文字即可。

和插入图表同理，PowerPoint 用表格来作为容器分门别类呈现数据更合适，如果要做数据分析则还是建议使用 Excel 进行，处理完毕后截图到幻灯片即可。

5.1.7　编辑幻灯片

幻灯片的编辑操作主要有幻灯片的插入、选择、移动、复制、删除等，这些操作通常都是在幻灯片浏览视图下进行的，因此在进行编辑操作前，请首先切换到幻灯片浏览视图。

1. 插入幻灯片

插入幻灯片的方法有以下几种。

（1）通过功能区插入。在普通视图或幻灯片浏览视图中选择一张幻灯片，在"开始"选项卡的"幻灯片"功能区中单击"新建幻灯片"按钮，或在按钮下的下拉菜单中选择一种幻灯片类型插入。前者只能插入默认的幻灯片类型，后者可以使用幻灯片母版中所有版式的幻灯片，如图 5-26 所示。

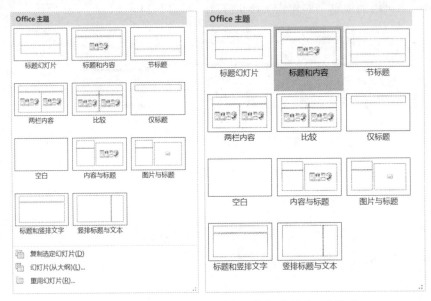

图 5-26 "新幻灯片"下拉菜单和幻灯片版式下拉菜单

版式和版面是同一概念，它指的是各种对象在幻灯片上的布局格式，即有哪些内容、如何布局。它们相当于模型，制作演示文档时所有的幻灯片都要基于某一种版式创建，创建新幻灯片后都将自动获得版式。默认情况下我们只用到"标题幻灯片"和"标题和内容"两种幻灯片版式。

如果插入的类型不正确，可以选中插入的幻灯片，然后单击"开始"选项卡"幻灯片"功能区的"版式"按钮，在下拉菜单中选择需要的类型，如图 5-26 所示，单击后即可完成更改。

（2）在幻灯片大纲目录中选中一张幻灯片并右击，在弹出的菜单上选择"新建幻灯片"命令，如图 5-27 所示，将在当前幻灯片后插入一张默认版式的幻灯片。

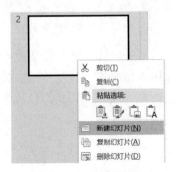

图 5-27 右键菜单插入

（3）在普通视图的"幻灯片"窗格中按 Enter 键，或按 Ctrl+M 组合键，将在当前幻灯片的后面插入一张默认版式的新幻灯片。

2. 选择幻灯片

（1）选择单张幻灯片。在"幻灯片"窗格中单击"幻灯片"缩略图即可选择该张幻灯片。

（2）选择多张连续的幻灯片。在"幻灯片"窗格中，单击要连续选择的第 1 张幻灯片，按住 Shift 键不放，再单击连续选择的最后一张幻灯片，两张幻灯片之间的所有幻灯片均被选中。

（3）选择多张不连续的幻灯片。在"幻灯片"窗格中，单击要连续选择的第 1 张幻灯片缩略图，按住 Ctrl 键不放，依次单击要选择的其他幻灯片缩略图，被单击的所有幻灯片均被选中。

（4）选择全部幻灯片。在"幻灯片"窗格或幻灯片浏览视图中，按 Ctrl+A 组合键可将所有的幻灯片全部选中。

3. 移动与复制幻灯片

（1）移动与复制幻灯片的区别。移动幻灯片可在组织演示文稿时用来调整幻灯片位置。复制幻灯片则可快速制作相似或相同的幻灯片。两者操作过程类似但效果却大不同。通常情况下，采用"鼠标拖曳法"和"快捷菜单法"来完成幻灯片的移动和复制操作。

（2）移动幻灯片。打开演示文稿，切换到幻灯片浏览视图方式。单击选中要移动的幻灯片，用鼠标拖曳幻灯片到需要的位置释放鼠标左键即可。

（3）复制幻灯片。选择需要复制的幻灯片，再分别选择右键快捷菜单"复制"和"粘贴"命令，将所选幻灯片复制到演示文稿的其他位置或其他演示文稿中（只有在幻灯片浏览视图或大纲视图下才能使用复制与粘贴的方法）。

在演示文稿的排版过程中，可以通过移动或复制幻灯片，来重新调整幻灯片的排列次序，也可以将一些已设计好版式的幻灯片复制到其他演示文稿中。

4. 删除幻灯片

删除不需要的幻灯片，只要选中要删除的幻灯片，选择右键快捷菜单"删除幻灯片"命令或按 Delete 键即可。如果误删除了某张幻灯片，可单击快速访问工具栏的"撤销"按钮。

【任务分析】

经过前面的知识准备，我们现在学会了基本的 PowerPoint 操作了，就用已经学习的知识来完成任务。

主要工作包括：

（1）创建文档。

（2）设计封面。

（3）设计目录页。

（4）设计正文页面。

（5）设计封底感谢页面。

【任务实施】

1. 创建演示文稿

（1）打开 PowerPoint 2016，在启动封面选择直接创建"空白演示文稿"。

（2）单击快速访问工具栏中的"保存"按钮，最后将保存到指定目录，并命名为"两弹元勋.pptx"。

2. 封面幻灯片的制作

（1）封面效果最好是醒目或者震撼。

1）单击"插入"选项卡，在"图像"组中单击"图片"按钮，通过"插入图片"对话框将准备好的三张封面图片素材插入第一张幻灯片（两张是 PNG 图片，可以不规则显示），如图 5-28 所示。

图 5-28　封面插入了 3 张图片效果

2）第一张图片和幻灯片页面一样大，遮挡了标题文字占位符，所以将其设置为"置于底层"。

3）拖动第二张红旗图片到幻灯片下部配合第一张图片效果。

4）拖动拳头图片到幻灯片的左边。

（2）录入标题文字并排版。

1）单击封面上第一个占位符，输入封面标题"两弹一星元勋"，设置为微软雅黑、72 号、加粗、红色。

2）单击第二个占位符，输入封面副标题"致敬！致敬！致敬！"，设置为微软雅黑、24 号、红色。

3）适当调整占位符位置，如图 5-29 所示。

3. 第 2 张幻灯片的制作

（1）单击幻灯片大纲中的封面，使用 Ctrl+M 组合快捷键增加一张新幻灯片。因为封面（标题幻灯片）已经存在，新增的新幻灯片自动为"标题和内容"类型幻灯片。

（2）插入封面使用的图片素材中的背景图和拳头图，新增一个加油图，并调整好叠放、大小与位置，如图 5-30 所示。

图 5-29　幻灯片封面效果图

图 5-30　目录页背景效果

（3）删除幻灯片上的占位符。

（4）再插入凸显文字效果的文字背景图，调整好次序。其中目录红色背景图，插入后可以通过 3 次复制粘贴产生四个，调整好其位置和间距，如图 5-31 所示。

图 5-31　目录布置效果

（5）分别在新插入的图片上插入文本框，大标题用微软雅黑、44 号字，目录用微软雅黑、白色字，如图 5-32 所示。

图 5-32　目录页制作效果

提示：可以用 SmartArt 图形来做目录，目录上文字也可以用艺术字。

4. 第 3 张幻灯片的制作

在幻灯片大纲目录中，选中第二张，鼠标右键新增一张幻灯片。

（1）删除占位符，并插入相同背景图片。

（2）插入"火箭发射"图片，调整好大小。

（3）单击图片工具"格式"选项卡上的"裁剪"按钮，选择"裁剪为形状"，选择"椭圆"形状。

（4）单击"插入"选项卡中"插图"功能区上的"形状"按钮，在弹出的菜单中选择"椭圆"形状，并按住 Shift 键在幻灯片页面上画出一个正圆。

（5）在圆形的"格式"选项卡上"形状填充"选择"深红"，右键菜单"设置形状格式"，将"线条"的值设为"无线条"，去掉边框。

（6）右击圆形，在弹出菜单上选"编辑文字"，输入"两弹一星"，设置为微软雅黑、48号、加粗。

（7）幻灯片上插入两个文本框，对两弹一星的过去含义和现在含义进行介绍，分别设置微软雅黑、28 号字和微软雅黑、24 号字。

（8）在两个文本框下插入两个填充"深红"的"无线条"的长矩形形状，存托文字，如图 5-33 所示。

图 5-33　正文页面设计效果

5. 其他正文幻灯片设计

其他幻灯片的设计都可以参照第三张的制作方式，灵活应用图片、形状、文本框来呈现内容。

6. 保存演示文稿

单击快速访问工具栏中的"保存"按钮即可。

【任务小结】

（1）本任务主要介绍了：PowerPoint 2016 演示文稿的创建和保存、图片的插入、占位符的使用、文本框的使用、文字设置、形状设计、图片裁切等。

（2）本任务中幻灯片的制作、排版、设置方法多样，读者可以用不同的方法进行练习。

任务 5.2　制作生日贺卡文档

【任务说明】

公司每个月都会给本月过生日的所有员工开庆祝会，发生日礼物。公司委托你制作会议的背景演示文档，在会议上播放。

【预备知识】

5.2.1　美化演示文档

一个完整专业的演示文稿，有很多地方需要进行统一风格，如幻灯片中相同的背景、配色和文字格式等。

1. 幻灯片背景设置

幻灯片的背景设置应与演示文稿的题材、内容相匹配，用来确定整个演示文稿的主要基调。PowerPoint 2016 可以通过设计模板为所有的幻灯片设置统一的背景，也可以为每一张幻灯片设置不同的背景颜色，可以采用一种或多种颜色，也可以采用纹理或图案甚至计算机中的任意图片文件来做背景等。

操作步骤如下：

（1）单击"空白演示模板"建立一个新的演示文档。

（2）选择"设计"选项卡，在"自定义"组中单击"设置背景格式"按钮，弹出"设置背景格式"面板，如图 5-34 所示，可以设计纯色、渐变色、图片、纹理或图案背景。

（3）选择一种填充模式，如选择"图片或纹理填充"，则所有幻灯片的背景变为默认的纹理填充。

（4）单击"文件"按钮，通过弹出的"插入图片"对话框，浏览选择图片后即可实现背景图片效果，如图 5-35 所示。

（5）当前设定下，背景只对选中的幻灯片生效，如果希望背景效果应用于每个页面，单击面板下方的"全部应用"按钮即可。

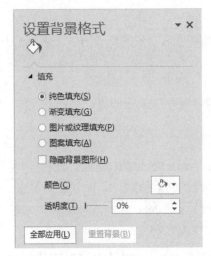

图 5-34 "设置背景格式"侧边工具栏

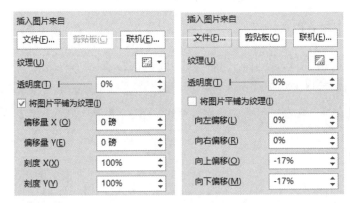

图 5-35 设置纹理或背景图

2. PowerPoint 模板

通过设置背景颜色或图片确实可以对整个演示文档效果有改善，但美化操作中还需要设置很多细节。通过前面任务的学习，我们已经知道要制作出漂亮的演示文档，需要每张幻灯片都精心设计，需要背景、占位符布局、颜色等等综合协调的搭配，如果每次制作都这样进行将非常辛苦。因此，为方便使用、减轻工作负担的模板应运而生。

所谓 PowerPoint 模板是扩展名为".pot"或".potx"的一个或一组幻灯片的模式或设计图。模板可以包含版式、主题颜色、主题字体、主题效果、背景样式，甚至可以包含内容。当我们新建演示文档的时候就可以参考这些模板，当创建好后就具备了一定的基础效果。

PowerPoint 2016 提供了一系列的模板，包括我们使用的"空白演示文档"也是一种模板，并且联网后还可以下载更多的模板下来，甚至您可以创建自己的自定义模板，然后存储、重用并共享给他人。

（1）使用模板创建新文档，如图 5-36 所示。

（2）预览效果。单击某一模板按钮，就会弹出模板预览效果，如图 5-37 所示，同一个模板也有几种细分的方案，可以单击查看，对当前模板不满意也可以单击"向前"或"向后"箭头切换预览模板。

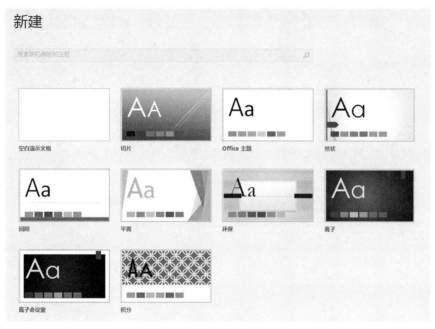

图 5-36　模板选择

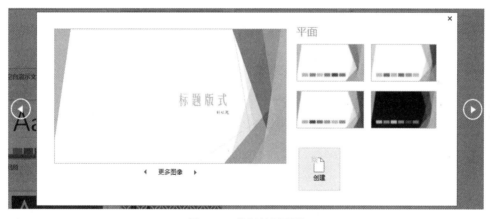

图 5-37　模板效果预览

（3）用模板创建新文档。当选定好模板后，单击"创建"按钮就可以创建出应用该模板的新文档。不同模板创建的演示文档，其版式内容也不相同，如图 5-38 所示。

3. 幻灯片的主题

在 PowerPoint 2016 中，主题是一组格式选项，它包含一组主题颜色、一组主题字体（包括标题和正文文本字体）和一组主题效果（包括线条和填充效果），甚至还包括版式，效果上非常类似于模板。但是模板的概念大于主题，即模板都拥有主题，但是主题不是模板。为已经创建的演示文档应用主题后，只会改变其风格，而不会在原文档的幻灯片上增加内容（背景和颜色不算）。

PowerPoint 2016 内置了很多非常漂亮的主题供大家选择使用，通过应用内置主题，我们可以快速轻松地设置整个演示文稿的格式以使其具有一个专业且现代的外观。

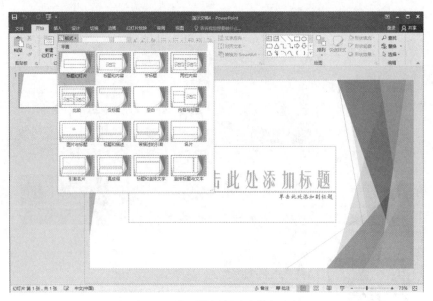

图 5-38　使用模板创建出的新文档

操作步骤如下：

（1）打开一个用"空白演示文档"模板制作的幻灯片，切换到"幻灯片浏览"视图，如图 5-39 所示。

图 5-39　应用主题前效果

（2）选中其中一张幻灯片，切换到"设计"选项卡，单击"主题"组中列表框的"其他"按钮，弹出"主题"下拉列表。

（3）在弹出的下拉列表中选择一种主题样式，如选择"离子"主题，则该主题将会被应用于所有幻灯片，如图 5-40 所示。

图 5-40　应用"离子"主题后效果

4. 幻灯片母版设计

在实际应用中，不管我们采用什么模板或主题，页面风格可能都无法完全满足个性化的需求。如果希望对现有的主题进行个性化的改造，则需要用到母版。演示文档所有的幻灯片都是基于各种版式创建的，而母版简单来说就是所有版式的集合，修改母版就是修改版式。

母版是演示文稿中所有幻灯片或页面格式的底版，包含所有幻灯片的公共属性和局部信息。当对母版前景和背景颜色、图形格式、文本格式等属性进行重新设置时，会影响到所有相应的每一张幻灯片、备注页或讲义部分。

（1）母版类型。PowerPoint 2016 提供了 3 种母版：幻灯片母版、讲义母版和备注母版，对应于幻灯片母版的类型，有 3 种视图，即幻灯片母版视图、讲义母版视图和备注母版视图。讲义母版和备注母版属于专有用途母版，通常情况下我们只需要调整幻灯片母版。

（2）修改幻灯片母版。幻灯片母版控制的是包含标题幻灯片在内的所有幻灯片格式。当我们往母版的某一个版式上增加了内容，则应用该版式的幻灯片都会增加该内容。反之，如果在某个版式上删除了某些内容，所有基于这个版式的幻灯片上都会失去这个内容。因此我们修改母版的目的是实现共性，如果只是某几张幻灯片需要呈现的效果，就不应该通过修改母版来完成。

修改幻灯片母版，需要进入幻灯片母版视图。这里我们以"两弹一星元勋"演示文档任务为例介绍母版的修改。具体操作步骤如下：

1）新建一个空白的"两弹一星元勋"演示文档。

2）选择"视图"选项卡，在"母版视图"功能区中单击"幻灯片母版"按钮，即可进入如图 5-41 所示幻灯片母版视图。

图 5-41　"幻灯片母版"视图

注意，幻灯片母版视图左侧列表中的第一张母版页面和其他版式母版页不同，形式上其他页面是从属于第一页的。我们可以把第一个页面当作整个母版的总纲，对第一个页面设置的内容会自动对其他所有版式页生效，单独修改其他版式页母版，则只影响该版式页母版一页。

3）设置共同背景。选中母版视图中的第一页，再单击"幻灯片母版"选项卡下"背景"功能区的"背景样式"按钮，弹出下拉菜单，如图 5-42 所示。

4）单击下拉菜单的"设置背景格式"命令。接下来的操作就和普通幻灯片设置背景操作一样了，我们设置最大的图片为公共背景。在没有单击"全部应用"的情况下，所有其他版式母版都已经获得了相同的背景效果，如图 5-43 所示。

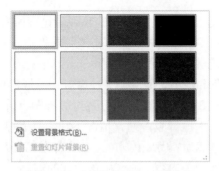

图 5-42　"背景样式"下拉菜单

图 5-43　公共背景设置

在前面任务中，首页和其他页面的装饰图片选用和大小都有差异，所以就不统一设置，而是分别在"标题幻灯片 版式"和"标题和内容 版式"中去设置。

5）选中"标题幻灯片 版式"，切换到"插入"选项卡，单击"图像"功能区中的"图片"按钮，通过"插入图片"对话框插入红旗和拳头图片，调整位置与叠放次序。

6）分别调整标题和副标题的占位符位置，选中它们后，通过"开始"选项卡修改它们的字体为微软雅黑，字色为红色，如图 5-44 所示。

图 5-44　修改"标题幻灯片 版式"

7）选中"标题和内容 版式"，因为后面排版时基本没有使用它的标题和内容占位符，所以选中这两个内容并删除（可以鼠标右键菜单单击"剪切"命令，或按键盘 Delete 键）。

8）完成所有设定后，单击"幻灯片母版"选项卡"关闭"功能区的"关闭母版视图"按钮，结束母版编辑。

此时的幻灯片标题页面已经改变，新增一个幻灯片页面后，可以发现新增标题和内容幻灯片页面的效果也符合需要了，修改工作达到目的。

5.2.2　添加动画效果

用户可以对幻灯片上的文本、图形、图像、图表等设置动画效果，这样可以突出重点，控制信息的流程，并提高演示文稿的交互性和趣味性。

1.　快速设置对象动画

操作步骤如下：

（1）选中幻灯片中要设置动画效果的对象，例如选中一个文本框，如图 5-45 所示。

图 5-45　动画对象

（2）在"动画"选项卡的"动画"组中单击"其他"按钮，弹出下拉菜单，如图 5-46 所示。

图 5-46　"动画"下拉菜单

（3）在弹出的下拉列表中选择需要的动画选项，例如在"进入"组中选择"飞入"。

（4）单击"预览"功能区中的"预览"按钮，可以看到所选对象从幻灯片底部快速飞入。

2.　制作"动作路径"动画

相对普通的动画来说，"动作路径"动画的制作要麻烦一点。

（1）在幻灯片上插入一个椭圆，按下 Shift 键拖出一个正圆，单击"格式"选项卡上"形状样式"功能区的"形状效果"，在弹出的下拉菜单中选择"预设"→"预设 2"。

（2）单击"动画"选项卡上"高级动画"功能区上的"添加动画"，在弹出的下拉菜单中选择"动作路径"中的"形状"路径。

（3）调整动画的形状路径的宽度和高度。

（4）为了方便查看动画路径，通过"插入"选项卡上"插图"功能区的"形状"，插入一个椭圆，设置它的填充色为无，边框为红色虚线。

（5）调整椭圆的大小和位置，让它和形状路径重合，并设置叠放次序为"向下一层"。

（6）单击"预览"按钮查看动画效果。

3. 动画设置

添加动画后还需要进行设置，才能更好实现效果。完成两个动画后，设置自定义动画的方法如下：

（1）在"动画"选项卡上，单击"高级动画"功能区的"动画窗格"，则所有已添加的动画描述都会显示在左侧打开"动画窗格"面板上，如图 5-47 所示。

（2）右击"动画窗格"面板的第一条信息，弹出动画设置菜单，如图 5-48 所示。

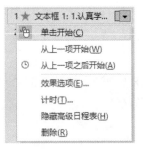

图 5-47　"动画窗格"面板　　　　　　　图 5-48　动画设置菜单

（3）单击菜单中的"效果选项"，弹出"动画效果"对话框，如图 5-49 所示。

图 5-49　"动画效果"对话框

（4）在对话框中"效果"选项卡上设"方向"为"自底部"；"计时"选项卡上设"开始"为"单击时"；"正文文本动画"选项卡上设"组合文本"为"作为一个对象"。

完成设置后，测试动画发现形状路径动画在单击时启动。如果要改变它们的动画顺序，则直接在"动画窗格"面板上把第二个动画拖到第一个动画前面即可（也可以用面板上的上下方向按钮交换顺序）。

5.2.3　设置幻灯片切换效果

幻灯片切换效果是指演示文稿播放过程中幻灯片进入和离开屏幕时产生的视觉效果。可为每一张幻灯片设计不同的切换效果，也可为一组幻灯片设计相同的切换效果。

1. 制作切换效果

幻灯片切换效果通过"切换"选项卡完成，如图 5-50 所示。

图 5-50　"切换"选项卡

（1）选中需要设置切换动画的幻灯片缩略图。

（2）在"切换"选项卡中的"切换到此幻灯片"组中单击"其他"按钮 ，弹出如图 5-51 所示的下拉菜单。

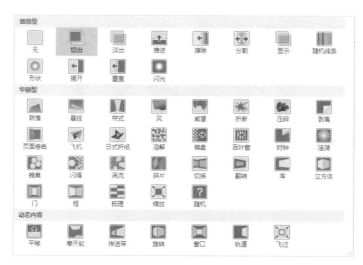

图 5-51　"切换"下拉菜单

（3）在该下拉菜单中选择一种切换动画效果即可。

（4）若要把这种切换动画效果应用到所有幻灯片，单击"计时"组中的"全部应用"按钮即可。

2. 向幻灯片切换效果添加声音

（1）在工作区左边的幻灯片导航区窗格中选中需要设置切换动画声音的幻灯片缩略图。

（2）在"计时"组中选择"声音"下拉菜单中选择一种声音即可。

3. 幻灯片换片方式

幻灯片的换片方式主要有两种：单击鼠标和自动换片。

（1）在工作区左边的幻灯片导航区窗格中选中需要设置切换方式的幻灯片缩略图。

（2）在"计时"组的"换片方式"下选择一种方式即可。如果选择了"设置自动换片时间"，则必须在后面的组合框中输入自动换片时间。

4. 设置幻灯片切换速度

若要设置幻灯片切换速度，在"持续时间"组合框中输入持续时间即可。

5.2.4 添加音频和视频

幻灯片中除了包含文本和图形、和谐的配色、富有创意的设计外，还可以包含音频和视频内容。使用这些多媒体元素，可以使幻灯片的表现力更丰富。

1. 添加音频

在制作幻灯片时，可以插入剪辑声音、播放 CD 乐曲，以及为幻灯片录制配音等，使幻灯片声情并茂。

（1）录制音频。操作步骤如下：

1）单击"插入"选项卡，在"媒体"功能区中单击"音频"按钮。

2）在弹出的下拉菜单中选择"录制音频"选项（需要连接麦克风），弹出"录制声音"对话框，如图 5-52 所示。

图 5-52 "录制声音"对话框

3）单击对话框上的名称文本框，键入录音名称，然后单击"录音"按钮 ● 开始录音。

4）当声音录制完成，单击"结束录音"按钮后再单击"确定"按钮，录音文件就会被插入到当前幻灯片上，呈现一个喇叭图标。单击喇叭图标，功能区多了 2 个音频工具选项卡，常用的是"播放"选项卡，如图 5-53 所示。

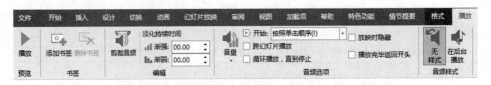

图 5-53 "播放"选项卡

5）通常勾选"放映时隐藏"，并设置"开始"为"自动"。

（2）添加外部音频文件。在幻灯片中添加外部声音文件，即保存在计算机硬盘中的声音文件，如 MP3、旁白声音等。

操作步骤如下：

1）单击"插入"选项卡，在"媒体"组中单击"音频"按钮。

2）在弹出的下拉列表中选择"PC 上的音频"选项。

3）打开"插入声音"对话框，在其中找到需要插入音频的路径和文件名，单击"插入"按钮。

4）此时幻灯片上将显示一个声音图标，单击它可以通过"播放"选项卡配置播放方式。

2. 添加视频

在幻灯片中主要可以插入两种影片，一种是 PowerPoint 剪辑管理器中自带的影片，另一种是文件中的影片，其添加方法与声音相似。

（1）插入联机视频。操作步骤如下：

1）单击"插入"选项卡，在"媒体"组中单击"视频"按钮。

2）在弹出的下拉菜单中选择"联机视频"选项，弹出如图 5-54 所示"插入视频"对话框。

图 5-54　"插入视频"对话框

3）联机视频获得是互联网上的视频，通过 YouTube 搜索或者选择"来自视频嵌入代码"，然后把视频的复制粘贴到文本框中，再单击前进箭头都可以完成。

（2）插入 PC 上的视频。操作步骤如下：

1）单击"插入"选项卡，在"媒体"组中单击"视频"按钮。

2）在弹出的菜单中选择"PC 上的视频"选项。

3）打开"插入视频文件"对话框，在找到需要插入视频的路径和文件名，单击"插入"按钮。

4）此时幻灯片上将显示一个视频窗口，如图 5-55 所示。单击和插入音频一样，功能区多了 2 个视频工具选项卡，常用的是"播放"选项卡。

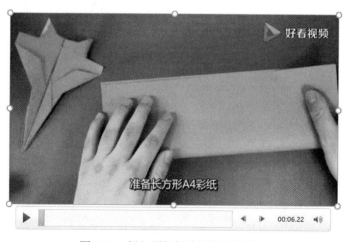

图 5-55　插入到幻灯片里的视频窗口

5）单击如图 5-56 所示的"播放"选项卡，设置"开始"为"自动"，并选中"播放完返回开头"。

图 5-56　视频"播放"选项卡

【任务分析】

经过前面的知识准备，我们就可以制作漂亮的生日庆祝演示文档了。主要任务包括：

（1）准备工作（素材）：过生日的员工相片多张、公司 logo 1 张、音频文件 1 个、视频文件 1 个。

（2）使用生日类模板创建演示文档。

（3）修改创建好文档的母版，加入公司 logo 和其他信息。

（4）在第一页插入生日音频，让它全程循环播放。

（5）给每个过生日的员工一个大特写，并插入工作生活精彩照合集和一段小视频。

（6）最后致谢。

【任务实施】

1. 创建演示文稿

（1）打开 PowerPoint 2016，在"搜索联机模板和主题"文本框中输入"生日相册"后按 Enter 键。

（2）在搜索出的生日模板中选择出满意的一款，比如选择如图 5-57 所示的第一个模板。

图 5-57　搜索出的生日类模板

（3）单击"生日相册"模板，在弹出的预览窗口再单击"创建"按钮，创建出基于该模板的演示文档，如图 5-58 所示。

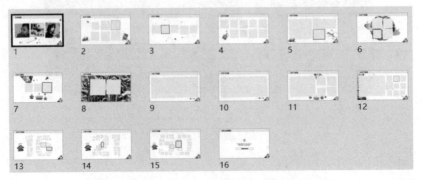

图 5-58　基于生日相册模板创建出的演示文档

（4）单击"快速工具栏"的保存按钮，将文档保存到工作目录中，并命名为"2020 年 12 月生日庆祝"。

2. 母版设计

（1）单击"视图"选项卡，在"幻灯片母版"组中单击"幻灯片母版"按钮，进入"幻灯片母版"视图，并在第一个母版页的左下角插入公司 logo 图片。

（2）检查其他母版页面制作，把调整"照片版式 3"和"照片版式 10"中遮挡 logo 处，亮出 logo。

（3）单击"幻灯片母版"选项卡，在"关闭"组中单击"关闭母版视图"按钮。

3. 第 1 张幻灯片（封面）的制作

因为默认新建的生日文档已经有 16 个页面了，所以可以直接使用其预备的页面来制作生日演示文档，根据生日同事人数选择一个符合的页面作为封面，例如这里选有 3 张照片的，并将其调整顺序到第一页。

（1）修改封面标题文本为"2020 年 12 月公司集体生日庆祝"。

（2）修改标题图片，更换默认图片为员工图片（单击选择右键菜单"更换图片"子菜单，选择"来自文件"），并按一定次序替换，如图 5-59 所示。

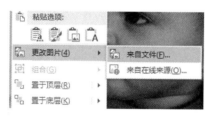

图 5-59　更换图片

（3）插入背景音频。

1）选中第 1 张幻灯片。

2）单击"插入"选项卡，在"媒体"组中单击"音频"按钮。

3）在弹出的下拉列表中选择"PC 上的音频"选项，弹出"插入声音"对话框，在该对话框中选择背景音频，在此选择"祝你生日快乐.mp3"。

4）选中"声音图标"，单击"播放"选项卡，在"音频选项"功能区中设置"开始"为自动，勾选"跨幻灯片播放""放映时隐藏""循环播放，直到停止"，封面效果如图 5-60 所示。

图 5-60　封面

4. 个人展现

根据收集到的员工学习工作生活的图片数量，给每个职工选择 9 张图片的个人展示页和满屏的视频分享页。

（1）在幻灯片浏览视图中拖动两个页面到第 2 页和第 3 页位置。

（2）选中第 2、3 页，复制，然后在第 3 页后粘贴 2 次，将 3 个人的展示页面全部准备好。

（3）单击第 2 张幻灯片，直接单击每一个相框就可以通过弹出的"插入图片"对话框插入图片，图片自动匹配相框大小，并修改图片页标题文字。

（4）单击第 3 页，单击视频框，通过"插入视频"对话框，插入该员工的精彩视频，并修改标题文字。第 2、3 页完成效果如图 5-61 所示。

图 5-61　个人展示页面

（5）用同样的方法完成另外两位员工的个人展示页面。

5. 制作致谢页面

选择最后一个页面编辑为致谢页。

（1）删除不用的元素，修改标题。

（2）插入准备的生日风格的装饰图片。

（3）插入文本框，输入感谢语，通过"开始"选项卡将其设置为微软雅黑字体、36 号、红色。

（4）选中文本框，选择"格式"选项卡，单击"形状样式"功能区的"形状效果"按钮，在弹出的菜单中选择"预设"子菜单，再选择子菜单中的"预设 9"效果，如图 5-62 所示。

图 5-62　致谢页面

6. 设置幻灯片切换

（1）选中任一张幻灯片。

（2）单击"切换"选项卡，在"切换到此幻灯片"功能区，单击"其他"按钮，在弹出的下拉菜单中选择"百叶窗"切换效果。

（3）单击"计时"功能区的"应用到全部"按钮。

7．保存演示文稿

单击快速访问工具栏中的"保存"按钮即可。

【任务小结】

（1）本任务主要介绍了：PowerPoint 2016 演示文稿的创建和保存、版式设计、母版的设计、艺术字的插入、插入幻灯片、占位符的使用、图片的插入、动画的设置方法、音视频的插入和设置。

（2）本任务中幻灯片的制作、排版、设置方法很多，读者可以用不同的方法进行练习。

任务 5.3　制作展销会放映文档

【任务说明】

小李是一名销售人员，准备参加年底的商品展销会。为了增强宣传效果，她决定在展台上播放一个公司产品和服务的宣传文档。但是展销会期间，所有人肯定都特别忙，演示文档必须能无人值守循环播放。

【预备知识】

5.3.1　设置放映方式

PowerPoint 2016 为演示文档放映提供了强有力支持，用户可以通过"幻灯片放映"选项卡设定自己需要的放映方式，如图 5-63 所示。

图 5-63　"幻灯片放映"选项卡

1．开始放映幻灯片

（1）从头开始。对打开的演示文档，不管当前处于哪一页，都直接从第一页开始放映。

（2）从当前幻灯片开始。如果一个演示文档的前面内容已经放映过了或者不需要放映，用户可以先选定起始页面，选择"从当前幻灯片开始"。

（3）联机演示。随着互联网办公的兴起，很多时候我们需要召开网络视频会议。在会议中经常会使用演示文档介绍，而"联机演示"则相当于是演示文档直播，将用户的演示文档、操作和语音一起同步演示。单击"联机演示"后跟随 Office 向导开启服务，如图 5-64 所示。当启用成功后，用户会得到一个网址，可以分享给所有参会人员。准备启动演示文稿时，请单击"启动演示文稿"。若要结束联机演示文稿，请按 Esc 以退出"幻灯片放映"视图，然后在

"联机演示"选项卡上，单击"结束联机演示文稿"。

（4）自定义幻灯片放映。在一些特殊情况下，需要挑选一些幻灯片来给用户放映。使用自定义幻灯片放映，可以使用一个演示文稿实现各不相同内容的放映。比如一门课程的讲稿，通过自定义幻灯片可做成每一堂课的专用放映。

1）单击"自定义幻灯片放映"按钮，在弹出的下拉菜单中选择"自定义放映"，打开如图 5-65 所示对话框。

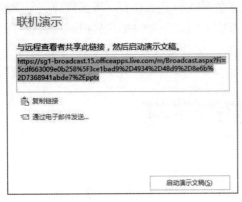

图 5-64　"联机演示"地址

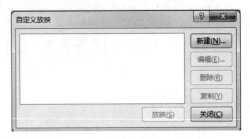

图 5-65　"自定义放映"对话框

2）单击对话框上的"新建"按钮，弹出"定义自定义放映"对话框，如图 5-66 所示，可在此创建一次自定义放映内容。在自定义内容中，不仅选择的内容可以不连续，而且还可以改变顺序，将后面的内容选到前面。

图 5-66　"定义自定义放映"对话框

3）单击"确定"完成一次自定义放映内容。可以如法炮制设置其他自定义放映内容也设置好。

4）需要自定义播放时，单击"自定义幻灯片放映"，即可在如图 5-67 所示的下拉菜单上看到前面设置的自定义项，单击其中之一即可自动进入放映模式。

图 5-67　"自定义幻灯片放映"下拉菜单

2. 设置幻灯片放映方式

PowerPoint 2016 提供了 3 种在计算机中放映演示文稿的类型：演讲者放映（全屏幕）、观众自行浏览（窗口）和在展台浏览（全屏幕）。单击"设置幻灯片放映"按钮就可以打开"设置放映方式"对话框，如图 5-68 所示。

图 5-68　"设置放映方式"对话框

（1）演讲者放映。"演讲者放映"是默认方式，因此当我们放映演示文档时会自动全屏放映。全屏放映的优点是放映效果好，不容易受其他软件的影响，缺点是无法看到其他软件的运行情况。所以在教学中一些讲练式场合就不是很适用。

（2）观众自行浏览。在"观众自行浏览"方式下，幻灯片在窗口内全屏播放，控制方式和"演讲者放映"一样，使用单击或者前后方向键控制。由于 PowerPoint 软件本身并没有全屏，所以不会遮挡住操作系统状态栏，用户很方便各种软件间切换。

（3）在展台浏览。"在展台浏览"是一种特殊的应用场景，这种方式下是假设没有人来控制幻灯片的切换的，幻灯片应该自动循环的播放。

前面在学习幻灯片切换时，我们已经知道，默认情况下幻灯片切换是需要我们单击鼠标左键或者按下方向键的，而展台不具备这个条件，所以每一页都应该设置为放映一段时间后自动换片。不仅如此，文档中其他需要按键才能进行的操作都要修改为基于时间的控制。

3. 排练计时

我们经常看到一些演讲或者比赛中，由于参加人员没有把控好时间，导致时间到了内容还没有展示完，参加人员黯然离开的场景。很多商业应用中演示文稿的时间都卡得非常紧，参加人员必须在规定时间内完成自己作品的展示和陈述。排练计时就是一种专门用来满足这种应用场景的功能，它会记录下我们使用幻灯片时的节奏，当我们确认这种节奏后，它就会自动按这种节奏放映演示文档。

操作方法：

（1）打开演示文稿，切换到"幻灯片放映"选项卡，在"设置"功能区单击"排练计时"，演示文稿开始全屏播放，并在每一页出现重新计时的小窗口，如图 5-69 所示。

（2）按适当的节奏完成所有页的播放，包括动画的切换。"排练计时"会记录下用户的行为。

（3）完成播放后，按 Esc 键结束播放时，PowerPoint 2016 会弹出对话框提示是否保留计时，如图 5-70 所示。一旦保留计时下次再就会自动按刚才录制的节奏进行播放。

图 5-69　"计时放映"

图 5-70　保留计时提示

4）如果不再需要计时的效果，我们可以通过单击"录制幻灯片演示"的下拉菜单"清除"子菜单的"清除所有幻灯片中的计时"，如图 5-71 所示。

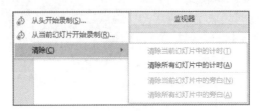

图 5-71　清除计时

提示：前文我们提到"在展台浏览"需要设置切换和修改动画的触发条件等，如果我们先将演示文档进行排练计时，然后再选择"在展台浏览"可以取得更好的效果。

4. 录制幻灯片演示

和"排练计时"相比，"录制幻灯片演示"不止能够记录播放时间，还可以录制旁白和激光笔，因此只要麦克风功能正常，可以把演讲者的演讲语言也录制下来，下一次可以脱离演讲者进行播放。这个功能也可以用在演讲之前的练习，演讲者可以知道自己的演讲效果。也就是说，幻灯片相当于有了视频的效果。

如果需要更多的信息推荐使用"录制幻灯片演示"，如果只想控制节奏，推荐使用"排练计时"。因为操作步骤基本相似，这里不再赘述。

5.3.2　导出演示文档

为了演示方便，在没有安装 PowerPoint 2016 的计算机上也能进行演示，可以将 PowerPoint 2016 演示文稿导出成其他格式。单击"文件"菜单，选择"导出"命令，可以看到导出界面，如图 5-72 所示。

图 5-72　"导出"选项

1. 导出成 PDF/XPS 文档

PDF（Portable Document Format 的简称，意为"可携带文档格式"），是由 Adobe 公司用于与应用程序、操作系统、硬件无关的方式进行文件交换所发展出的文件格式。PDF 文件以 PostScript 语言图像模型为基础，无论在哪种打印机上都可保证精确的颜色和准确的打印效果，即 PDF 会忠实地再现原稿的每一个字符、颜色以及图像。

不管是在 Windows，Unix 还是在苹果公司的 Mac OS 操作系统中，PDF 文件都是通用的。这一特点使它成为在 Internet 上进行电子文档发行和数字化信息传播的理想文档格式。越来越多的电子图书、产品说明、公司文告、网络资料、电子邮件开始使用 PDF 格式文件。

目前多数的浏览器都支持 PDF 阅读，也就是不需要专门的阅读工具了。

2. 导出成 MP4 视频

MP4 是目前非常流行的一种视频格式，使用该格式不仅不需要 PowerPoint，而且还可以自动播放，方便浏览。MP4 导出向导如图 5-73 所示。

图 5-73　导出视频向导

在向导中我们可以设置视频的分辨率，还可以选择录制方式。

3. 更改文件类型

可以将文件类型更改为普通计算机都可以打开的图片类型，将每一页都存为一张图片；也可以更改为低版本文件，方便有低版本 Office 的情况使用，如图 5-74 所示。

图 5-74　更改文件类型

【任务分析】

经过前面的知识准备，我们需要完成的主要任务包括：

（1）制作会展演示文档。

（2）使用"排练计时"设定好演示文稿的放映节奏。

（3）设置"在展台浏览"。

【任务实施】

1．制作演示文档

前面我们已经演示过制作过程，这里就不在赘述。

2．使用排练计时

（1）单击"幻灯片放映"选项卡，在"设置"功能区中单击"排练计时"。

（2）使用合适的速度完成整个演示文稿的放映。

（3）结束放映，选择保留排练计时。

3．设置"在展台浏览"

（1）单击"幻灯片放映"选项卡，在"设置"功能区中单击"设置幻灯片放映"，弹出设置对话框。

（2）在弹出的对话框中修改放映方式为"在展台浏览"。

（3）单击"确定"关闭对话框。

4．单击"从头开始"放映演示文档，检查放映效果

5．单击"快速访问工具栏"的保存按钮，保存所有设置

【任务小结】

（1）本任务主要介绍了：PowerPoint 2016 中设置放映方式和导出演示文档。

（2）本任务中幻灯片的制作、排版、设置方法不唯一，读者可以用不同的方法进行练习。

【项目练习】

1．创建演示文稿，分别以默认演示文稿模式和兼容模式，以自己的姓名为文件名保存在指定文件夹中。要求如下：

（1）以"牡丹"为主题，制作 3 张以上的幻灯片。

（2）为所有幻灯片应用"华丽"主题。

（3）每张幻灯片均要求插入剪贴画或图片，且与主题吻合。

（4）图文并茂，将所有幻灯片的切换效果设计为"推进"。

2．分别以默认演示文稿模式和兼容模式，创建"我的校园"为主题的演示文稿。以校园名称作为文件名保存在指定文件夹中。要求如下：

（1）围绕主题制作 3 张以上的幻灯片。

（2）使用模版创建该演示文稿。

（3）每张幻灯片均要求插入剪贴画或图片，且与主题吻合。

（4）图文并茂，不能只用文字或只用图片。

3．制作一个以圣诞节为主题的贺卡。要求如下：

（1）以圣诞老人为贺卡背景。

（2）添加雪花飘动的动画效果。

（3）添加背景音乐。

（4）压缩幻灯片。

（5）将幻灯片打包。

4．重阳节是我国的传统节日，请用 PowerPoint 为你的长辈制作一张问候的贺卡。将制作完成的演示文稿以"重阳节贺卡.pptx"为文件名保存。要求如下：

（1）标题及正文的文字内容自定，标题文字格式要求醒目。

（2）图片内容：能反映重阳节和祝福内容。

（3）添加超链接，幻灯片可以反方向播放。

（4）为所有幻灯片插入编号和页脚，页脚内容为"重阳节"。

（5）各对象的动画效果自定，播放时延时 1 秒自动出现。

（6）将所有幻灯片的切换效果设计为"推进"。

项目六　安全使用 Internet

【项目描述】

本项目以网络安全和 Internet 应用为背景，通过四个子项目分别让学习者学习并掌握计算机安全、Internet 基础、浏览万维网和收发电子邮件等多个方面的基础知识与技能，以任务为线索将离散的网络基础知识点串起来，使得这些知识与技能更具有代入感，让学习者能够更直观、更清晰地理解与掌握。

【学习目标】

1. 了解计算机网络的基本概念。
2. 了解因特网的基础知识。
3. 了解搜索引擎的工作原理。
4. 了解电子邮件的工作原理。
5. 了解计算机病毒的概念、特征和分类。

【能力目标】

1. 能够熟练配置计算机 IP 地址。
2. 能够熟练使用浏览器浏览网页。
3. 能够熟练使用搜索引擎检索信息。
4. 能够熟练收发电子邮件。
5. 能够使用网络安全工具维护计算机安全。

任务 6.1　认识计算机网络

【任务说明】

小李刚买了一台新机，安装了 Windows 7 操作系统和 Office 2016 办公软件，该怎样才能接入 Internet？

【预备知识】

6.1.1　认识计算机网络

从 1946 年第一台计算机出现到今天，计算机无论从功能还是从应用等方面的发展都非常惊人。现在，计算机的应用非常普遍，已经深入到人们日常生活中的各个方面。由于计算机网络技术的飞速发展，整个世界已经被大大地改变。现在，很多即便从未了解过计算机网络的人都已经熟练地运用手机进行各种网络应用——炒股、购物、学习等等。

那么，什么是"计算机网络"呢？从概念上说，计算机网络是现代计算机技术和通信技术密切结合的产物，它将分散的计算机，通过通信线路有机地结合在一起，实现相互通信和软硬件资源共享。

计算机网络是计算机的一个集合，它是由多台计算机组成的，这些计算机是通过一定的通信介质互连在一起的，计算机之间的互连使得它们彼此之间能够交换信息。互连通常有两种方式：一是有线方式，计算机间通过双绞线、同轴电缆、光纤等有形通信介质连接；二是无线方式，即通过光波、声波、电磁波等无形介质互连。

1．计算机网络的发展

计算机网络诞生于 20 世纪 50 年代中期，60 年代是广域网从无到有并迅速发展的年代，80 年代局域网取得了长足的进步，已日趋成熟，90 年代时，一方面广域网和局域网的紧密结合使得企业网络迅速发展，另一方面构成了覆盖全球的信息网络——Internet，为 21 世纪信息社会的发展奠定了基础。

计算机网络的发展经历了一个从简单到复杂的过程，从为解决远程计算信息的收集和处理问题而形成的联机系统开始，发展到以资源共享为目的而互连起来的计算机群。计算机网络的发展又促进了计算机技术和通信技术的发展，使之渗透到社会生活的各个领域。到目前为止，其发展过程大体上可分为以下四代。

（1）第一代：以单机为中心的远程终端联机系统。这种联机系统是计算机网络的雏形阶段，该阶段主要存在于 20 世纪 50 年代到 60 年代中期。在这样的系统中，除了一台中心计算机外，其余的终端都不具备自主处理的功能，在系统中主要存在的是终端和中心计算机之间的通信，其构成面向终端的计算机通信网，如图 6-1 所示。在这个时代计算机价格昂贵，而通信线路和通信设备的价格相对便宜。

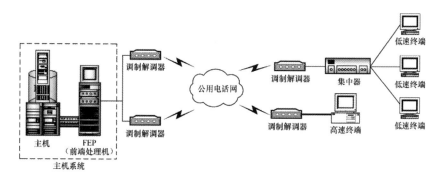

图 6-1　具有远程通信功能的多机系统

（2）第二代：多个计算机互连的通信系统。这个阶段是计算机网络的形成阶段，该阶段主要存在于 20 世纪 60 年代后期至 70 年代后期。随着计算机性能的提高和价格的下降，许多机构已经有能力配置独立的计算机。为了实现计算机间的信息交换和资源共享，这些机构将不同地理位置的计算机互联起来，由此发展到了计算机与计算机之间直接通信的阶段。多个自主功能的主机通过通信线路互连，形成资源共享的计算机网络。

第二代计算机网络的典型代表是 20 世纪 60 年代美国国防部高级研究计划局的网络 ARPAnet（Advanced Research Project Agency Network），音译为"阿帕网"，如图 6-2 所示。

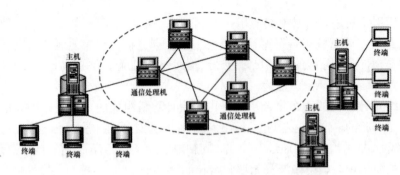

图 6-2　多个自主功能的主机通过通信线路互连

（3）第三代：国际标准化的计算机网络。这个阶段是计算机网络结构体系标准化阶段，该阶段主要存在于 20 世纪 80 年代至 90 年代初期。20 世纪 70 年代末，国际标准化组织（ISO）与原全国计算机与信息处理标准化技术委员会成立了一个专门机构，研究和制订网络通信标准，以实现网络体系结构的国际标准化。1984 年，ISO 正式颁布了称为"开放系统互连基本参考模型"的国际标准 ISO 7498，简称 OSI/RM，即著名的 OSI 七层模型，如图 6-3 所示。OSI/RM 及标准协议的制定和完善大大加速了计算机网络的发展。

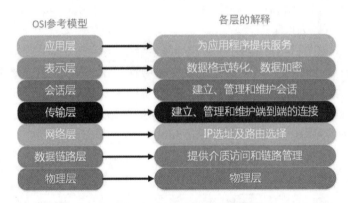

图 6-3　OSI 七层模型

（4）第四代：互联网络与高速网络。这个阶段是网络逐步从高端军事、科研、商业应用逐步向平民化普及发展的阶段，该阶段从 20 世纪 90 年代初期发展至今。这一阶段计算机网络发展的特点是：互联、高速、智能与更为广泛的应用。

2．计算机网络的功能

计算机网络不仅使计算机的作用范围超越了地理位置的限制，而且也增强了计算机本身的能力，这是因为计算机网络具有以下功能和作用。

（1）数据通信。计算机网络中的计算机之间或计算机与终端之间，可以快速可靠地相互传递数据、程序或文件，如文字信件、新闻消息、咨询信息、图片资料等。数据通信功能是计算机网络最基本的功能。

（2）资源共享。资源共享是计算机网络最重要的功能。"资源"是指网络中所有的软硬件和数据资料。"共享"是指网络中的用户都能够部分或全部地使用这些资源。

（3）实现分布式处理和负载平衡。分布式处理系统是将不同地点的，或具有不同功能的，或拥有不同数据的多台计算机通过通信网络连接起来，在控制系统的统一管理控制下，协调地完成大规模信息处理任务的计算机系统。

负载平衡是指工作被均匀地分配给网络上的各台计算机。当某台计算机负担过重或该计算机正在处理某项工作时，网络可将新任务转交给空闲的计算机来完成，这种处理方式能均衡各计算机的负载，提高信息处理的实时性。

3. 计算机网络的类型

计算机网络按照不同的分类标准，可以划分为不同的类型。常见分类标准有：按网络的地理跨度分类、按网络的拓扑结构分类、按传输介质分类等。

（1）按网络的地理跨度分类。按这种标准可以把各种网络类型划分为局域网、城域网、广域网三种。局域网一般来说只能是一个较小区域内的网络，比如一个网吧内的网络；城域网是不同地区互连的网络，比如一个城市的网络；广域网则范围更广，比如一个国家的网络。不过在此要说明，这里的网络划分并没有严格意义上地理范围的区分，只能是一个定性的概念，如图 6-4 所示。

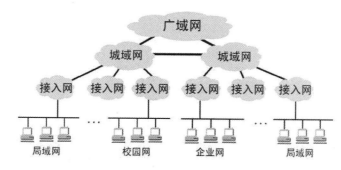

图 6-4　网络的地理跨度分类

（2）按拓扑结构分类。计算机网络的拓扑结构主要有以下 4 种：

1）总线型网络。用一条称为总线的主电缆将所有计算机连接起来的布局方式，称为总线型网络，如图 6-5 所示。所有网上计算机都通过相应的硬件接口直接连在总线上，任何一个节点的信息都可以沿着总线向两个方向传输扩散，并且能被总线中任何一个节点所接收。

总线型网络结构是被广泛使用的结构，也是主流的一种网络结构，适合于信息管理系统、办公自动化系统领域的应用。

2）环型网络。环型网中各节点通过环路接口连在一条首尾相连的闭合环形通信线路中，环路上任何节点均可以请求发送信息，如图 6-6 所示。请求一旦被批准，便可以向环路发送信息。环型网中的数据按照设计主要是单向传输。

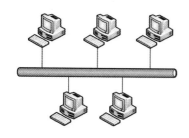

图 6-5　总线型拓扑结构

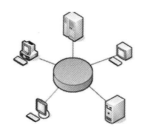

图 6-6　环型网络拓扑结构模型

　　环型网也是微机局域网络常用拓扑结构之一，适合信息处理系统和工厂自动化系统。1985年 IBM 公司推出的令牌环型网（IBM Token Ring）是其典范。

　　3）星型网络。星型拓扑是由中央节点与各节点连接组成的，各节点与中央节点通过点到点的方式连接，如图 6-7 所示。中央节点（又称中心转接站）执行集中式通信控制策略，因此中央节点相当复杂，负担比各站点重得多，中央节点故障可能会导致全网故障。

　　4）网状拓扑结构。在网状拓扑结构中，节点之间的连接是任意的，每个节点都有多条线路与其他节点相连，如图 6-8 所示。这样使得节点之间存在多条路径可选，在传输数据时可以灵活的选用空闲路径或者避开故障线路。可见网状拓扑可以充分、合理地使用网络资源，并且具有可靠性高的优点。由于广域网覆盖面积大，传输距离长，网络的故障会给大量的用户带来严重的危害，因此在广域网中，为了提高网络的可靠性通常采用网状拓扑结构。

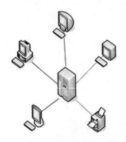

图 6-7　星型网络拓扑结构模型

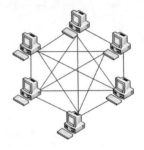

图 6-8　网状拓扑结构图

　　四种拓扑结构中，前三种都是局域网常见的拓扑结构，其中星型拓扑可以扩展为树型拓扑结构，即多层的星型拓扑结构，大多数单位采用这种拓扑结构管理局域网。而网状拓扑结构则主要应用在大型网络中，比如广域网、因特网。网状拓扑结构中的各节点实际上已经不是指普通计算机，而通常是一个子网。

　　4. 常见传输介质

　　（1）有线传输介质。有线传输介质利用金属、玻璃纤维以及塑料等导体传输信号，一般金属导体被用来传输电信号，通常由铜线制成，双绞线和大多数同轴电缆就是如此。有时也使用铝，最常见的应用是有线电视网络覆以铜线的铝质干线电缆。玻璃纤维通常用于传输光信号的光纤网络。塑料光纤（POF）用于速率低、距离短的场合。

　　1）双绞线。双绞线是局域网应用最广泛的传输介质，由具有绝缘保护层的 4 对 8 线芯组成，每两条按一定规则缠绕在一起，称为一个线对，如图 6-9 所示。两根绝缘的铜导线按一定密度互相绞在一起，可降低信号干扰的程度，每一根导线在传输中辐射的电波会被另一根线上发出的电波抵消。不同线对具有不同的扭绞长度，从而能够更好地降低信号的辐射干扰。

图 6-9　双绞线

双绞线一般用于星型拓扑网络的布线连接，两端安装有 RJ45 头（俗称水晶头），用于连接网卡与交换机，最大网线长度为 100m。如果要加大网络的范围，可在两段双绞线之间安装中继器，最多可安装 4 个中继器，连接 5 个网段，最大传输范围可达 500m。双绞线的制作规范如图 6-10 所示。

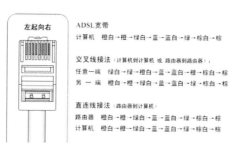

图 6-10　水晶头及其各应用场合线序

双绞线根据其是否做了电磁屏蔽处理，分为非屏蔽双绞线（UTP）和屏蔽双绞线（TP）。后者具有更高的传输质量与效率。目前最快的超六类线双绞线传输速率可以达到 10000Mbps。

2）同轴电缆。同轴电缆是局域网中较早使用的传输介质，主要用于总线型拓扑结构的布线，它以单根铜导线为内芯（内导体），外面包裹一层绝缘材料（绝缘层），外覆密集网状导体（外屏蔽层），最外面是一层保护性塑料（外保护层），如图 6-11 所示。

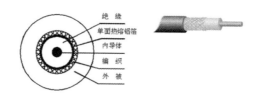

图 6-11　同轴电缆

同轴电缆有两种：一种为 75Ω同轴电缆；另一种为 50Ω同轴电缆。75Ω同轴电缆：常用于 CATV（有线电视）网，故称为 CATV 电缆，传输带宽可达 1Gbps，目前常用的 CATV 电缆传输带宽为 750Mbps。50Ω同轴电缆：常用于基带信号传输，传输带宽为 1～20Mbps。早期总线型以太网就使用 50Ω同轴电缆，传输距离在 200 米以内，而采用 75Ω同轴电缆可以达到 500 米。

3）光纤。光纤（光导纤维）的结构一般是双层或多层的同心圆柱体，由透明材料做成的纤芯和在它周围采用比纤芯的折射率稍低的材料做成的包层，如图 6-12 所示。

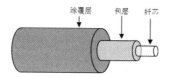

图 6-12　光纤组成图

根据光纤传输模数的不同，光纤主要分为两种类型，即单模光纤和多模光纤。

因为光纤本身比较脆弱，所以在实际应用中都是将光纤制成不同结构形式的光缆。光缆是以一根或多根光纤或光纤束制成的，符合光学机械和环境特性的结构。

光纤是目前单线传输速率最高、传输距离最远的有线传输介质。其有效传输效率和距离正在不断刷新记录。

（2）无线传输介质。无线传输介质不利用导体，信号完全通过空间从发射器发射到接收器。只要发射器和接收器之间有空气，就会导致信号减弱及失真。

1）微波。微波通信是在对流层视线距离范围内利用无线电波进行传输的一种通信方式，频率范围为 2～40GHz。微波通信与通常的无线电波不一样，它是沿直线传播的，由于地球表面是曲面，微波在地面的传播距离与天线的高度有关，天线越高距离越远，但超过一定距离后就要用中继站来接力。两微波站的通信距离一般为 30～50km，长途通信时必须建立多个中继站。中继站的功能是变频和放大，进行功率补偿，逐站将信息传送下去，如图 6-13 所示。

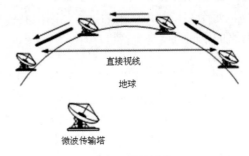

图 6-13　微波通信

微波通信网络传输速率受基站影响较大，一般可以达到 144Mbps 以上。普通无线路由器的微波速率也在 1000Mbps 以内。微波通信覆盖较广，大到卫星通信、小到蓝牙通信都属于它的范畴。

2）红外线。红外系统采用光发射二极管（LED）或激光二极管（ILD）来进行站与站之间的数据交换。红外设备发出的红外光信号（即常说的红外线）非常纯净，一般只包含电磁波或小范围电磁频谱中的光子。传输信号可以直接或经过墙面、天花板反射后，被接收装置收到。

红外线没有能力穿透墙壁和其他一些固体，而且每一次反射后信号都要衰减一半左右，同时红外线也容易被强光源给盖住。红外线传输速率通常较低，即便高速红外线传输也在 10Mbps 以内。常见的红外传输设备有鼠标、遥控器。

5. 家用网络连接设备

（1）网卡。计算机与外界局域网的连接是通过在主机箱内插入一块网络接口板（或者是在笔记本电脑中插入一块 PCMCIA 卡）来实现计算机和网络电缆之间的物理连接，为计算机之间相互通信提供一条物理通道，并通过这条通道进行高速数据传输。这个接口设备通常称为网卡，或者网络适配器。

目前绝大多数网卡都被集成在了主板上，通常不需要我们单独安装。

（2）集线器。集线器（Hub）属于纯硬件网络底层设备（OSI 模型的第一层），不具有"记忆"和"学习"的能力。它发送数据时没有针对性，采用广播方式发送。也就是说，当它要向某端口发送数据时，不是直接把数据发送到目的端口，而是把数据包发送到集线器所有端口，直接导致其有效传输效率较低。

集线器具有信号放大功能，但是由于其不具备智能性，传输介质中的有效信号和噪声都会同时被放大，因此集线器不能无限拓展网络，如图 6-14 所示。

图 6-14　集线器

（3）交换机。交换机（Switch）是集线器的升级产品，从外观上看与集线器相似。但是交换工作在数据链路层（OSI 模型的第二层），当不同的源端口向不同的目标端口发送信息时，交换机就可以同时互不影响地传送这些信息包，并防止传输碰撞，隔离冲突域，有效地抑制广播风暴，提高网络的实际吞吐量。

因为交换机工作层次高，每个端口都可以单独工作，因此其传输效率高并且能极大范围拓展网络覆盖。通常星型网络的中间点就是交换机。

（4）路由器。路由器是网络中进行网间互连的关键设备，工作在 OSI 模型的第三层（网络层），主要作用是寻找 Internet 之间的最佳传输路径。家庭用户在接入 Internet 时必须有路由设备，目前绝大多数家庭采用无线路由器来连接和扩展网络，如图 6-15 所示。

图 6-15　家用无线路由器

（5）调制解调器。调制解调器是 Modulator（调制器）与 Demodulator（解调器）的简称，中文称为调制解调器，根据 Modem 的谐音也称之为"猫"，如图 6-16 所示。它是在发送端通过调制将数字信号转换为模拟信号，而在接收端通过解调再将模拟信号转换为数字信号的一种装置。绝大多数情况下普通用户接入 Internet 都需要使用调制解调器，目前主流 Modem 是光纤 Modem，并且越来越多的 Modem 整合了无线路由器的功能（简称为"无线路由猫"）。

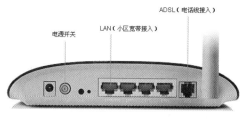

图 6-16　调制解调器

6.1.2　认识 Internet

Internet 中文正式译名为因特网，又叫做国际互联网。它是由那些使用 TCP/IP 协议互相通信的计算机网络相互连接而成的全球网络。它是一个信息资源和资源共享的集合，计算机网络只是 Internet 传播信息的载体。

一旦用户连接到 Internet 的任一个子网络上，就意味着其计算机已经连入 Internet 网上了。Internet 目前的用户已经遍及全球，有数十亿人正在使用 Internet，并且它的用户数还在快速上升中。

1. Internet 前身

Internet 前身是美国国防部高级研究计划局（ARPA）主持研制的 ARPAnet。

1957 年 10 月 5 日，苏联发射的第一颗人造地球卫星引起了冷战时期美国对于国家安全问题的恐慌。两个月后，时任美国总统艾森豪威尔向国会提出建立"国防高级研究计划署"的计划，这个计划简称"阿帕"。"阿帕"以提升国防实力为目标，获得了强大的资金支撑。其中，彻底改变人们生活方式的互联网技术也是在该计划的支持下诞生了。

当时美国军方为了自己的指挥系统在受到袭击时，即使部分系统被摧毁，其余部分仍能保持通信联系，便由美国国防部的高级研究计划局（ARPA）建设了一个军用网，叫作"阿帕网"（ARPAnet），如图 6-17 所示。阿帕网于 1969 年正式启用，当时仅连接了 4 台计算机，供科学家们进行计算机联网实验用。

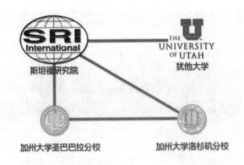

图 6-17　ARPAnet

到 20 世纪 70 年代，ARPAnet 已经有了好几十个计算机网络，但是每个网络只能在网络内部的计算机之间互联通信，不同计算机网络之间仍然不能互通。为此，ARPA 又设立了新的研究项目，支持学术界和工业界进行有关的研究。研究的主要内容就是想用一种新的方法将不同的计算机局域网互联，形成"互联网"，研究人员称之为"internetwork"，简称"Internet"。这个名词就一直沿用到现在。

2. Internet 关键协议

ARPAnet 在研究实现互联的过程中，计算机软件起了主要的作用。1974 年，出现了连接分组网络的协议，其中就包括了 TCP/IP——著名的网际互联协议 IP 和传输控制协议 TCP。这两个协议相互配合，其中，IP 是基本的通信协议，TCP 是帮助 IP 实现可靠传输的协议，如图 6-18 所示。

TCP/IP 有一个非常重要的特点，就是开放性，即 TCP/IP 的规范和 Internet 的技术都是公开的。目的就是使任何厂家生产的计算机都能相互通信，使 Internet 成为一个开放的系统。这正是 Internet 能够飞速发展的重要原因。

3. Internet 诞生

ARPA 在 1982 年接受了 TCP/IP，选定 Internet 为主要的计算机通信系统，并把其他的军用计算机网络都转换到 TCP/IP。1983 年，ARPAnet 分成两部分：一部分军用，称为 MILNET；

另一部分仍称 ARPAnet，供民用。得益于 TCP/IP 协议的优异性能和 ARPAnet 的影响力，大量的网络纷纷采用 TCP/IP 协议，并加入到 ARPAnet 中来。因为 TCP/IP 协议使用的重要历史意义，人们普遍认为 Internet 在 1983 年 1 月 1 日正式诞生。

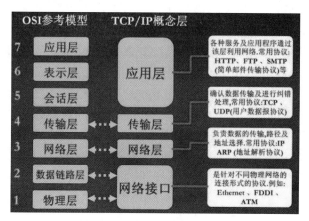

图 6-18　OSI 模型与 TCP/IP 模型

1986 年，美国国家科学基金会（NSF）将分布在美国各地的 5 个为科研教育服务的超级计算机中心互联，并支持地区网络，形成 NSFnet。1988 年，NSFnet 替代 ARPAnet 成为 Internet 的主干网。NSFnet 主干网利用了在 ARPAnet 中已证明是非常成功的 TCP/IP 技术，准许各大学、政府或私人科研机构的网络加入。由于 NSFnet 的巨大推动，Internet 在这一时期得到了飞速发展，这常被称为 Internet 第一次飞跃。

4．Internet 的商业化

Internet 的发展引起了商家的极大兴趣。1992 年，美国 IBM、MCI、Merit 三家公司联合组建了一个高级网络服务公司（ANS），建立了一个新的网络，叫做 ANSnet，成为 Internet 的另一个主干网。它与 NSFnet 不同，NSFnet 是由国家出资建立的，而 ANSnet 则是 ANS 公司所有，从而使 Internet 开始走向商业化。

Internet 的第二次飞跃归功于 Internet 的商业化。商业机构一踏入 Internet 这一陌生世界，很快发现了它在通信、资料检索、客户服务等方面的巨大潜力。于是世界各地的无数企业纷纷涌入 Internet，无数的财力物力涌入带来了 Internet 发展史上的又一个新的飞跃。

5．Internet 常用术语

Internet 是全球最大的计算机网络，它是当今信息社会的一个巨大的信息资源宝藏。作为未来全球信息高速公路的基础，Internet 已成为各国通往世界的一个信息桥梁。在使用 Internet 中我们会接触大量术语，这里将一些相对重要常用的术语进行介绍。

（1）网络协议。网络协议是网络上所有设备（网络服务器、计算机及交换机、路由器、防火墙等）之间通信规则的集合，它规定了通信时信息必须采用的格式和这些格式的意义。

（2）WWW。WWW 是环球信息网的缩写，中文名字为"万维网""环球网"等，常简称为 Web，分为 Web 客户端和 Web 服务器程序。WWW 可以让 Web 客户端（如浏览器）访问浏览 Web 服务器上的页面。

Web 并不等同 Internet，Web 只是 Internet 所能提供的服务之一。尽管如此，Web 却是 Internet 上最热门、最受欢迎的服务。Internet 能快速发展很大程度上取决于 Web 的发展。

（3）HTTP。HTTP（Hyper Text Transfer Protocol），又称为超文本传输协议。它是 Internet 上进行信息传输时使用最为广泛的一种通信协议，所有的 WWW 程序都必须遵循这个协议标准。

（4）URL。URL（Uniform Resource Locator）即统一资源定位器，它是 WWW 的统一资源定位标志，就是指网络地址。URL 由三部分组成：资源类型、存放资源的主机域名、资源文件名。例如，http://www.cqdd.cq.cn/welcome.htm 中 http://表示使用超文本传输协议，www.cqdd.cq.cn 是主机域名，welcome.htm 是服务器上一个网页的文件名。

（5）网页、网页文件和网站。网页是网站的基本信息单位，是 WWW 的基本文档。它由文字、图片、动画、声音等多种媒体信息以及超链接组成，通过超链接实现与其他网页或网站的关联和跳转。尽管网页能呈现出丰富多彩的多媒体效果，但是网页文件是用 HTML 编写的文本文件，其常见扩展名是.htm 和.html。

网站由众多不同内容的网页构成，网页的内容可体现网站的全部功能。通常把进入网站首先看到的网页称为首页或主页（Homepage），例如，我们输入 https://www.baidu.com 访问百度搜索引擎时，默认打开的页面就是百度网站的首页。

（6）HTML、超文本和超链接。HTML（HyperText Mark-up Language），即超文本标记语言，是 WWW 的描述语言，由蒂姆•伯纳斯•李提出。设计 HTML 语言的目的是为了能把存放在一台服务器各处的文本或图形等各种资源方便地联系在一起，形成有机的整体，人们不用考虑具体信息是在当前计算机上还是在网络的其他计算机上。这样，用户只要使用鼠标在某一文档中点取一个图标，Internet 就会马上转到与此图标相关的内容上去，而这些信息可能存放在网络的另一台计算机中。

超文本是用超链接的方法，将各种不同空间的文字信息组织在一起的网状文本。超文本更是一种用户界面范式，用以显示文本及与文本之间相关的内容。现在超文本普遍以电子文档方式存在，其中的文字包含有可以链接到其他位置或者文档的链接，允许从当前阅读位置直接切换到超文本链接所指向的位置。

超链接是 WWW 上的一种链接技巧，它是内嵌在文本或图像中的。通过已定义好的关键字和图形，只要单击某个图标或某段文字，就可以自动连上相对应的其他文件。

（7）FTP。FTP 又称为文件传输协议。该协议是从 Internet 上获取文件的方法之一，它是用来让用户与文件服务器之间进行相互传输文件的，通过该协议用户可以很方便地连接到远程服务器上，查看远程服务器上的文件内容，同时还可以把所需要的内容下载到用户所使用的计算机上；另一方面，如果文件服务器授权允许用户可以对该服务器上的文件进行管理，用户就可以把本地的计算机上的内容上传到文件服务器上，而且还能自由地对上面的文件进行编辑操作，如对文件进行删除、移动、复制、更名等。

（8）Telnet 协议。Telnet 协议又称为远程登录协议。该协议允许用户把自己的计算机当作远程主机上的一个终端，通过该协议用户可以登录到远程服务器上，使用基于文本界面的命令连接并控制远程计算机，而无需 WWW 中图形界面的功能。用户一旦用 Telnet 与远程服务器建立联系，该用户的计算机就享受远程计算机本地终端同样的权利，可以与本地终端同样使用服务器的 CPU、硬盘及其他系统资源。

除了远程登录计算机外，Telnet 还常用于登录 BBS 和进行远程分布式协作运算等方面。

（9）News 协议。News 协议又称为网络新闻组协议。该协议通过 Internet 可以访问成千上万个新闻组，用户可以读到这些新闻组中的内容，也可以写信给这些新闻组，各种信息都存储在新闻服务器的计算机中。

网络新闻组讨论的话题包罗万象，如政治、经济、科技、文化、人文、社会等各方面的信息，用户可以很方便地找到一个与自己兴趣爱好相符合的新闻组，并在其上表达自己的观点。

（10）Gopher。Gopher 是 Internet 上早期的一个非常有名的信息查找系统，它将 Internet 上的文件组织成某种索引，很方便地将用户从 Internet 的一处带到另一处。在 WWW 出现之前，Gopher 是 Internet 上最主要的信息检索工具，Gopher 站点也是最主要的站点。但在 WWW 出现后，Gopher 失去了昔日的辉煌，人们很少再使用它。

6.1.3　Internet 地址

Internet 是一个庞大的网络，在这样大的网络上进行信息交换的基本要求是计算机、路由器等都要有一个唯一可标识的地址，就像日常生活中朋友间通信必须有地址一样。所以，连接到 Internet 上的每一台计算机都有自己的地址。地址的表示方式有两种：一种是 IP 地址，一种是域名。

1. IPv4 地址

在 Internet 上为每台计算机指定的地址称为 IP 地址。在 TCP/IP 中规定 Internet 网中每个节点都要有一个统一格式的地址，这个地址就称为符合 IP 的地址，IP 地址是唯一的，就好像是人们的身份证号码，必须具有唯一性。

IP 地址具有固定、规范的格式。目前广泛采用的是 IPv4 版本 IP 地址，它由 32 位二进制数组成，分成 4 段，其中每 8 位构成一段，这样每段所能表示十进制数的范围最大不超过 255，段与段之间用 "."隔开。为方便表达和识别，IP 地址是以十进制数形式表示的，每 8 位为一组用一个十进制数表示。例如 61.186.170.100。

IP 地址由网络地址和主机地址两部分构成，网络地址代表该主机所在的网络号，主机地址代表该主机在该网络中的一个编号。在 32 位地址中，根据网络地址及主机地址所占的位数不同，IP 地址可分为 5 类，如图 6-19 所示。

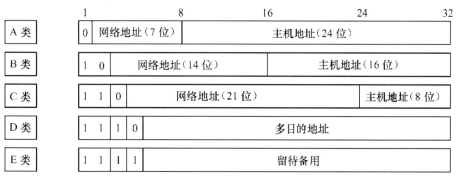

图 6-19　IP 地址的分类

（1）A 类地址：一个 A 类 IP 地址由 1 字节的网络地址和 3 字节主机地址组成。网络地址的最高位必须是 "0"，地址范围从 1.0.0.0 到 126.0.0.0。可用的 A 类网络有 126 个，每个网络能容纳 1 亿多台主机（主机地址全 0 或全 1 有特殊含义，都要排除，所以常见 "理论总数-2" 表达形式）。

（2）B 类地址：一个 B 类 IP 地址由 2 个字节的网络地址和 2 个字节的主机地址组成。网络地址的最高位必须是"10"，地址范围从 128.0.0.0 到 191.255.255.255。可用的 B 类网络有 16382 个，每个网络能容纳 6 万多个主机。

（3）C 类地址：一个 C 类 IP 地址由 3 字节的网络地址和 1 字节的主机地址组成。网络地址的最高位必须是"110"，范围从 192.0.0.0 到 223.255.255.255。C 类网络可达 209 万余个，每个网络能容纳 254 个主机。

（4）D 类地址：用于多目的传输，是一种比广播地址稍弱的形式，支持多目的传输技术。

（5）E 类地址：用于将来的扩展之用。

除了以上 5 类 IP 地址外，还有几种具有特殊意义的地址。

（1）广播地址：TCP/IP 协议规定，主机地址各位均为"1"的 IP 地址用于广播，通常称为广播地址。

（2）"0"地址：TCP/IP 协议规定，32 位 IP 地址中网络地址均为"0"的地址，表示本地网络。

（3）回送地址：用于网络软件测试以及本地机进程间通信的地址，是网络地址为"127"的地址（127.X.X.X）。无论什么程序，只要采用回送地址发送数据，TCP/IP 软件立即返回它，不进行任何网络的传送。我们常用它来测试本机网卡是否工作正常，如图 6-20 所示。

```
C:\Users\CC>ping 127.0.0.1

正在 Ping 127.0.0.1 具有 32 字节的数据:
来自 127.0.0.1 的回复: 字节=32 时间<1ms TTL=64
来自 127.0.0.1 的回复: 字节=32 时间<1ms TTL=64
来自 127.0.0.1 的回复: 字节=32 时间<1ms TTL=64
来自 127.0.0.1 的回复: 字节=32 时间<1ms TTL=64

127.0.0.1 的 Ping 统计信息:
    数据包: 已发送 = 4, 已接收 = 4, 丢失 = 0 (0% 丢失),
往返行程的估计时间(以毫秒为单位):
    最短 = 0ms, 最长 = 0ms, 平均 = 0ms
```

图 6-20　Ping 本机

（4）169 保留地址：169.254.X.X 是保留地址。如果用户的 IP 地址是自动获取 IP 地址，而在网络上又没有找到可用的 DHCP 服务器，就会得到其中一个 IP。它表示未获得地址分配，不能访问网络。

（5）私有 IP 地址：在现在的网络中，IP 地址分为公网 IP 地址和私有 IP 地址。公网 IP 是在 Internet 使用的 IP 地址，而私有 IP 地址是企业内部的地址，只能使用在内部网络（Intranet）中，无法在 Internet 上使用。私有地址主机要与公网地址主机进行通信时必须经过地址转换（NAT）才能对外访问。

三类 IP 地址中的私有 IP 地址：

A 类 10.0.0.0～10.255.255.255

B 类 172.16.0.0～172.31.255.255

C 类 192.168.0.0～192.168.255.255

（6）子网掩码：子网掩码是一种位掩码，它用来指明一个 IP 地址的哪些位标识的是主机所在的子网，以及哪些位标识的是主机的。子网掩码不能单独存在，它必须结合 IP 地址一起使用。子网掩码只有一个作用，就是将某个 IP 地址划分成网络地址和主机地址两部分。

2. IPv6 地址

IPv6 是英文"Internet Protocol Version 6"（互联网协议第 6 版）的缩写，是互联网工程任务组（IETF）设计的用于替代 IPv4 的下一代 IP 协议，其地址数量号称可以为全世界的每一粒沙子编上一个地址。

由于 IPv4 最大的问题在于网络地址资源不足，严重制约了互联网的应用和发展。IPv6 的使用，不仅能解决网络地址资源数量的问题，而且也解决了多种接入设备连入互联网的障碍。

（1）IPv6 的表示。IPv6 的地址长度为 128 位，是 IPv4 地址长度的 4 倍，单纯从数量看是 IPV4 的约 $8×10^{28}$ 倍。由于位数太多不适合用点分十进制格式，采用十六进制表示。IPv6 有以下 3 种表示方法：

1）冒分十六进制表示法。格式为 X:X:X:X:X:X:X:X，其中每个 X 表示地址中的 16b，以十六进制表示，例如：ABCD:EF01:2345:6789:ABCD:EF01:2345:6789。这种表示法中，每个 X 的前导 0 是可以省略的。

2）0 位压缩表示法。在某些情况下，一个 IPv6 地址中间可能包含很长的一段 0，可以把连续的一段 0 压缩为"::"。但为保证地址解析的唯一性，地址中"::"只能出现一次，例如：FF01:0:0:0:0:0:0:1101 → FF01::1101。

3）内嵌 IPv4 地址表示法。为了实现 IPv4 和 IPv6 互通，IPv4 地址会嵌入 IPv6 地址中，此时地址常表示为：X:X:X:X:X:X:d.d.d.d，前 96b 采用冒分十六进制表示，而最后 32b 地址则使用 IPv4 的点分十进制表示，例如::192.168.0.1 与::FFFF:192.168.0.1 就是两个典型的例子，注意在前 96b 中，压缩 0 位的方法依旧适用。

（2）国内 IPv4 和 IPv6 现状。中国互联网络信息中心（CNNIC）日前发布第 47 次《中国互联网络发展状况统计报告》（以下简称报告）。报告显示，截至 2020 年 12 月，我国 IPv4 地址数量为 38923 万个，较 2019 年底增长 0.4%；IPv6 地址数量为 57634 块/32，较 2019 年底增长 13.3%。由于 IPv4 的已经深入应用到互联网的每个领域，IPv6 要完全取代它需要一个长期过程。

3. 域名地址

在 Internet 上，对于众多的以数字表示的一长串 IP 地址，人们记忆起来是很困难的。因此，便引入了域名的概念。通过为每台主机建立 IP 地址与域名之间的映射关系，就可以避开难以记忆的 IP 地址，而使用域名来唯一标识网上的计算机。域名和 IP 地址的关系就像是一个人的姓名和他身份证号码之间的关系，显然，记忆一个人的姓名要比身份证号码容易得多。

虽然域名地址也是唯一的，但连接在 Internet 上的计算机还是通过 IP 地址进行的通信，当使用域名访问时，必须经过域名服务器（DNS）进行域名对应 IP 的查询过程，所以每台计算机的 IP 地址配置中都会有 DNS 服务器的配置，如图 6-21 所示。

IPv4 地址	10.38.0.134
IPv4 子网掩码	255.255.128.0
获得租约的时间	2016年5月3日 14:07:30
租约过期的时间	2016年5月12日 7:29:14
IPv4 默认网关	10.38.0.1
IPv4 DHCP 服务器	10.38.0.1
IPv4 DNS 服务器	221.5.203.98
	8.8.8.8

图 6-21 网卡 DHCP 获得地址信息

（1）域名组成。完整域名一般由二段或三段子域名组成。

二段结构域名：二级域名.顶级域名

三段结构域名：三级域名.二级域名.顶级域名

顶级域名通常按类型分为三类，通用顶级域名、国家和地区顶级域名和新顶级域名，如图 6-22 所示。

域名	含义	域名	含义	域名	含义
Com	商业部门	Cn	中国	Info	信息服务组织
Edu	教育部门	JP	日本	Web	与 WWW 特别相关的组织
Net	大型网络	de	德国	Firm	商业公司
Mil	军事部门	Ca	加拿大	Arts	文化和娱乐组织
Gov	政府部门	Us	美国	Nom	个体或个人
Org	组织机构	Uk	英国	Rec	强调消遣娱乐组织
Int	国际组织	Au	澳大利亚	Store	销售企业

图 6-22　部分定义域名及其含义

（2）域名的价值。域名是上网单位和个人在网络上的重要标识，起着识别作用，便于他人识别和检索某一企业、组织或个人的信息资源。除了识别功能外，在虚拟环境下，域名还可以起到引导、宣传、代表等作用，对于单位来说域名的价值相当于商标的作用。因此有条件单位应该尽早注册自己的域名，并且按时续费，保证域名的所有权。

现在国内绝大多数大型网络服务企业几乎都直接或间接提供了域名注册服务，如图 6-23 所示万网的域名注册首页。

图 6-23　万网域名注册

【任务分析】

我们已经学习了网络的组成和各种名词术语。现在对于一台计算机来说，要配置上网，需要完成两个方面的工作：

（1）申请宽带接入。

（2）配置计算机网络连接属性。

【任务实施】

1．办理宽带业务（以重庆电信为例）。

（1）通过手机或者单位网络访问重庆电信宽带网站（https://www.cqdianxin.com/）。浏览选择性价比合适的宽带，如图6-24所示。

图6-24　2021年电信宽带套餐标准之一

（2）单击如图6-25所示的"在线预约"，填写弹出的对话框，完成预约。

图6-25　电信宽带预约

当然也可以直接去营业厅办理。

2．电信安装。如果宽带业务办理成功，工作人员会在预约时间内上门完成安装，安装好的网络无需用户配置，用户只需要将计算机网卡和入户的光猫接通（无线网卡或者普通网卡+网线）。

3．配置网卡信息。

（1）右击Windows 7任务栏右下角的网络连接图标，在弹出的菜单上选择"打开网络和共享中心"，如图6-26所示。

图6-26　"网络和共享中心"窗口

（2）在网络和共享中心窗口中，单击"本地连接"，打开如图6-27所示的对话框。

（3）单击"属性"按钮，打开"本地连接属性"对话框，如图6-28所示。

图 6-27 "本地连接状态"对话框

图 6-28 "本地连接属性"对话框

（4）选择"Internet 协议版本 4（TCP/IPv4）"，单击"属性"按钮，打开"Internet 协议版本 4（TCP/IPv4）属性"对话框，如图 6-29 所示。

（5）在弹出的"Internet 协议版本 4（TCP/IPv4）"属性对话框中，确保勾选"自动获得 IP 地址"和"自动获得 DNS 服务器地址"。单击"确定"按钮保存设定，再关闭前面的两个对话框，即可完成任务。当计算机和光猫连通后会获得地址分配，分配的地址信息可以单击对话框中的"详细信息"按钮查看，如图 6-30 所示。

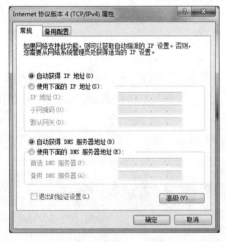

图 6-29 "Internet 协议版本 4（TCP/IPv4）属性"对话框

图 6-30 分配到的地址信息

【任务小结】

本任务主要学习了：

（1）计算机网络的概念、类型与组成。

（2）Internet 的产生和发展现状。

（3）Internet 地址的概念与用途。

任务 6.2 　网上冲浪

【任务说明】

小李的计算机安装了电信宽带后已经成功接入 Internet，他该如何"网上冲浪"？

【预备知识】

6.2.1 　浏览器概述

1.　网上冲浪

网上冲浪是指在 Internet 互联网上获取各种信息，进行工作、娱乐，在英文中上网是"surfing the internet"，因"surfing"的意思是冲浪，故上网又被称为"网上冲浪"。网上冲浪的主要工具是浏览器，在浏览器的地址栏上输入 URL 地址，在 Web 页面上可以移动鼠标到不同的地方进行浏览，这就是所谓的网上冲浪。现在网上冲浪已经不局限于仅仅通过计算机端的浏览器来访问 Internet，还包括用手机等移动设备访问移动互联网一系列上网行为。

2.　浏览器概述

Web 浏览器（简称浏览器）是一种访问 Internet 的客户端工具软件，通常它支持多种协议，如 HTTP（超文本传输协议）、FTP（文件传输协议）等。有了它，用户只需按几下鼠标，就能快速地浏览网上信息，还可以收发电子邮件、下载文件。目前可用的浏览器软件非常多，例如 Chrome 浏览器、IE 浏览器、Edge 浏览器、Firefox 浏览器、360 安全浏览器、QQ 浏览器等。每一种浏览器都有自身的特点，因此这里重点介绍浏览器的共性。

浏览器是指可以显示网页服务器或者文件系统的 HTML 文件（标准通用标记语言的一个应用）内容，并让用户与这些文件交互的一种软件。它用来显示在 Internet 或局域网上 Web 站点的文字、图像及其他信息。这些文字或图像可以是连接其他网址的超链接，用户可迅速及轻易地浏览各种信息。

3.　浏览器的发展

1990 年蒂姆的第一个网页浏览器"WorldWideWeb"正式推出。在 1991 年 3 月，他把这个发明介绍给了他在 CERN（欧洲核子研究组织）工作的朋友。1991 年 5 月 WWW 在 Internet 上首次露面，立即引起轰动，获得了极大的成功被广泛推广应用。从那时起，浏览器的发展就和网络的发展联系在了一起。

令人佩服的是，蒂姆并没有为 WWW 申请专利或限制其使用，而是无偿向全世界开放。在蒂姆放弃了对 WWW 和浏览器的专利后，万维网和浏览器技术得到飞速发展。

20 世纪 90 年代初出现了许多浏览器，包括 Nicola Pellow 编写的行模式浏览器（这个浏览器允许任何系统的用户都能访问 Internet，从 UNIX 到 Microsoft DOS 都涵盖在内），还有 Samba，这是第一个面向 Macintosh 的浏览器。

随着 Internet 商业化加速，企业普遍认为可以通过浏览器来捆绑、推销或边缘化某个在线服务，也就是说谁控制了浏览器，谁就控制了互联网。各个开发浏览器的企业都想占领 Internet 入口，想尽各种方法占领市场，扩大用户群。1994－1997 年美国网景公司推出的 Netscape

Navigator 成为市场霸主，微软公司也在 1995 年推出了 IE 浏览器开始参与竞争。1998 年微软公司推出的 IE 浏览器成为新的市场霸主，2002 年其全球市场份额达到 96.6%，后面随着竞争加剧，IE 的市场份额不断下降。网景公司解散后成立的 Mozilla 基金会也开发了浏览器产品，Firefox 浏览器曾经一度被认为是 IE 最大的挑战者，2010 年的时候已经拿下 34% 的市场份额，达到了它的最大巅峰，可惜因为在移动互联网市场的失误，彻底无缘霸主位置。反倒是后起的 Google 公司开发的 Chrome 浏览器一路高歌猛进，于 2012 正式超过了 IE 浏览器成为新的霸主。2020 年 9 月的浏览器市场调查数据如图 6-31 所示

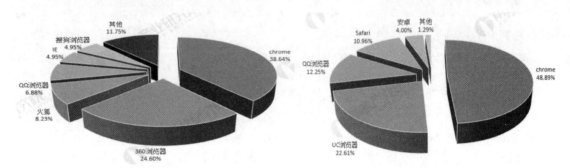

图 6-31　2020 年 9 月国内 PC 端和手机端浏览器市场份额情况

6.2.2　Chrome 浏览器

1. Chrome 浏览器简介

Google Chrome 是一款由 Google 公司开发的网页浏览器，如图 6-32 所示。Chrome 浏览器的成功可以归功于它的一系列优点。

图 6-32　Chrome 浏览器

　　Chrome 最大的亮点就是其多进程架构，保护浏览器不会因恶意网页和应用软件而崩溃。每个标签、窗口和插件都在各自的环境中运行，因此一个站点出了问题不会影响打开其他站点。通过将每个站点和应用软件限制在一个封闭的环境中，进一步提高了系统的安全性。

　　得益于先进内核技术，Chrome 浏览器打开网页速度快，同时 Chrome 具有 GPU 硬件加速功能，因此在浏览那些含有大量图片的网站时可以更快渲染完成并使页面滚动时不会出现图像破裂的问题。

　　Chrome 非常简洁，屏幕的绝大多数空间都被用于显示用户访问的站点，屏幕上不会显示 Chrome 的按钮和标志。

Chrome 还积极推进和支持各种网页新技术标准，确保了各种网站都能正确的浏览，甚至有些网站还明确要求使用 Chrome 浏览器才能正确访问。

此外，Google 还拥有庞大的操作系统市场，Android 操作系统占据移动操作系统市场 72% 的份额；PC 操作系统上，Chrome OS 也从无到份额超过 10.8%，仅次于微软操作系统份额。和微软操作系统一样， Google 两个操作系统都自带浏览器，伴随着它们的成长，Chrome 的份额也不断增加。

2. Chrome 浏览器书签

书签功能相当于 IE 浏览器的"收藏夹"，便于下一次再访问时可以不用输入网址就可以快速打开，同时也避免了记不住网址的问题。

（1）添加书签。在 Chrome 浏览器地址栏输入百度网址，打开百度首页，如图 6-33 所示。

图 6-33 添加书签图标

如果一个页面没有添加书签，其地址栏的五星图标则是空心的，我们可以通过它来添加书签，单击五星图标后弹出"已添加书签"对话框。顾名思义，它只是提醒用户已经添加了书签，而不是让用户同意添加。通过对话框，用户可以对其进行调整，如移除书鉴或者放置到特定的书签文件夹下面，如图 6-34 所示。

图 6-34 "已添加书签"对话框

默认情况下，我们添加的书签都直接存放在书签根目录，当书签多了以后，使用时查找就会变得困难。为了方便使用，可以将书签分门别类管理。在对话框上单击"书签栏"弹出下拉列表，如图 6-35 所示。

图 6-35 "文件夹"下拉列表

如果用户需要的文件夹已经存在，可以直接在下拉列表选择，如果还不存在，则可以单击"选择其他文件夹…"，打开"修改书签"对话框来创建。在这个对话框中，默认有两个不可修改的根节点"书签栏"和"其他书签"，用户可以在它们下面创建新文件夹。如果需要删除或修改创建的内容，可以通过鼠标右键菜单来进行完成，如图 6-36 所示。

图 6-36 "修改书签"对话框

完成目录创建后，选中要保存书签的目录，单击"保存"即可。这里特别说一下，Chrome的书签具有唯一性，当用户再次添加到别的文件夹后，原来文件夹的书签会被移除。

（2）使用书签。访问网站的时候除了直接在地址栏输入网址，还可以使用书签。单击Chrome 地址栏右侧的菜单按钮 ⋮，弹出 Chrome 主菜单，单击"书签"子菜单，就可以看到书签的内容了，选择"搜索引擎"文件夹下的百度书签，即可打开百度网站，如图 6-37 所示。

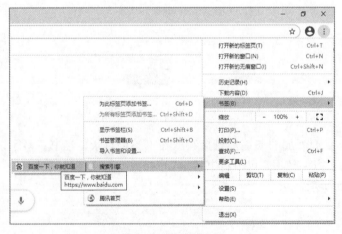

图 6-37 使用书签

如果已经添加了大量书签，但是没有归类，可以单击上图菜单项中"书签管理器"进行整理，如图 6-38 所示。书签管理器不仅能管理本地书签，还可以导入其他浏览器的书签，也可以把 Chrome 的书签导出到一个网页文件。

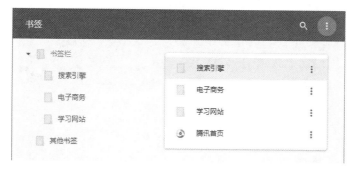

图 6-38　书签管理器

3．Chrome 浏览器设置

Chrome 浏览器的设置功能非常好用，它不同于 IE 浏览器弹出对话框，而是打开一个页面供用户更改设置。可以在主菜单单击"设置"命令打开，也可以直接在地址栏输入"chrome://settings/"来访问，如图 6-39 所示。

图 6-39　Chrome 设置页面

由于可以配置的内容很多，我们可以通过设置提供的检索功能进行。

（1）浏览器的起始页设置。在设置界面的搜索框中输入"启动时"，Chrome 自动提取出该设置界面，如图 6-40 所示。

图 6-40　Chrome 搜索设置功能

单击"打开特定网页或一组网页"菜单项，在弹出的下拉列表中单击"添加新网页"，然后在弹出的对话框中输入期望的网址，如图 6-41 所示。

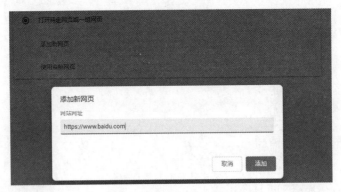

图 6-41　Chrome 启动页设置

（2）默认搜索引擎设置。Chrome 浏览器默认使用 Google 作为搜索引擎，但是因为国内无法使用 Google，因此我们需要更改默认的搜索引擎。在设置界面的搜索框，输入"搜索引擎"，在"搜索引擎"下的"地址栏中使用的搜索引擎"处，单击下拉列表，选择你喜欢的搜索引擎，如图 6-42 所示。

图 6-42　默认搜索引擎设置

如果需要的搜索引擎没有在 Chrome 的推荐列表中，可以单击"管理搜索引擎"去添加。

4．Chrome 浏览器使用

使用 Chrome 浏览器是一件很舒心的事情，简洁的界面使得注意力不被影响，也很安全。在实际应用中除了浏览网页还有一些操作也很重要。

（1）保存网页。在浏览时可能会遇到一些制作精美或者内容很有用的页面，我们希望能将网页保存下来。在 Chrome 中通过主菜单的"更多工具"子菜单，可以找到"网页另存为"命令。当然在网页空白区域使用右键菜单的"另存为"更为快捷。例如在腾讯网站首页单击"另存为"，弹出如图 6-43 所示对话框。

图 6-43　网页保存对话框

保存网页时 Chrome 提供三种保存类型：

- "网页，仅 HTML"类型。该类型下只保存网页的 HTML 代码，所有的多媒体数据都不会被下载，所以这种保存方式只适合保存重要内容是文本信息的网页。打开保存的网页后，只能浏览到文字信息。
- "网页（单个文件）"类型。该类型会将网页所依赖的脚本、图片素材等服务器默认允许下载的资源都下载并保存在一个扩展名为".mhtml"的文件中。打开保存后的网页，其浏览效果和原网页差异不大。
- "网页，全部"类型。该类型会将保存和上一种类型一样的信息，但是会将这些信息分开保存，其中网页 HTML 文件单独保存，然后会创建一个和网页同名文件夹，里面保存网页中的各种素材。这种方式保存的网页打开后的浏览效果和第二种相同，但是各类素材信息都被单独保存，方便借用素材或者借鉴设计。

（2）下载网页资源。网页中的资源虽然众多，但是总体可以分为两大类型，一类是浏览器可以解析的，单击这类资源后浏览器可以自动呈现；另一类资源是浏览器不能解析的，如压缩包、Word 文档等等，浏览器遇到这类信息时会提醒下载保存。因此下载不同的资源时方法有所不同。

如果是网页中的文字信息，我们可以用鼠标拖动选中文字，然后在鼠标右键菜单单击"复制"，然后粘贴到其他编辑器中。当然网页中的文字一般都是有格式的，为了避免影响排版，可以先粘贴到操作系统的记事本中，然后再复制粘贴到别的编辑器。

如果是图片资源，我们可以右键单击图片后弹出菜单的"图片另存为"命令来保存到磁盘，也可以选择复制图片，然后粘贴到其他编辑器，如图 6-44 所示。

图 6-44　图片另存对话框

如果是一些软件的安装包或者浏览器不能解析的文档，则可以直接单击，Chrome 会自动下载到操作系统的"下载"文件夹。如果希望下载后自动保存到别的位置，可以通过 Chrome 的设置界面搜索"下载"，然后在搜索出的"下载内容"中设置默认保存路径。

当文件自动下载完毕后，Chrome 的状态栏上会显示出来，针对不同文件类型有不同的提示信息，如图 6-45 所示。

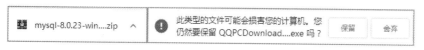

图 6-45　文件下载完毕提示

如果是可执行文件，Chrome 会提示是否保留文件，如果选择"舍弃"，下载的文件会被删除。用户可以自行打开默认保存的文件夹去查看，也可以通过 Chrome 的下载提示处直接打开文件或打开保存位置文件夹。如果直接单击下载好的文件名，则会直接用相关软件打开该文件，如 Word 文档会在 Word 中打开，可执行文件则开始运行。如果单击文件名旁的向下箭头则会弹出一个操作菜单，选择"在文件夹中显示"命令项即可打开保存文件夹，如图 6-46 所示。

图 6-46　操作菜单

（3）网页全屏和缩放。Chrome 本身已经非常简洁，但如果用户希望只看到网页，则可以使用 Chrome 的网页全屏功能。

打开 Chrome 主菜单，单击"缩放"菜单项的最后一个按钮【】，或者按 F11 键都可以全屏，进入全屏后再按 F11 键可以恢复正常状态。

如果网页不需要全屏，而是按比例放大或缩小显示，可以使用"缩放"菜单项上的放大和缩小功能。

（4）打印网页。有些时候我们需要直接打印网页，比如通过网页打印报账单、订单等等。打开 Chrome 主菜单，选择"打印"命令，或者直接按 Ctrl+P 组合键就可以打开打印对话框。设置好打印参数后单击"打印"按钮即可，如图 6-47 所示。

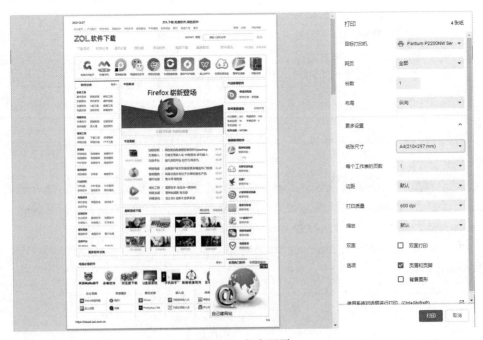

图 6-47　打印网页

6.2.3 使用搜索引擎

搜索引擎（Search Engine）是指根据一定的策略、运用特定的计算机程序搜集互联网上的信息，在对信息进行组织和处理后，将处理后的信息显示给用户，为用户提供搜索服务的系统。

1. 搜索引擎的工作过程

搜索引擎的工作过程主要包括：信息采集、信息存储、信息加工、信息输出等几个部分。

（1）信息的采集与存储。搜索引擎主要采用自动方式收集和存储信息，即运用 Spiders 等被称为"网络机器人"或"自动跟踪索引机器人"的智能型软件，每隔一段时间（如 Google 一般是 28 天）自动追寻环球信息网上的超链接，并向前搜索。每个独立的搜索引擎都有自己的网页寻找程序。Spider 顺着网页中的超链接，连续地向前寻找网页。由于互联网中超链接的应用很普遍，理论上，从一定范围的网页出发，就能搜集到绝大多数的网页。

对于找到的每个页面，搜索引擎软件都将其调出，自动给该 Web 页上的某些词或全部词作上索引，形成目标摘要格式后，存入搜索引擎数据库。在对 Web 页的页面信息采样时，网页的标题、关键字信息通常都是必然要采集的，同时还会采集一部分网页文字内容以方便用户搜索时判断是否需要。

一方面，系统采集并整理每个搜索到的网页关键字信息：另一方面，很多搜索引擎的自动搜索程序还会直接抓取网页保存，即将目标网页复制后和关键字信息一起保存到搜索引擎数据库，形成人们熟悉的网页快照。通俗地说，网页快照就是搜索引擎在收录网页时，对该网页做一个备份，大多数情况下网页快照是文本的，保存了这个网页的主要文字内容，这样当这个网页被删除或链接失效时，用户可以使用网页快照来查看这个网页的主要内容，由于快照以文本内容为主，所以会加快访问速度。如果该网页在搜索引擎上更新比较快，可能访问到的网页和搜索引擎抓取时的网页一致，如果更新慢，如有些网页在搜索引擎数据库里好几个月没有更新过，那么此时访问快照有可能就和实际目标网页有较大出入。

（2）信息加工。信息采集和存储后，要建立索引查询系统，它是一个同建库系统配套的子系统，其主要作用是决定索引的时空比、布尔逻辑操作、表达式匹配、结构化和非结构化文件处理、词语匹配、匹配相关性排序等。

建立信息索引就是创建文档信息的特征记录，使搜索者能够快速地搜索到所需信息，主要进行信息语词切分和语词词法分析、词性标注及相关的自然语言处理、建立搜索项索引等处理。

（3）信息输出。一旦用户进行了信息搜索，搜索引擎就要根据搜索内容对用户进行响应，将搜索结果回应给用户。这个时候主要需要解决用户搜索出的多个符合的结果如何排序显示的问题。

一般情况下，网上信息搜索的结果往往很庞大，大量的结果信息使得搜索者无法逐一浏览。所以，搜索引擎还要根据文件的相关程度进行排列，最相关的文件通常排在最前面。每个搜索引擎确定相关性的方法也各不相同，其中有概率方法、位置方法、摘要方法、分类或聚类方法等。

1）概率方法会根据关键词在文中出现的频率来判定文件的相关性，出现的次数多的文件相关程度就越高。

2）位置方法会根据关键词在文中出现的位置来确定文件的相关性，一般认为关键词出现在越前面，文件相关程度就越高。

3）摘要方法会在搜索时为每个文件生成一份摘要，让搜索者自己判断结果的相关性，以使搜索者进行选择。

4）分类或聚类方法会自动把查询结果归入到不同的类别中。

除了相关性因素外，搜索引擎的商业排名竞价方式也会影响部分搜索信息的排序情况，支付较高费用的商业信息可能会被显示到更靠前位置。

2. 搜索引擎的搜索功能

一般搜索功能是搜索引擎最基本的作用所在。通常情况下，布尔逻辑搜索、词组搜索、截词搜索、字段搜索、限制搜索等都属于一般搜索功能。一般说来，并不是每种搜索引擎都包括了全部的搜索功能，而且每一种搜索功能在各个不同的搜索引擎中，表现也不完全相同，每个搜索引擎都有自己的特色。下面具体介绍搜索引擎中的几种搜索功能。

（1）布尔逻辑搜索（Boolean）。常见的逻辑运算符包括"与"（AND）、"或"（OR）、"非"（NOT）等。首先，各种搜索引擎对该功能的支持程度有所不同，有的是"完全支持"全部以上逻辑运算，如搜索引擎 Infoseek、Altavista 和 Excite 等；有的在"高级搜索"模式中"完全支持"，而在"简单搜索"模式中"部分支持"，如搜索引擎 HotBot、Lycos 等。其次，在提供运算符号方面也有所区别，有些搜索引擎采用常规的命令驱动方式，即用布尔运算符（AND，OR，NOT）或直接用符号进行逻辑运算，如 Altavista、Excite 等；有的则采用符号"+"和"–"代替 AND 和 NOT 进行运算，如 Google；也有部分搜索引擎采用菜单驱动方式，用菜单选项来替代布尔运算符或符号进行逻辑运算，如 HotBot、Lycos 均提供了两个菜单选项"All the words"和"And of the words"，它们分别代表 AND 和 OR 运算。

（2）词组搜索（Phrase）。词组搜索就是将一个词组当做一个独立运算单元，进行严格匹配，以提高搜索的精度和准确度，这也是一般数据库搜索中常用的方法。词组搜索实际上体现了临近位置（Near 运算）的功能，它不仅规定搜索引擎都支持词组搜索，并且采用双引号来代表词组，如"Internet"。但在 Infoseek 搜索引擎中，除了双引号外还使用短横线"—"来代表词组，区别在于"—"表示的词组不区分大小写。

（3）截词搜索（Truncation）。在一般的数据库搜索中，常用的截词方法有左截、右截、中间截断和中间屏蔽等 4 种。在搜索引擎中通常只提供右截法，而且搜索引擎中的截词符通常采用星号"*"。它相当于 DOS 命令中的两个通配符"*""?"。例如"师*"相当于"师父""师傅""师范大学"等。在实际应用中通常左截取和右截取都不用加"*"，系统自动都会默认搜索准确符合关键字的内容和符合左/右截取关键字的。

（4）字段搜索（Fields）。字段搜索和限制搜索通常结合使用，字段搜索是限制搜索的一种，因为限制搜索往往是对字段的限制。在搜索引擎中，字段搜索多表现为限制前缀符的形式。搜索引擎还提供了许多带有典型网络搜索特征的字段限制类型，例如，主机名（Host）、域名（Domain）、链接（Link）、URI（Site）、新闻组（NewsGroup）和 E-mail 限制等。这些字段的限制功能限定了搜索词在数据记录中出现的区域，它可以用来控制搜索结果的相关性，以提高搜索效果。目前，能提供较丰富的限制搜索功能的搜索引擎包括 Altavista、Lycos 和 HotBot 等。

3. 特殊搜索功能

除了以上几种常见的搜索功能之外，搜索引擎还提供了一些具有网络特征的搜索功能。

（1）自然语言（Natural Language）搜索，即直接采用自然语言中的字词或句子提问式进行搜索。如果搜索引擎能较好地支持自然语言，则能够更好地服务上网用户的需求。

（2）多语种搜索，即提供多语言种类的搜索环境供搜索者选择，系统可按指定的语种进行搜索，并输出相应的搜索结果。例如，百度、Google 等搜索引擎都提供了搜索语言选择。

（3）地图搜索，即提供对地图上地理位置的搜索功能。随着 Google 公司的 Google Earth 软件的推出，很多公司都提供了地图搜索功能，能够很方便快速地定位。

（4）图形搜索引擎，即提供多媒体数据搜索功能。目前，这个领域还处在初级阶段，但是无疑对人们有很强吸引力。当需要搜索一个图片集的其他图片或者一个小图的完整图片时，可能发现无法用语言来描述搜索请求，这个时候图片搜索功能价值就体现出来了。图片搜索对特殊行业，如考古等有重要和特殊的价值。

4. 搜索引擎的分类

（1）全文索引。全文搜索引擎是名副其实的搜索引擎，国外代表有 Google，国内则有著名的百度搜索，如图 6-48 所示。全文搜索引擎网站从互联网提取各个网站的信息（以网页文字为主），建立起数据库，并能搜索与用户查询条件相匹配的记录，按一定的排列顺序返回结果。

图 6-48　常见全文搜索引擎 Logo

（2）目录索引。目录索引虽然有搜索功能，但在严格意义上算不上是真正的搜索引擎，仅仅是按目录分类的网站链接列表而已。用户完全可以不用进行关键词（Keywords）查询，仅靠分类目录也可找到需要的信息。目录索引中最具代表性的莫过于早期大名鼎鼎的 Yahoo 雅虎。其他著名的还有 Open Directory Project（DMOZ）、LookSmart、About 等，如图 6-49 所示。

图 6-49　常见目录搜索引擎 Logo

（3）元搜索引擎。元搜索引擎（META Search Engine）接受用户查询请求后，同时在多个搜索引擎上搜索，并将结果返回给用户。著名的元搜索引擎有 InfoSpace、Dogpile、Vivisimo 等，中文元搜索引擎中具代表性的是搜星搜索引擎。在搜索结果排列方面，有的直接按来源排列搜索结果，如 Dogpile；有的则按自定的规则将结果重新排列组合，如 Vivisimo。常见的元搜索引擎如图 6-50 所示。

图 6-50 常见元搜索引擎 Logo

5. 使用百度搜索引擎

中国的互联网技术起步较晚，1994 年才正式全功能接入 Internet，因此搜索引擎发展起步也相对较晚，多数搜索公司很长时间内都使用国外的搜索引擎技术，直到百度等中文搜索引擎的崛起后情况才得到明显改变。随着 Google 公司宣布退出中国内地市场，国内的搜索引擎市场顿时硝烟弥漫。

2000 年 1 月，两位北大校友，超链分析专利发明人、前 InfoSeek 资深工程师李彦宏与好友徐勇（加州伯克利分校博士后）在北京中关村创立了百度（Baidu）公司。百度的起名，来源于"众里寻他千百度，蓦然回首，那人却在，灯火阑珊处"的灵感。2001 年 8 月，Baidu.com 搜索引擎测试版发布，2001 年 10 月 22 日，Baidu 搜索引擎正式发布，专注于中文搜索。

中国所有提供搜索引擎的门户网站中，超过 80%以上都曾由百度提供搜索引擎技术支持。百度是目前全球最大的中文搜索引擎，同时在全球搜索引擎排名中位居第三，占全球搜索市场份额 5.2%，仅次于 Google 和 Yahoo。

（1）关键字搜索。百度搜索使用起来简单方便，用户只需要在搜索框内输入需要查询的内容，即通常所说的关键字，按 Enter 键或者单击搜索框右侧的百度搜索按钮，就可以得到最符合查询需求的网页内容，如图 6-51 所示。

图 6-51 百度搜索"搜索引擎"关键字

当然，为了提高搜索的有效性，关键字应该尽量是一个名词、一个短语或短句，目前的搜索引擎还不支持过于复杂的自然语言理解。如果搜索的结果不理想，就需要更换关键字重新搜索或者使用其他搜索方法。如果一个关键字不行，就输入多个词语搜索，以获得更精确的搜索结果。

百度的搜索结果是以超链接和链接说明的形式提供的，用户可以通过粗略查看说明来判断搜索结果是否符合需要,然后单击符合需要的链接进行详细浏览。通常搜索的结果都非常多,如果第一页没有满意的内容,可以通过单击页面最下方的"下一页"按钮查看更多的搜索结果。

此外,还可以通过第一次搜索后显示出的"搜索工具"进行更精致的搜索。单击页面顶部的"搜索工具",百度会提供三个功能让我们设置,如图 6-52 所示。通过这些设置可以进一步确认检索的目标范围,极大提高检索精确度。

图 6-52 百度"搜索工具"

(2)百度快照。如果无法打开某个搜索结果,或者打开速度特别慢,"百度快照"能帮用户解决问题。在百度上每个未被禁止搜索的网页,都会自动生成临时缓存页面,称为"百度快照",只要用户可以访问百度就可以使用网页快照功能,使用快照功能时用户访问的实际上是百度,而不是网页所在的原服务器。当然,由于百度快照只会临时缓存网页的文本内容,所以那些图片、音乐等非文本信息,仍是存储于原网页,如果原来的网站已经不存在或者暂时无法访问,这些多媒体信息将无法呈现,只能把网页的文本信息呈现出来。所以,当用户遇到目标网站服务器暂时故障或网络传输堵塞时,可以通过"百度快照"快速浏览页面文本内容。我们搜索英雄飞行员王伟的信息时,这条 2001 年的网页信息的原始出处已经不存在了,但是通过百度快照还可以看到内容,如图 6-53 所示。

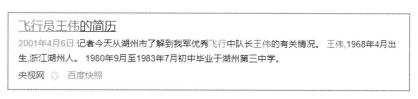

图 6-53 百度快照

(3)自动纠错。由于汉字输入法的局限性,用户在搜索时经常会输入一些错别字,导致搜索结果不佳,百度会给出错别字纠正提示。错别字提示显示在搜索结果上方。如图 6-54 所示,输入"唐初排骨",百度就会按照自己的理解推荐搜索结果,当然也允许用户坚持自己的搜索意图。

(4)精确匹配。如果输入的查询词很长,百度在经过分析后,给出的搜索结果中的查询词,可能是拆分后的。如果用户对这种情况不满意,可以尝试不让百度拆分查询词。给查询词加上双引号(半角英文的括号),就可以达到这种效果。如:"(华为笔记本电脑)"。

图 6-54　百度自动纠错提示

　　书名号是百度独有的一个特殊查询语法。在其他搜索引擎中，书名号会被忽略，而在百度，中文书名号是可以被查询的。加上书名号的查询词有两层特殊功能，一是书名号会出现在搜索结果中，二是书名不会被拆分。书名号在某些情况下特别有效果，例如查电影"手机"，如果不加书名号，很多情况下出来的是通信工具手机，而加上书名号后，查询《手机》结果就都是关于电影方面的了。

　　（5）英汉互译词典。百度网页搜索内嵌英汉互译词典功能。如果用户想查询英文单词或词组的解释，可以在搜索框中输入想查询的"英文单词或词组"+"的意思"，搜索结果第一条就是英汉词典的解释，如"china 的意思"；如果用户想查询某个汉字或词语的英文翻译，可以在搜索框中输入想查询的"汉字或词语"+"的英语"，搜索结果第一条就是汉英词典的解释，如"龙的英语"，如图 6-55 所示。

图 6-55　英汉互译的结果

　　当然百度不只是有英语的翻译，还有其他语言的翻译，大家可以尝试。

　　（6）百度的高级搜索功能。有些时候，搜索要求很多很复杂，用户无法简单描述，这个时候就可以使用百度的高级搜索功能。要使用这个功能，先百度搜索"高级搜索"，百度默认会将其显示在第一个搜索结果上，如图 6-56 所示。

　　单击第一个搜索结果，就可以打开百度的"高级搜索"界面，如图 6-57 所示。

　　高级搜索功能是百度语法搜索和搜索工具相加才有的功能，使用高级搜索功能可以使用多个关键字、完整关键字、排除某些关键字，还可以设置每页显示的搜索结果数量，设定搜索指定时间范围的信息，设定搜索网页的语言类型，设置搜索结果的文档格式，还可以在特定的网站或网页的指定范围搜索。

图 6-56　检索"高级搜索"

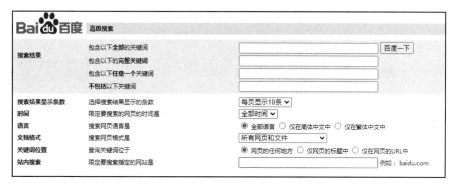

图 6-57　百度高级搜索

（7）百度搜索服务。百度还为许多专项搜索建立了专门工具，可以通过单击百度页面上的"更多"（或者直接输入网址"https://www.baidu.com/more/"）进入，如图 6-58 所示。进入后可以发现大量的类别和功能，如搜索服务、导航服务、社区服务、游戏娱乐、移动服务等等。

图 6-58　百度搜索服务

"搜索服务"中的功能都非常实用，用户使用普通搜索方式不能解决问题时，不妨尝试下搜索服务下的功能，比如"百度识图"就非常强大，可以根据图片进行搜索。

【任务分析】

根据任务说明，小李的计算机刚接入 Internet，一定是迫不及待使用网络了，建议他从以下几个方面进行冲浪：

（1）安装更新更强的浏览器（Chrome 或者 360 安全浏览器）。

（2）学会浏览器的基础操作。

（3）熟练掌握百度搜索引擎的使用。

【任务实施】

1. 访问百度搜索引擎

使用系统自带 IE 浏览器访问百度搜索引擎。

2. 输入关键字

在搜索栏中输入"Chrome 浏览器下载 华军"。相对来说华军软件园的下载服务一直都反响不错，所以多加了一个关键字进行限定检索。

3. 下载 Chrome 浏览器安装程序

单击第二个检索结果，打开下载页面，如图 6-59 所示。

图 6-59　下载页面

单击"本地下载"，网页会跳转到页面底部的下载处，如图 6-60 所示。

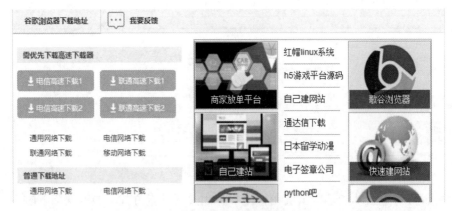

图 6-60　本地下载

建议单击"普通下载地址"下的链接进行下载，例如单击其下的"电信网络下载"链接后，IE 浏览器会弹出提醒，如图 6-61 所示。

图 6-61　IE 下载提醒

单击"保存"按钮旁的下拉菜单按钮，在菜单中选择"另存为"，在弹出的"另存为"对话框中，设定好保存位置后单击"保存"按钮完成下载，如图 6-62 所示。

图 6-62　保存下载

4．安装 Chrome 浏览器

等 Chrome 安装程序下载完成后，关闭 IE 浏览器，双击打开桌面上的压缩包，根据操作系统的情况选择安装 32 位或者 64 位版本，如图 6-63 所示。

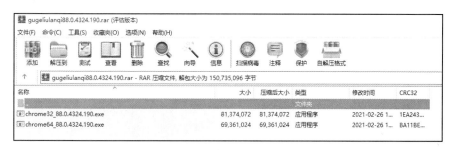

图 6-63　压缩软件中软件情况

比如当前安装的是 64 位 Windows 7 操作系统，则双击 64 位版本进行安装。当然华军软件园的软件版本在不断更新，软件的版本号会不断变化，但是操作是相似的。

5．使用 Chrome 浏览器进行冲浪

现在浏览器已经准备好了，小李就可以愉快地开始浏览器的学习和搜索引擎的使用了。

【任务小结】

通过本任务我们主要学习了：

（1）浏览器的概念及其产生发展历程。

（2）Chrome 浏览器的使用。

（3）百度搜索引擎的使用。

任务 6.3　收发电子邮件

【任务说明】

小李听说电子邮件非常方便，想通过电子邮件和同学进行联系，他该怎么做呢？

【预备知识】

6.3.1 电子邮件概述

1. 认识电子邮件

电子邮件（E-mail）是 Internet 提供的一项最基本服务，也是用户使用最广泛的 Internet 工具之一。电子邮件是一种利用计算机网络进行信息传递的现代化通信手段，其快速、高效、方便、价廉等特点使得人们越来越热衷于这项服务。

电子邮件通常会在几十秒到几分钟内到达目的地，甚至是地球另一端的目的地，它比纸张邮件更快、更容易传输。通过网络的电子邮件系统，用户可以用非常低廉的价格（不管发送到哪里，都只需负担电话费和网费），以非常快速的方式（几秒之内可以发送到世界上任何指定的目的地），与世界上任何一个角落的网络用户联络，这些电子邮件可以是文字、图像、声音等各种方式。同时，用户可以得到大量免费的新闻、专题邮件，并实现轻松的信息搜索。这是任何传统的方式也无法相比的。正是由于电子邮件使用简易、投递迅速、收费低廉、易于保存、全球畅通无阻，电子邮件被广泛地应用，它使人们的交流方式得到了极大的改变。

2. 电子邮件发展简史

第一个电子邮件大约是在 1971 年秋季出现的，由当时马塞诸塞州剑桥市的 BBN 科技公司的工程师雷·汤姆林森发明。当时，这家企业受聘于美国军方，参与 ARPANET（互联网的前身）的建设和维护工作。汤姆林森对已有的传输文件程序以及信息程序进行研究，研制出一套新程序，它可通过计算机网络发送和接收信息，而且为了让人们都拥有易识别的电子邮箱地址，汤姆林森决定采用@符号，符号前面加用户名，后面加用户邮箱所在的地址，第一个电子邮件由此而生了。

第一个电子邮件系统仅仅由文件传输协议组成。按照惯例，每个消息文件的第一行是接收者的地址。随着时间的推移，这种办法的限制变得越来越明显。其中一些缺点表现如下：

（1）发送消息给一群人很不方便。

（2）发送者不知道消息是否到达。

（3）用户界面与传输系统的集成很糟糕。使用者要在完成消息文件的编辑后，退出编辑器，然后启动文件传输程序进行发送。

（4）不能创建和发送包括图像、声音的消息文件。

随着经验的积累，更为完善的电子邮件系统被推出。由一群计算机系的研究生创造的电子邮件系统（RFC822）击败了由全球的电信部门以及许多国家政府和计算机工业的主要部门所强烈支持的正式国际标准（X.400），原因是前者简单实用，后者过于复杂以至于没有人能驾驭它。

电子邮件可以说是计算机网络中历史较为悠远的信息服务之一，早期绝大多数 Internet 的用户对国际互联网的认识都是从收发电子邮件开始的。与其他互联网产品相比，电子邮件有着无可匹敌的开放性——任何地方的任何人都可以给另外一个人发邮件，从而产生联系。根据 Radicati 最新的年度报告，电子邮件可能不会像社交媒体或即时通讯应用那样快速增长，但是，电子邮件将继续存在。从全球来看，2020 年估计有 37 亿电子邮件用户，预计到 2021 年将增长 3%，届时电子邮件用户将超过 41 亿人。

3. 电子邮件的特点

电子邮件和普通邮件相比有很多优点。

（1）方便快捷。E-mail 非常方便，是足不出户就可以和远在万里之外的其他人通信。而且用户的信箱和普通信箱不同，是存在于 Internet 上的电子信箱，所以不管用户在什么地方，无论是家里还是办公室，或者出差在外，只要能连上 Internet，就能随时阅读和发送邮件。另外，充分利用 E-mail 的功能，还能把同一封信同时发给好几个不同的朋友。E-mail 比普通的邮政信件快得多，甚至比传真还要快。在网络通畅的情况下，一封几千字的 E-mail 可能不到 1 秒就能到达收信人的电子信箱，不论收信人的信箱是在国内还是在国外。

（2）便宜。互联网发展早期的拨号上网的用户，为了尽量节省上网费用，通常在没有联网的时候把信写好，然后再连接网络进行发送，一般收发一次 E-mail 的成本不会超过 5 分钱。而对于现在的国内用户来说，以现在的网速和资费，无论是发送还是接收 E-mail 都几乎不产生多少费用。如果考虑到电子邮件每次还可以进行批量发送，成本还会大幅度降低。相对于真实的信件费用，电子邮件几乎可以算得上免费了。

（3）信息多样。发送普通信件时，信息的量和种类十分有限。E-mail 则不同，它能把可以用数字表示的所有信息以附件的方式发给收信人，可以是文字、视频图像，也可以是声音甚至动画等形式的文件。

（4）一信多发。这是传统通信方式所不具备的功能。可以在 Internet 中将一封 E-mail 同时发给几个、几十个甚至成百上千的人。

4. 电子邮件的工作原理

电子邮件的工作机制是模拟传统的邮政系统，使用"存储－转发"的方式将用户的邮件从用户的电子邮件信箱转发到目的地主机的电子邮件信箱。因特网上有很多处理电子邮件的计算机，它们就像是一个个邮局，为用户传递电子邮件。从用户的计算机发出的邮件要经过多个这样的"邮局"中转，才能到达最终的目的地。这些因特网的"邮局"称作电子邮件服务器。

电子邮件系统是基于客户机/服务器结构（C/S 模式）的，发送方将写好的邮件发送给邮件服务器，发送方的邮件服务器接收用户送来的邮件，并根据收件人地址将邮件发送到对方的邮件服务器中，接收方的邮件服务器接收其他邮件服务器发来的邮件，并根据收件人地址分发到相应的电子邮箱中，接收方可以在任何时间和地点从自己的邮箱中读取邮件，并对它们进行处理。

电子邮件服务器通常有这样两种类型：发送邮件服务器（SMTP 服务器）和接收邮件服务器（POP3 或 IMAP 服务器），如图 6-64 所示。

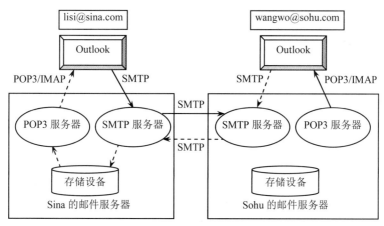

图 6-64　电子邮件收发过程

发送邮件服务器的作用是将用户编写的电子邮件转交到收件人手中。接收邮件服务器用于保存其他人发送给用户的电子邮件，以便用户从接收邮件服务器上将邮件取到本地机上阅读。通常，同一台电子邮件服务器既可完成发送邮件的任务，又能让用户从它那里接收邮件，这时发送邮件服务器和接收邮件服务器是相同的。但从根本上看，这两个服务器没有什么对应关系。

5．电子邮件的地址格式

使用电子邮件的首要条件是要拥有一个电子邮箱，它是由提供电子邮政服务的机构为用户建立的。绝大多数用户通常会通过在某个知名网站上申请来获取免费邮箱服务的方式拥有一个自己的电子邮箱。实际上，电子邮箱就是指因特网上某台计算机为用户分配的专用于存放往来信件的磁盘存储区域，但这个区域是由电子邮件系件负责管理和存取。每个拥有电子邮箱的人都会有一个电子邮件地址，下面认识一下电子邮件地址的构成。

电子邮件地址的典型格式为的：用户名@主机名（邮件服务器域名）。

这里@之前是用户自己选择的代表用户的字符组合或代码，@之后是为用户提供电子邮件服务的服务商名称，例如 luckczj@qq.com。

6.3.2　电子邮件相关协议

电子邮件在发送和接收的过程中需要遵循一些基本协议和标准，其中最重要的是 SMTP、POP3 和 IMAP 协议。

1．SMTP 协议

SMTP（Simple Mail Transfer Protocol）又称为简单邮件传输协议，是 Internet 上基于 TCP/IP 的应用层协议。该协议是负责邮件发送的，SMTP 服务器就是遵循 SMTP 协议的邮件发送服务器。

2．POP3 协议

POP（Post Office Protocol）又称邮局协议，是整个邮件系统中的基本协议之一，该协议是负责接收邮件的，POP3 服务器就是邮件接收服务器。

POP3 协议即邮局协议标准的第三个版本。

3．IMAP 协议

互联网信息访问协议（IMAP）是一种优于 POP 的新协议。和 POP 一样，IMAP 也能下载邮件、从服务器中删除邮件或询问是否有新邮件，但 IMAP 克服了 POP 的一些缺点。例如，它可以决定客户机请求邮件服务器提交所收到邮件的方式，请求邮件服务器只下载所选中的邮件而不是全部邮件。客户机可先阅读邮件信息的标题和发送者的名字再决定是否下载这个邮件。通过用户的客户机电子邮件程序，IMAP 可让用户在服务器上创建并管理邮件文件夹或邮箱，并可以删除邮件、查询某封信的一部分或全部内容，完成所有这些工作时都不需要把邮件从服务器下载到用户的个人计算机上。

【任务分析】

这里我们已经掌握了电子邮件的知识，根据任务说明小李应该首先去申请一个免费电子邮箱。根据国内当前各大企业提供的免费邮箱情况来看，腾讯提供的电子邮件服务器最方便。因为当用户申请一个 QQ 号的时候，也就自动获得了一个 QQ 邮箱。邮箱的用户名就是 QQ 号码，邮箱的域名是"qq.com"。

QQ 已经整合了电子邮件的收发功能，而且还很方便，所有的 QQ 好友都被包括在邮箱通讯录内，所以收发邮件可以通过 QQ 打开，也可以直接访问 QQ 邮箱首页（https://mail.qq.com/）。

【任务实施】

1. 注册 QQ 邮箱

浏览器打开"QQ 邮箱"首页（https://mail.qq.com/），单击页面上"注册新账号"超链接，申请一个 QQ 号码，如图 6-65 所示。

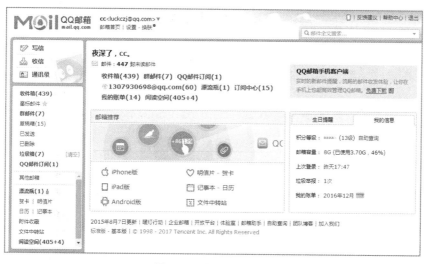

图 6-65 注册 QQ 邮箱

2. 登录 QQ 邮箱

完成注册后，返回"QQ 邮箱"首页，使用刚注册的账号和密码进行登录（这里假定注册账号是邮箱类型——"luckczj@qq.com"），如图 6-66 所示。

图 6-66 登录 QQ 邮箱

可以看到邮箱总体情况，包括有多少封未读的普通邮件、群邮件等信息。

3. 查看邮件

查看邮件很方便，单击"收件箱"即可看到所有邮件，如图 6-67 所示。

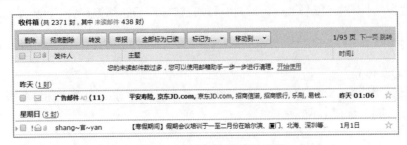

图 6-67　查看 QQ 邮箱的收件箱

无论单击邮件的"收件人"或"主题"部分，都可以打开邮件进行查看，如图 6-68 所示。

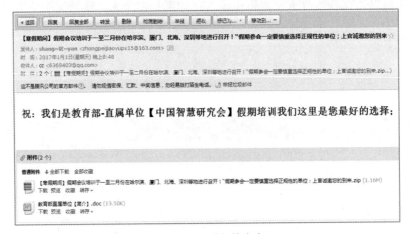

图 6-68　查看邮件内容

4. 发送邮件

单击左侧"写信"，打开编辑新邮件窗口，如图 6-69 所示。

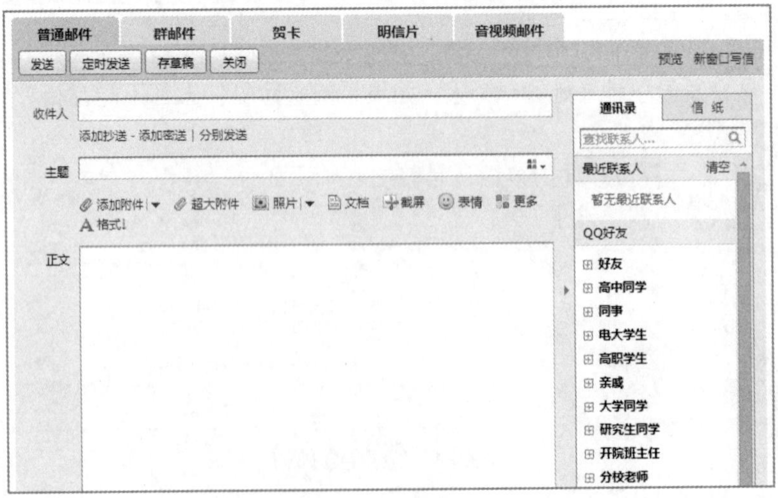

图 6-69　撰写邮件

（1）如果收件人是 QQ 好友，或者是已经添加到通信录的账号，可以直接在右侧"查找联系人"文本框中输入账号昵称或者 QQ 号码，单击查找出的账号即可添加收件人，如图 6-70 所示。

图 6-70　使用通讯录添加收件人

如果要一次性给多个人发送邮件，则可以反复查找，逐个添加。对于没有存在于通讯录的邮件地址，可以直接在收件人文本框中录入（如果是多个人，账号间用分号间隔）。

收件人输入完毕后，完成邮件主题（收件人收到邮件后直接看到的标题）和正文。

（2）QQ 邮件发送可以有多种方式。单击"发送"按钮，则邮件会被立即发送出去；如果单击"定时发送"则会弹出"定时发送"对话框，如图 6-71 所示。

图 6-71　邮件定时发送设置

设置好发送时间后，单击"发送"按钮，则 QQ 邮件服务器会在设定时间到来时才把邮件发送出去。

无论哪一种发送方式，发送邮件时默认是"抄送"模式，即收件人会看到所有其他收件人。在抄送模式下，如果希望个别用户不看到邮件时群发的，可以单击"添加密送"，这样用户就以为邮件是只发给了他（她）一个人。如果希望全体收件人都不能互相看见，则可以选择"分别发送"模式。

（3）添加附件。普通邮件内容默认是普通文本，如果有其他非文本的内容，可以使用附件来进行发送（如果附件超过了 50M，可以选择超大附件）。对方收到邮件后，可以将附件下载后再使用。

【任务小结】

本任务中我们学习了：

（1）电子邮件的基础知识。

（2）电子邮件的相关协议。

（3）如何申请免费邮箱并发送邮件。

任务 6.4　保护计算机安全

【任务说明】

小李为了使用方便，没有给计算机设置密码。计算机接入 Internet 一些时间后，他发现计算机工作不正常，启动慢，运行其他程序时经常报错。朋友告诉他计算机可能中病毒了，他该怎么办？

【预备知识】

6.4.1　计算机安全概述

1. 什么是计算机安全

对于计算机安全，国际标准化委员会（International Organization for Standardization，ISO）给出的定义是：为数据处理系统采取的技术以及管理的安全保护，保护计算机硬件、软件、数据不因偶然的或恶意的原因而遭到破坏、更改、泄露。我国公安部计算机管理监察司的定义是：计算机安全是指计算机资产安全，即计算机信息系统资源和信息资源不受自然和认为有害因素的威胁和危害。

2. 计算机安全涵盖的内容

从技术上讲，计算机安全主要包括以下几个方面。

（1）实体安全。实体安全又称物理安全，主要指主机、计算机网络的硬件设备、各种通信线路和信息存储设备等物理介质的安全。

（2）系统安全。系统安全是指主机操作系统本身的安全，如系统中用户账号和口令设置、文件和目录存取权限设置、系统安全管理设置、服务程序使用管理以及计算机安全运行等保障安全的措施。

（3）信息安全。这里的信息安全仅指经由计算机存储、处理、传送的信息，而不是广义上泛指的所有信息。实体安全和系统安全的最终目的是实现信息安全，所以，从狭义上来讲，计算机安全的本质就是信息安全。信息安全要保障信息不会被非法阅读、修改和泄露，它主要包括软件安全和数据安全。

3. 计算机安全的属性

计算机安全通常包含如下属性：可用性、可靠性、完整性、保密性、不可抵赖性、可控性和可审查性等。

（1）可用性。可用性是指无论何时何地，只要用户需要，信息系统必须是可用的，也就是信息系统不能拒绝服务。

（2）可靠性。可靠性是指系统在规定条件下和规定时间内、完成规定功能的概率。可靠性是计算机安全最基本的要求之一。

（3）完整性。完整性是指信息不被偶然或蓄意地删除、修改、伪造、乱序、重放、插入等破坏的特性。

（4）保密性。保密性是指确保信息不暴露给未授权的用户。

（5）不可抵赖性。不可抵赖性也称作不可否认性，指通信双方对其收发过的信息均不可抵赖。

（6）可控性。可控性就是指可以控制授权范围内的信息流向及行为方式，对信息的传播及内容具有可控制能力。

（7）可审查性。可审查性是指系统内所发生的与安全有关的操作均由说明性记录可查。

3．影响计算机安全的主要因素

影响计算机安全的因素很多，它既包含恶意攻击，也包含天灾人祸和用户偶发性的操作失误。概括起来主要有以下几个方面。

（1）影响实体安全的因素。影响实体安全的因素主要包括电磁干扰、盗用、偷窃、硬件故障、超负荷、火灾、灰尘、静电、强磁场、自然灾害以及某些恶性病毒等。

（2）影响系统安全的因素。影响系统安全的因素包括操作系统存在的漏洞、网络通信协议存在的漏洞等。

（3）对信息安全的威胁。对信息安全的威胁主要有两种：信息泄露和信息破坏。信息泄露指由于偶然或者人为因素将一些重要信息被未授权的人所获，造成泄密。信息泄露既可以发生在信息传输的过程中，也可以发生在信息存储过程中。信息破坏则是由于偶然事故或者人为因素故意破坏信息的正确性、完整性和可用性。

4．计算机安全等级标准

TCSEC（可信计算机安全评价标准）系统评价准则是美国国防部于 1985 年发布的计算机系统安全评估的第一个正式标准，现有的其他标准大多数都参考它来制定。TCSEC 标准根据对计算机提供的安全保护的程度不同，按从低到高顺序分为四等八级：最低保护等级 D 类（D1）、自主保护等级 C 类（C1、C2）、强制保护等级 B 类（B1、B2 和 B3）和验证保护等级 A 类（A1 和超越 A1）。

6.4.2 计算机安全的主要技术

随着计算机网络技术的飞速发展，计算机安全技术主要围绕网络安全不断完善发展。为了保护网络资源免受威胁和攻击，在密码学和安全协议的基础上发展出了多种安全技术。

1．密码技术

密码技术，也称密码学，是指对信息进行加密、分析、识别和确认以及对密钥进行管理的技术。密码技术是保护信息安全最基础、最核心的手段。在加密技术中，将需要隐藏传送的消息称为明文，明文变换成的另一种隐藏形式称为密文。保密信息以密文进行传输，接收方对接收的密文进行解密还原成明文。由明文到密文的转换叫加密，加密的逆向过程叫解密。对明文进行加密采用的一组规则称为加密算法，对密文解密时采用的一组规则称为解密算法。加密算法和解密算法中通常需要某些关键的参数（密码），我们称之为密钥，包括加密密钥和解密密钥。如果加密密钥和解密密钥相同，我们称为对称密钥体制，反之则称为非对称密钥体制。对称密钥体制中加密和解密需要的密钥相同，所以不能公开，而非对称密钥体制中，加密方用解密方提供的公开密钥进行加密，解密方用自己的私钥对密文进行解密。数字签名就是用非对称密钥体制实现的。

2．认证技术

认证是防止主动攻击的重要技术，它包括身份认证和消息认证。

（1）身份认证。身份认证技术是在计算机网络中确认操作者身份的过程而产生的有效解决方法。计算机网络世界中的一切信息，包括用户的身份信息都是用一组特定的数据来表示的，计算机只能识别用户的数字身份，所有对用户的授权也是针对用户数字身份的授权。如何保证以数字身份进行操作的操作者就是这个数字身份合法拥有者，保证操作者的物理身份与数字身份相对应，身份认证技术就是为了解决这个问题。作为防护网络资产的第一道关口，身份认证有着举足轻重的作用。

常用的手段包括账号和口令认证方式、指纹、虹膜、面部识别或掌纹等。

（2）消息认证。消息认证是指通过对消息或者消息有关的信息进行加密或签名变换进行的认证，目的是为了防止传输和存储的消息被有意无意地篡改，包括消息内容认证、消息的源和宿认证、消息的序号和操作时间认证等。

消息认证所用的摘要算法与一般的对称或非对称加密算法不同，它并不用于防止信息被窃取，而是用于证明原文的完整性和准确性，也就是说，消息认证主要用于防止信息被篡改。

3. 访问控制

访问控制是信息安全保障机制的重要内容，它是实现数据保密性和完整性机制的重要手段。访问控制的目的是决定谁能够访问系统、能访问系统的哪些资源以及访问这些资源时所具备的权限，简而言之，访问控制机制决定用户程序能做什么以及能做到什么程度。

4. 入侵检测

入侵检测是通过对计算机网络或计算机系统中的若干关键点的访问，收集信息并对其进行分析，从中发现网络或系统中是否存在违反安全策略的行为和遭到袭击的迹象，进而对有影响计算机安全的行为采取相应的措施。

入侵检测系统主要由事件产生器、事件数据库和响应单元几个模块组成。

5. 防火墙

防火墙技术是通过有机结合各类用于安全管理与筛选的软件和硬件设备，帮助计算机网络于其内外网之间构建一道相对隔绝的保护屏障，以保护用户资料与信息安全性的一种技术。

防火墙技术的功能主要在于及时发现并处理计算机网络运行时可能存在的安全风险、数据传输等问题，其中处理措施包括隔离与保护，同时可对计算机网络安全当中的各项操作实施记录与检测，以确保计算机网络运行的安全性，保障用户资料与信息的完整性，为用户提供更好、更安全的计算机网络使用体验。

6.4.3 计算机病毒和木马

1. 恶意程序

恶意程序通常是指带有攻击意图所编写的一段程序。这些威胁可以分成两个类别：需要宿主程序的威胁和彼此独立的威胁。前者基本上是不能独立于某个实际的应用程序、实用程序或系统程序的程序片段；后者是可以被操作系统调度和运行的自包含程序。

也可以将这些软件威胁分成不进行复制工作和进行复制工作的两类。简单说，前者是一些当宿主程序调用时被激活起来完成一个特定功能的程序片段；后者由程序片段（病毒）或者独立程序（蠕虫、细菌）组成，在执行时可以在同一个系统或某个其他系统中产生自身的一个或多个以后被激活的副本。

恶意程序主要包括：陷门、逻辑炸弹、特洛伊木马、蠕虫、细菌、病毒等。

（1）陷门。计算机操作的陷门设置是指进入程序的秘密入口，它使得知道陷门的人可以不经过通常的安全检查访问过程而获得访问。程序员为了进行调试和测试程序，已经合法地使用了很多年的陷门技术。当陷门被无所顾忌的程序员用来进行非授权访问时，陷门就变成了威胁。对陷门进行操作系统的控制是困难的，必须将安全测量集中在程序开发和软件更新的行为上才能更好地避免这类攻击。

（2）逻辑炸弹。在病毒和蠕虫之前最古老的程序威胁之一是逻辑炸弹。逻辑炸弹是嵌入在某个合法程序里面的一段代码，被设置成当满足特定条件时就会发作，也可理解为"爆炸"，它具有计算机病毒明显的潜伏性。一旦触发，逻辑炸弹可能改变或删除数据或文件，引起机器关机或完成某种特定的破坏工作。

（3）特洛伊木马。特洛伊木马是一个有用的，或表面上有用的程序或命令过程，包含了一段隐藏的、激活时进行某种不想要的或者有害的功能的代码。它的危害性是可以用来非直接地完成一些非授权用户不能直接完成的功能。特洛伊木马的另一动机是数据破坏，程序看起来是在完成有用的功能（如计算器程序），但它也可能悄悄地在删除用户文件，直至破坏数据文件，这是一种非常常见的病毒攻击。

（4）蠕虫。网络蠕虫程序是一种使用网络连接从一个系统传播到另一个系统的感染病毒程序。一旦这种程序在系统中被激活，网络蠕虫可以表现得像计算机病毒或细菌，或者可以注入特洛伊木马程序，或者进行任何次数的破坏或毁灭行动。为了演化复制功能，网络蠕虫传播主要靠网络载体实现。如电子邮件机制：蠕虫将自己的复制品邮发到另一系统；远程执行的能力：蠕虫执行自身在另一系统中的副本。远程注册的能力：蠕虫作为一个用户注册到另一个远程系统中去，然后使用命令将自己从一个系统复制到另一系统。网络蠕虫程序靠新的复制品作用在远程系统中运行，除了在系统中执行非法功能外，它继续以同样的方式进行恶意传播和扩散。

网络蠕虫表现出与计算机病毒同样的特征：潜伏、繁殖、触发和执行。和病毒一样，网络蠕虫也很难对付，但如果很好地设计并实现了网络安全和单机系统安全的管理，就可以最小化限制蠕虫的威胁。

（5）细菌。计算机中的细菌是一些并不明显破坏文件的程序，它们的唯一目的就是繁殖自己。一个典型的细菌程序可能什么也不做，除了在多个程序系统中同时执行自己的两个副本，或者创建两个新的文件外。每一个细菌都在重复地复制自己，并以指数级地复制，最终耗尽了所有的系统资源（如 CPU、RAM、硬盘等），从而拒绝用户访问可用的系统资源。

（6）病毒。病毒是一种攻击性程序，采用把自己的副本嵌入到其他文件中的方式来感染计算机系统。当被感染文件加载进内存时，这些副本就会执行去感染其他文件，如此不断进行下去。病毒常都具有破坏性作用，有些是故意的，有些则不是。通常生物病毒是指基因代码的微小碎片，如 DNA 或 RNA，它可以借用活的细胞组织制造几千个无缺点的原始病毒的复制品。计算机病毒就像生物上的对应物一样，它是带着执行代码感染实体，寄宿在一台宿主计算机上。典型的病毒获得计算机磁盘操作系统的临时控制后，每当受感染的计算机接触一个没被感染的软件时，病毒就将新的副本传到该程序中。因此，通过正常用户间的交换磁盘以及向网络上的另一用户发送程序的行为，病毒就有可能从一台计算机传到另一台计算机。在网络环境中，访问其他计算机上的应用程序和系统服务的能力为病毒的传播提供了基础。

比如 CIH 病毒，它是迄今为止发现的最阴险的病毒之一。它发作时不仅破坏硬盘的引导区和分区表，而且破坏计算机系统 Flash BIOS 芯片中的系统程序，导致主板损坏。CIH 病毒是发现的首例直接破坏计算机系统硬件的病毒。

再比如电子邮件病毒，超过 85%的人使用互联网是为了收发电子邮件，而"爱虫"发作时，全世界有数不清的人惶恐地发现，自己存放在计算机上的所有文件都被删得干干净净。

2. 恶意程序防范技术

由于恶意程序的多样性，普通用户要进行防范与应对变得非常困难，因此应对这些问题的安全公司应运而生，他们推出的各种安全管理工具提供了大量自动化、智能化的安全解决方案，极大地保障了我们的计算机信息安全。

世界范围内享有盛誉的安全防范工具很多，并且都具有自己特色的功能。这里以国内最为普及的个人安全防范工具——360 安全卫士为例。360 安全卫士是 360 公司推出的一款免费的个人安全工具套装，套装除了 360 安全卫士程序外，还包括 360 杀毒软件、360 安全浏览器等工具，为个人计算机安全防范提供了完整解决方案。

（1）360 安全卫士套装。

1）360 安全卫士。360 安全卫士是套装的主题部分，通过它可以完成其他工具的安装，如图 6-72 所示。

图 6-72　360 安全卫士界面

360 安全卫士主要包括了"电脑体检""木马查杀""电脑清理""系统修复""软件管家"等实用功能。电脑体检主要进行故障检测、垃圾检测、安全检测三大类检测，然后根据各类检测下子项检查结果进行评分并给出修复方案；木马查杀主要针对木马病毒进行查杀；电脑清理主要清理系统运行后产生的临时文件或者一些无用的注册表信息；系统修复主要给操作系统打补丁，堵上系统的一些设计缺陷；软件管家则是为系统提供安全的软件下载、安装和卸载工具，非常方便普通用户使用，规避了网站下载软件的一些陷阱，并且一键完成操作。比如前文任务中安装 Chrome 浏览器，如果在软件管家下载安装则是一件更安全和简单的事情，如图 6-73 所示。

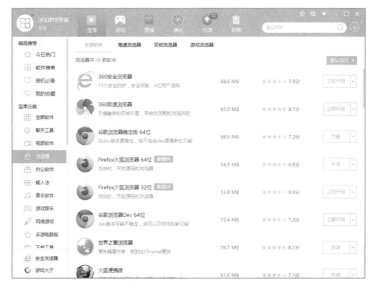

图 6-73　使用软件管家安装管理软件

2）360 杀毒软件。360 杀毒软件是国内最早推出的专业级免费杀毒软件，它直接导致了安全行业的大洗牌，使得国内其他个人杀毒软件产品都只能免费提供给用户使用。360 杀毒软件杀毒功能强大，而且支持多引擎杀毒，扫描速度也很快，这在大硬盘普及的今天尤为重要，如图 6-74 所示。

图 6-74　360 杀毒软件界面

3）360 安全浏览器。360 安全浏览器（360SecurityBrowser）是 360 安全中心推出的一款基于 IE 和 Chrome 双内核的浏览器。它和 360 安全卫士、360 杀毒等软件等产品一同成为 360 安全中心的系列产品。360 安全浏览器拥有全国最大的恶意网址库，采用恶意网址拦截技术，可自动拦截挂马、欺诈、网银仿冒等恶意网址，并独创沙箱技术，在隔离模式即使访问木马也不会感染。

360 安全浏览器除了 PC 版本外，也推出了手机版本（安卓、iOS），注册登录的用户其收藏夹会变成网络收藏夹，即无论在哪里登录都可以共享相同的收藏夹。

此外，360 安全浏览器还提供了很多特色功能，诸如网址大全、多语言词典、屏幕截图、下载加速等。

（2）电脑管家。电脑管家是腾讯科技有限公司推出的一款免费安全软件，拥有安全云库、系统加速、一键清理、实时防护、网速保护、电脑诊所等功能，依托腾讯安全云库、反病毒引擎"鹰眼"及 QQ 账号全景防卫系统，能查杀各类计算机病毒，如图 6-75 所示。

腾讯电脑管家的前身是成立于 2006 年 12 月的 QQ 医生，2010 年 5 月升级为 QQ 电脑管家，2012 年 3 月更名为腾讯电脑管家。它的总体功能和 360 安全工具套装类似，差别在于 360 是各司其职，而在电脑管家中是集成在一起的。

图 6-75　腾讯电脑管家

【任务分析】

根据任务说明，建议小李注意维护计算机的安全性，主要完成以下方面工作：
（1）改善账号的安全性，除了设置登录密码外，还应该定期修改密码。
（2）安装安全管理工具，并定期进行安全维护。、

【任务实施】

1. 修改操作系统账号的密码

建议设置 8 位以上的、包括数字和字符的密码，并且每隔一个月修改一次密码。研究显示，如果用一台双核计算机破解密码，瞬间就能成功破解 6 位数字密码，8 位需 348 分钟，10 位需 163 天；6 位大小写字母需 33 钟，8 位大写字母需 62 天；混合使用数字和大小写字母，6 位需一个半小时，8 位耗时 253 天；混合使用数字、大小写字母和标点，6 位耗时 22 小时，8 位需 23 年。

（1）单击"开始"菜单，再单击"控制面板"，打开"控制面板"窗口。
（2）在打开的控制面板窗口中找到"用户账户和家庭安全"。
（3）单击进入，选择"用户账户"。

（4）单击进入，根据用户账号的情况进行不同的选择。如果没有设置密码则选择"创建密码"，已经有了密码则选择"更改密码"。

根据提示可以很容易地完成修改。

2．安装腾讯电脑管家

（1）打开浏览器进入腾讯官网（http://www.qq.com/），在栏目右侧单击"电脑管家"，进入下载页面，如图6-76所示。

图6-76　下载电脑管家工具

（2）在下载页面上，单击"立即下载"则会下载一个在线安装包并进行安装，如果单击"无障碍版"则将下载离线安装包。

（3）安装完毕后，启动电脑管家进行"全面体检"（垃圾清理、木马查杀、漏洞检查）。

（4）单击"软件管理"对需要升级的软件进行升级（可以查看升级原因）。

【任务小结】

本任务主要学习了：

（1）信息安全的相关概念和术语。

（2）恶意程序的类型和防范技术。

【项目练习】

一、单选题

1．计算机网络按其覆盖的范围，可以划分为（　　）。

 A．以太网和移动通信网　　 B．电路交换网和分组交换网

 C．局域网、城域网和广域网　 D．星型、环型和总线型

2．下列域名中，表示教育机构的是（　　）。

 A．ftp.bta.net.cn　　 B．ftp.cnc.ac.cn

 C．www.ioa.ac.cn　　 D．www.buaa.edu.cn

3．统一资源定位器URL的格式是（　　）。

 A．协议://IP地址或域名/路径/文件名　 B．协议://路径/文件名

 C．TCP/IP协议　　 D．HTTP协议

4．下列各项中，非法的 IP 地址是（　　）。

    A．126.96.2.6   B．190.256.38.8

    C．203.113.7.15   D．203.226.1.68

5．Internet 在中国被称为因特网或（　　）。

    A．网中网   B．国际互联网

    C．国际联网   D．计算机网络系统

6．下列不属于网络拓扑结构形式的是（　　）。

    A．星型   B．环型   C．总线型   D．分支型

7．因特网上的服务都是基于某一种协议，Web 服务是基于（　　）。

    A．SNMP 协议   B．SMTP 协议

    C．HTTP 协议   D．TELNET 协议

8．电子邮件时 Internet 应用最广泛的服务之一，通常采用的传输协议是（　　）。

    A．SMTP   B．TCP/IP   C．CSMA/CD   D．IPX/SPX

9．计算机网络的目标是实现（　　）。

    A．数据处理   B．文献检索

    C．资源共享和信息传输   D．信息传输

10．当个人计算机以拨号方式接入 Internet 时，必须使用的设备是（　　）。

    A．网卡   B．调制解调器   C．电话机   D．浏览器软件

11．目前传输速率最高的传输介质是（　　）。

    A．双绞线   B．同轴电缆   C．光纤   D．电话线

12．关于电子邮件，下列说法中错误的是（　　）。

    A．发送电子邮件需要 E-mail 软件支持

    B．发件人必须有自己的 E-mail 账号

    C．收件人必须有自己的邮政编码

    D．必须知道收件人的 E-mail 地址

13．对于邮件中插入的"链接"，下列说法中正确的是（　　）。

    A．链接指将约定的设备用线路连通

    B．链接将指定的文件与当前文件合并

    C．单击链接就会转向链接指向的地方

    D．链接为发送电子邮件做好准备

14．可传送信号的最高频率和最低频率之差称为（　　）。

    A．波特率   B．比特率   C．吞吐量   D．信道带宽

15．在计算机网络中，通常把提供并管理共享资源的计算机称为（　　）。

    A．服务器   B．工作站   C．网关   D．网桥

16．计算机病毒可以使整个计算机瘫痪，危害极大。计算机病毒是（　　）。

    A．一种芯片   B．一段特制的程序

    C．一种生物病毒   D．一条命令

17．以下（　　）不是预防计算机病毒的措施。

    A．建立备份   B．专机专用   C．不上网   D．定期检查

18. 以下关于病毒的描述中，不正确的说法是（   ）。

    A．对于病毒，最好的方法是采取"预防为主"的方针

    B．杀毒软件可以抵御或清除所有病毒

    C．恶意传播计算机病毒可能是犯罪行为

    D．计算机病毒都是人为制造的

19. 计算机病毒按照感染的方式可以进行分类，以下（   ）不是其中一类。

    A．引导区型病毒   B．文件型病毒

    C．混合型病毒   D．附件型病毒

20. 以下关于病毒的描述中，正确的说法是（   ）。

    A．只要不上网，就不会感染病毒

    B．只要安装最好的杀毒软件，就不会感染病毒

    C．严禁在计算机上玩游戏也是预防病毒的一种手段

    D．所有的病毒都会导致计算机越来越慢，甚至可能使系统崩溃

21. 目前使用的杀毒软件，能够（   ）。

    A．检查计算机是否感染了某些病毒，如有感染，可以清除其中一些病毒

    B．检查计算机是否感染了任何病毒，如有感染，可以清除其中一些病毒

    C．检查计算机是否感染了病毒，如有感染，可以清除所有的病毒

    D．防止任何病毒再对计算机进行侵害

22. 按链接方式分类，计算机病毒不包括（   ）。

    A．源码型病毒   B．入侵型病毒

    C．外壳型病毒   D．Word 文档病毒

23. 消息认证的内容不包括（   ）。

    A．证实消息发送者和接收者的真实性

    B．消息内容是否受到偶然或有意的篡改

    C．消息合法性认证

    D．消息的序列和时间

24. 下面不正确的说法是（   ）。

    A．打印机卡纸后，必须重新启动计算机

    B．带电安装内存条可能导致计算机某些部件的损坏

    C．灰尘可能导致计算机线路短路

    D．可以利用电子邮件进行病毒传播

二、操作题

1．打开 Chrome 浏览器，打开腾讯网站首页，将该网页保存，选择"网页，仅 HTML"。

2．打开浏览器，使用百度搜索引擎，检索钱天白教授事迹，将有关他发出的第一封电子邮件的信息复制保存到桌面，并命名为：china.txt。

3．请进入百度的更多推荐，打开"hao123"网站，将该网站设置为默认主页，并在收藏夹下新建文件夹"导航服务"，并将网站收藏到该文件夹。

4．使用 QQ 邮件服务给老师发一封定时发送邮件。

正文如下：

X 老师：您好！

我今天上课的机器的 IP 地址是：（注意：请考生在此输入本机的 IP 地址），网关地址是：（注意：请考生在此输入本机的网关地址）。

此致

敬礼！

姓名

学号

××××年××月××日

附件：网络地址信息屏幕截图.JPG。

项目七　信息素养拓展

【项目描述】

本项目一方面介绍计算机新技术，给学生拓展视野，增加知识；另一方面通过介绍计算机相关知名企业的浮沉历史，阐述创新能力和与时俱进的能力需求，同时也就如何提升个人能力进行网络学习进行介绍。

【学习目标】

1. 开拓视野，增长见识。
2. 激励学习。

【能力目标】

1. 能够熟练使用搜索引擎获取需要的信息。
2. 能够提升自我信息素养。

任务 7.1　了解计算机新技术

【任务说明】

李想是一名大学新生，很希望能全面了解下我国新一代信息技术发展状况。

【预备知识】

7.1.1　新一代信息技术

"十二五"（2011—2015 年）规划中明确了战略新兴产业是国家未来重点扶持的对象，其中信息技术被确立为七大战略性新兴产业之一，将被重点推进。新一代信息技术分为六个方面，分别是下一代通信网络、物联网、三网融合、新型平板显示、高性能集成电路和以云计算为代表的高端软件。从此新一代信息技术频繁出现在各种媒体和文章中。

1. 下一代通信网络

下一代网络（NGN）指一个建立在 IP 技术基础上的新型公共电信网络，它能够容纳各种形式的信息，在统一的管理平台下，实现音频、视频、数据信号的传输和管理，提供各种宽带应用和传统电信业务，是一个真正实现宽带窄带一体化、有线无线一体化、有源无源一体化、传输接入一体化的综合业务网络。下一代通信网络中光网络的建设、软交换以及新一代无线移动通信技术（3G、4G 和 5G）网络的建设尤为关键。

在 NGN 被提出后，国内的通信网络技术得到了飞速发展，3G、4G 网络的成功布署开启了国内移动互联网浪潮。更值得一提的是，和过去一直使用国外通信技术标准方案不同，在决定全球通信技术标准的 5G 方案大战中，中国华为以绝对优势击败欧美列强，主推的 Polar Code 成为 5G 短码最终方案。2019 年 6 月 6 日，工信部正式向中国电信、中国移动、中国联通、中国广电发放 5G 商用牌照，中国正式进入 5G 时代。

2. 物联网

物联网概念最早出现于比尔·盖茨 1995 年《未来之路》一书。在《未来之路》中，比尔·盖茨已经提及物联网概念，只是当时受限于无线网络、硬件及传感设备的发展，并未引起世人的重视。直到 2005 年 11 月 17 日，在突尼斯举行的信息社会世界峰会（WSIS）上，国际电信联盟（ITU）发布了《ITU 互联网报告 2005：物联网》，正式提出了"物联网"的概念。

物联网（Internet of Things，简称 IOT）是指通过各种信息传感器、射频识别技术、全球定位系统、红外感应器、激光扫描器等各种装置与技术，将各种信息传感设备与互联网结合起来而形成的一个巨大网络，可以实现在任何时间、任何地点，人、机、物的互联互通，以实现对物品的智能化识别、定位、跟踪、监控和管理的一种网络。

物联网是一个基于互联网、传统电信网等的信息承载体，它让所有能够被独立寻址的普通物理对象形成互联互通的网络，如图 7-1 所示。这有两层意思：第一，物联网的核心和基础仍然是互联网，是在互联网基础上的延伸和扩展的网络；第二，其用户端延伸和扩展到了任何物品与物品之间，进行信息交换和通信。

图 7-1　万物互联的物联网

物联网的应用领域涉及到方方面面，在工业、农业、环境、交通、物流、安保等基础设施领域的应用，有效地推动了这些领域的智能化发展，使得有限的资源更加合理地使用分配，从而提高了行业效率、效益。

3. 三网融合

三网融合主要指电信网、移动互联网以及广播电视网的融合，此融合并不意味着电信网、计算机网和有线电视网三大网络的物理合一，而主要是指高层业务应用的融合。其表现为技术上趋向一致，网络层上可以实现互联互通，形成无缝覆盖，业务层上互相渗透和交叉，应用层上趋向使用统一的 IP 协议，为提供多样化、多媒体化、个性化服务的同一目标逐渐交汇在一起，通过不同的安全协议，最终形成一套网络中兼容多种业务的运维模式。三者之间相互交叉，形成你中有我、我中有你的格局。

2010 年国务院发布了推进三网融合的总体方案，按照方案规划，2010 至 2012 年是三网融合试点阶段，2013 至 2015 年是全面推进三网融合的推广阶段。

三网融合打破了此前广电在内容输送、电信在宽带运营领域各自的垄断，明确了互相进入的准则——在符合条件的情况下，广电企业可经营增值电信业务、比照增值电信业务管理的基础电信业务、基于有线电网络提供的互联网接入业务等；而国有电信企业在有关部门的监管下，可从事除时政类节目之外的广播电视节目生产制作、互联网视听节目信号传输、转播时政类新闻视听节目服务、IPTV 传输服务、手机电视分发服务等。

工信部 2016 年 5 月 5 日向中国广播电视网络有限公司颁发基础电信业务经营许可证，批准其在全国范围内经营互联网国内数据传送业务、国内通信设施服务业务。这意味着，中国广播电视网络有限公司成为国内第四个基础电信业务运营商。这也正是三网融合的一个典型成果。

4. 新型平板显示

目前，在平板显示领域 TFT-LCD 仍以其绝对大的产业规模、市场份额（85%以上）和最大的应用领域范围占绝对主导地位。但随着人们对显示效果、便利性和经济性提出了更高的要求，新型平板显示技术已经浮出水面，在不远的将来将逐渐取代 TFT-LCD。行业机构 Display Research 的资料显示，2010 全球 TFT-LCD 面板总市场规模达 640 亿美元左右，且基本由韩国、日本、台湾公司占据，可喜的是目前大陆相关企业的技术和世界一流水平的差距正在缩小，同时具有非常明显的成本优势，产品未来的替代空间巨大。

新型平板显示技术包含多个方面，不仅仅局限于显示技术本身，同时还包括与显示设备关系密切的其他技术。目前的关注热点主要有 OLED、电子纸、LED 背光、高端触摸屏和平板显示上游材料等。

在政策的引领下，国内相关企业成长迅速。在液晶显示屏领域，三星一直占据着市场 90%以上的份额，华为、苹果等众多手机厂商都得采购三星的显示屏。但是现在这一状况正在改变，中国京东方科技集团用了 25 年时间，打破了日韩多年的技术垄断，液晶显示屏出货量已经位居全球第一，索尼、苹果、华为和小米都纷纷来这家公司采购显示屏，洽谈合作。

5. 高性能集成电路

芯片是电子产品的"心脏"，是信息社会的核心基石，是国家的"工业粮食"。可以说，目前大部分的现代工业都是建立在芯片基础之上的，芯片能够广泛用于通信设备、计算机、消费电子、汽车电子、医疗仪器、机器人、工业控制等各种电子产品和系统，是高端制造业的核心基石。根据 IMF（国际货币基金组织）测算，每 1 美元半导体芯片的产值可带动相关电子信息产业 10 美元产值，并带来 100 美元的 GDP，这种价值链的放大效应决定了半导体行业在国民经济中的重要地位。中国是全球唯一一个拥有联合国产业分类目录中所有工业门类的国家，包括 41 大类，191 个中类和 525 个小类，从而导致我们成为了芯片需求量极大的国家，2019 年我国芯片进口已经超过了 3000 亿美元，成为中国第一大进口商品。在新一轮科技革命与产业变革背景下，大力促进高端芯片产业的创新发展，有利于中国抢占全球高科技领域制高点、增强国家产业发展优势和国际竞争力，实现经济社会高质量发展。

集成电路（IC）产业属于传统电子制造业，市场规模非常庞大，未来增长速度较为平稳且受经济周期影响较大。除了成熟行业的周期性特点，集成电路又具有高新技术产业的特性，即技术不断进步，新产品推出取代老产品等特点。中国作为集成电路技术的新兴国家，市场规模的复合增长率显著高于全球平均水平，可达年均 16%以上。

目前中国 IC 产品普遍较为低端，高端集成电路产业仍然处于成长期，未来随着对专用高集成度 IC 的需求越来越大，大功率型 IC 在节能减排中的应用越来越广泛，高性能集成电路产业将具有很好的发展前景。

6. 云计算

云计算（Cloud Computing）是分布式计算的一种，指的是通过网络"云"将巨大的数据计算处理程序分解成无数个小程序，然后通过多部服务器组成的系统处理和分析这些小程序，得到结果并返回给用户。早期的云计算就是简单的分布式计算，解决任务分发，并进行计算结果的合并。因而，云计算又称为网格计算。通过这项技术，可以在很短的时间内（几秒钟）完成对数以万计的数据的处理，从而达到强大的网络服务。

现阶段所说的云服务已经不单单是一种分布式计算，而是分布式计算、效用计算、负载均衡、并行计算、网络存储、热备份冗杂和虚拟化等计算机技术混合演进并跃升的结果。

从广义上说，云计算是与信息技术、软件、互联网相关的一种服务，这种计算资源共享池叫做"云"，云计算把许多计算资源集合起来，通过软件实现自动化管理，只需要很少的人参与，就能让资源被快速提供。也就是说，计算能力作为一种商品，可以在互联网上流通，就像水、电、煤气一样，可以方便地取用，且价格较为低廉。

目前国内云计算发展非常迅速，以阿里云、腾讯云、百度云为代表的中国云计算企业已经扛起国内市场。2020 年第三季度国外机构发布的国内云市场份额如图 7-2 所示。

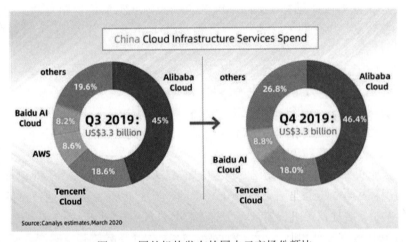

图 7-2 国外机构发布的国内云市场份额比

不仅如此，从 2018 年起阿里云力压谷歌，排名全球云计算市场第三名，且每年市场占有率都有增幅。

7.1.2 信息技术领域新术语

1. 大数据

（1）大数据的定义。大数据（Big data），是指无法在一定时间范围内用常规软件工具进行捕捉、管理和处理的数据集合，是需要新处理模式才能具有更强的决策力、洞察发现力和流程优化能力的海量、高增长率和多样化的信息资产。

麦肯锡全球研究所给出的定义是：一种规模大到在获取、存储、管理、分析方面大大超出了传统数据库软件工具能力范围的数据集合，具有海量的数据规模、快速的数据流转、多样的数据类型和价值密度低四大特征。

大数据技术的战略意义不在于掌握庞大的数据信息，而在于对这些含有意义的数据进行专业化处理。换而言之，如果把大数据比作一种产业，那么这种产业实现盈利的关键，在于提高对数据的"加工能力"，通过"加工"实现数据的"增值"。

（2）大数据处理技术。从技术上看，大数据与云计算的关系就像一枚硬币的正反面，密不可分。大数据必然无法用单台的计算机进行处理，必须采用分布式架构。它的特色在于对海量数据进行分布式数据挖掘，但它必须依托云计算的分布式处理、分布式数据库和云存储、虚拟化技术。

随着云时代的来临，大数据（Big data）也吸引了越来越多的关注。分析师团队认为，大数据（Big data）通常用来形容一个公司创造的大量非结构化数据和半结构化数据，这些数据在下载到关系型数据库用于分析时会花费过多时间和金钱。大数据分析常和云计算联系到一起，因为实时的大型数据集分析需要像 MapReduce 一样的框架来向数十、数百或甚至数千的计算机分配工作。

大数据需要特殊的技术，以有效地处理大量的数据。适用于大数据的技术，包括大规模并行处理（MPP）数据库、数据挖掘、分布式文件系统、分布式数据库、云计算平台、互联网和可扩展的存储系统。

大数据包括结构化、半结构化和非结构化数据，非结构化数据越来越成为其中的主要部分。据 IDC 的调查报告显示：企业中 80% 的数据都是非结构化数据，这些数据每年都指数增长 60%。

（3）大数据的应用。大数据就是互联网发展到现今阶段的一种表象或特征而已，没有必要神话它，在以云计算为代表的技术创新大幕的衬托下，这些原本看起来很难收集和使用的数据开始容易被利用了，通过各行各业的不断创新，大数据会逐步为人类创造更多的价值。具有代表性的大数据应用案例如下：

1）洛杉矶警察局和加利福尼亚大学合作利用大数据预测犯罪的发生。

2）Google 流感趋势（Google Flu Trends）利用搜索关键词预测禽流感的散布。

3）统计学家内特·西尔弗（Nate Silver）利用大数据预测 2012 年美国选举结果。

4）麻省理工学院利用手机定位数据和交通数据建立城市规划。

5）梅西百货的实时定价机制。根据需求和库存的情况，该公司基于 SAS 的系统对多达 7300 万种货品进行实时调价。

6）大数据在新型冠状病毒的预测与监控。

2. 人工智能

（1）人工智能定义。2017 年 12 月，人工智能入选"2017 年度中国媒体十大流行语"。人工智能（Artificial Intelligence），英文缩写为 AI。它是研究、开发用于模拟、延伸和扩展人的智能的理论、方法、技术及应用系统的一门新的技术科学。

尼尔逊教授对人工智能下了这样一个定义："人工智能是关于知识的学科——怎样表示知识以及怎样获得知识并使用知识的科学。"而另一个美国麻省理工学院的温斯顿教授认为："人工智能就是研究如何使计算机去做过去只有人才能做的智能工作。"这些说法反映了人工智能学科的基本思想和基本内容，即人工智能是研究人类智能活动的规律，构造具有一定智能的人工系统，研究如何让计算机去完成以往需要人的智力才能胜任的工作，也就是研究如何应用计算机的软硬件来模拟人类某些智能行为的基本理论、方法和技术。

（2）人工智能研究领域。人工智能是一门边缘学科，属于自然科学和社会科学的交叉。其涉及学科包括哲学和认知科学、数学、神经生理学、心理学、计算机科学、信息论、控制论、不定性论等，研究范畴包括自然语言处理、知识表现、智能搜索、推理、规划、机器学习、知识获取、组合调度问题、感知问题、模式识别、逻辑程序设计软计算、不精确和不确定的管理、人工生命、神经网络、复杂系统、遗传算法等。

因此人工智能是一门极富挑战性的科学，从事这项工作的人必须懂得计算机知识、心理学和哲学。人工智能是包括十分广泛的科学，它由不同的领域组成，如机器学习、计算机视觉等。总的来说，人工智能研究的一个主要目标是使机器能够胜任一些通常需要人类智能才能完成的复杂工作。但不同的时代、不同的人对这种"复杂工作"的理解是不同的。

（3）人工智能的应用。人工智能应用领域极为广阔，也许当初研究的时候就希望有朝一日计算机或机器人能代替人类做各种事情。受目前的研究现状所限，人工智能还不能达到代替人的程度，但是在部分领域已经出现峥嵘。

阿尔法围棋（AlphaGo）是第一个击败人类职业围棋选手、第一个战胜围棋世界冠军的人工智能机器人，由谷歌（Google）旗下 DeepMind 公司戴密斯·哈萨比斯领衔的团队开发。其主要工作原理是"深度学习"，如图 7-3 所示。

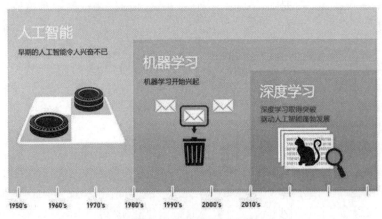

图 7-3　真正的人机大战

除此以外，生活还有大量的人工智能应用案例，高端的有工业机器人，普通的有我们熟悉的智能音箱、人脸识别、指纹解锁等等。

3. 区块链

（1）区块链定义。2019 年 1 月 10 日，国家互联网信息办公室发布《区块链信息服务管理规定》。2019 年 10 月 24 日，在中央政治局第十八次集体学习时，习近平总书记强调，"把区块链作为核心技术自主创新的重要突破口""加快推动区块链技术和产业创新发展"。"区块链"已走进大众视野，成为社会的关注焦点。

区块链起源于比特币，2008 年 11 月 1 日，一位自称中本聪（Satoshi Nakamoto）的人发表了《比特币：一种点对点的电子现金系统》一文，阐述了基于 P2P 网络技术、加密技术、时间戳技术、区块链技术等的电子现金系统的构架理念，这标志着比特币的诞生。两个月后理论步入实践，2009 年 1 月 3 日第一个序号为 0 的创世区块诞生。几天后，2009 年 1 月 9 日出现序号为 1 的区块，并与序号为 0 的创世区块相连接形成了链，标志着区块链的诞生。

近年来，世界对比特币的态度起起落落，但作为比特币底层技术之一的区块链技术日益受到重视。在比特币形成过程中，区块是一个一个的存储单元，记录了一定时间内各个区块节点全部的交流信息。各个区块之间通过随机散列（也称哈希算法）实现链接，后一个区块包含前一个区块的哈希值，随着信息交流的扩大，一个区块与一个区块相继接续，形成的结果就叫区块链。

（2）区块链的特征。区块链是一个信息技术领域的术语。从本质上讲，它是一个共享数据库，存储于其中的数据或信息具有不可伪造、全程留痕、可以追溯、公开透明、集体维护等特征。基于这些特征，区块链技术奠定了坚实的信任基础，创造了可靠的合作机制，具有广阔的运用前景。

（3）区块链的核心技术。

1）分布式账本。分布式账本指的是交易记账由分布在不同地方的多个节点共同完成，而且每一个节点记录的是完整的账目，因此它们都可以参与监督交易合法性，同时也可以共同为其作证。

跟传统的分布式存储有所不同，区块链的分布式存储的独特性主要体现在两个方面：一是区块链每个节点都按照块链式结构存储完整的数据，传统分布式存储一般是将数据按照一定的规则分成多份进行存储。二是区块链每个节点存储都是独立的、地位等同的，依靠共识机制保证存储的一致性，而传统分布式存储一般是通过中心节点往其他备份节点同步数据。没有任何一个节点可以单独记录账本数据，从而避免了单一记账人被控制或者被贿赂而记假账的可能性。也由于记账节点足够多，理论上讲除非所有的节点被破坏，否则账目就不会丢失，从而保证了账目数据的安全性。

2）非对称加密。存储在区块链上的交易信息是公开的，但是账户身份信息是高度加密的，只有在数据拥有者授权的情况下才能访问到，从而保证了数据的安全和个人的隐私。

3）共识机制。共识机制就是对于所有记账节点之间如何达成共识，去认定一个记录的有效性的机制，这既是认定的手段，也是防止篡改的手段。区块链提出了四种不同的共识机制，适用于不同的应用场景，在效率和安全性之间取得平衡。

区块链的共识机制具备"少数服从多数"以及"人人平等"的特点，其中"少数服从多数"并不完全指节点个数，也可以是计算能力、股权数或者其他的计算机可以比较的特征量。"人人平等"是当节点满足条件时，所有节点都有权优先提出共识结果、直接被其他节点认同后并最后有可能成为最终共识结果。以比特币为例，只有在控制了全网超过 51% 的记账节点的情况下，才有可能伪造出一条不存在的记录。当加入区块链的节点足够多的时候，这基本上不可能，从而杜绝了造假的可能。

需要提示的是，区块链技术是一个好技术，但是虚拟货币则不见得是好货币。

4. VR 技术

（1）VR 的定义。虚拟现实技术（Virtual Reality，VR），又称灵境技术，是 20 世纪发展起来的一项全新的实用技术。虚拟现实技术囊括计算机、电子信息、仿真技术，其基本实现方式是通过计算机模拟虚拟环境给人以环境沉浸感。随着社会生产力和科学技术的不断发展，各行各业对 VR 技术的需求日益旺盛。VR 技术也取得了巨大进步，并逐步成为一个新的科学技术领域。

所谓虚拟现实，顾名思义，就是虚拟和现实相互结合。从理论上来讲，虚拟现实技术（VR）是一种可以创建和体验虚拟世界的计算机仿真系统，它利用计算机生成一种模拟环境，使用户沉浸到该环境中。虚拟现实技术就是利用现实生活中的数据，通过计算机技术产生的电子信号，将其与各种输出设备结合使其转化为能够让人们感受到的现象，这些现象可以是现实中真真切切的物体，也可以是我们肉眼所看不到的物质，通过三维模型表现出来。因为这些现象不是我们直接所能看到的，而是通过计算机技术模拟出来的现实中的世界，故称为虚拟现实。

虚拟现实技术受到了越来越多人的认可，用户可以在虚拟现实世界体验到最真实的感受，其模拟环境的真实性与现实世界难辨真假，让人有种身临其境的感觉；同时，虚拟现实具有一切人类所拥有的感知功能，比如听觉、视觉、触觉、味觉、嗅觉等感知系统；最后，它具有超强的仿真系统，真正实现了人机交互，使人在操作过程中，可以随意操作并且得到环境最真实的反馈。正是虚拟现实技术的存在性、多感知性、交互性等特征使它受到了许多人的喜爱。

（2）VR 的特征。

1）沉浸性。沉浸性是虚拟现实技术最主要的特征，就是让用户成为并感受到自己是计算机系统所创造环境中的一部分。虚拟现实技术的沉浸性取决于用户的感知系统，当使用者感知到虚拟世界的刺激时，包括触觉、味觉、嗅觉、运动感知等，便会产生思维共鸣，造成心理沉浸，感觉如同进入真实世界。

2）交互性。交互性是指用户对模拟环境内物体的可操作程度和从环境得到反馈的自然程度，使用者进入虚拟空间，相应的技术让使用者跟环境产生相互作用，当使用者进行某种操作时，周围的环境也会做出某种反应。如使用者接触到虚拟空间中的物体，那么使用者手上应该能够感受到，若使用者对物体有所动作，物体的位置和状态也应改变。

3）多感知性。多感知性表示计算机技术应该拥有很多感知方式，比如听觉、触觉、嗅觉等等。理想的虚拟现实技术应该具有一切人所具有的感知功能。由于相关技术，特别是传感技术的限制，目前大多数虚拟现实技术所具有的感知功能仅限于视觉、听觉、触觉、运动等几种。

4）构想性。构想性也称想象性，是指使用者在虚拟空间中，可以与周围物体进行互动，可以拓宽认知范围，创造客观世界不存在的场景或不可能发生的环境。"构想"可以理解为使用者进入虚拟空间，根据自己的感觉与认知能力吸收知识，发散拓宽思维，创立新的概念和环境。

5）自主性。自主性是指虚拟环境中物体依据物理定律动作的程度。如当受到力的推动时，物体会向力的方向移动、翻倒、或从桌面落到地面等。

（3）VR 技术的应用。

1）在影视娱乐中的应用。近年来，由于虚拟现实技术在影视业的广泛应用，以虚拟现实技术为主而建立的第一现场 9DVR 体验馆得以实现。第一现场 9DVR 体验馆自建成以来，在影视娱乐市场中的影响力非常大，此体验馆可以让观影者体会到置身于真实场景之中的感觉，让体验者沉浸在影片所创造的虚拟环境之中。同时，随着虚拟现实技术的不断创新，此技术在游戏领域也得到了快速发展。虚拟现实技术是利用计算机产生的三维虚拟空间，而三维游戏刚好是建立在此技术之上的。三维游戏几乎包含了虚拟现实的全部技术，在保持实时性和交互性的同时，也大幅提升了游戏的真实感。

2）在教育中的应用。如今，虚拟现实技术已经成为促进教育发展的一种新型教育手段。传统的教育只是一味地给学生灌输知识，而现在利用虚拟现实技术可以帮助学生打造生动、逼真的学习环境，使学生通过真实感受来增强记忆。相比于被动性灌输，利用虚拟现实技术来进行自主学习更容易让学生接受，这种方式更容易激发学生的学习兴趣。此外，各大院校利用虚拟现实技术还建立了与学科相关的虚拟实验室来帮助学生更好地学习。

3）在设计领域的应用。虚拟现实技术在设计领域小有成就，例如室内设计，人们可以利用虚拟现实技术把室内结构、房屋外形通过虚拟技术表现出来，使之变成可以看的见的物体和环境。同时，在设计初期，设计师可以将自己的想法通过虚拟现实技术模拟出来，可以在虚拟环境中预先看到室内的实际效果，这样既节省了时间，又降低了成本。

4）虚拟现实在医学方面的应用。医学专家们利用计算机，在虚拟空间中模拟出人体组织和器官，让学生在其中进行模拟操作，并且能让学生感受到手术刀切入人体肌肉组织、触碰到骨头的感觉，使学生能够更快地掌握手术要领。而且，主刀医生们在手术前，也可以建立一个病人身体的虚拟模型，在虚拟空间中先进行一次手术预演，这样能够大大提高手术的成功率，让更多的病人得以痊愈。

5）虚拟现实在军事方面的应用。由于虚拟现实的立体感和真实感，在军事方面，人们将地图上的山川地貌、海洋湖泊等数据传给计算机进行编写，利用虚拟现实技术，能将原本平面的地图变成一幅三维立体的地形图，再通过全息技术将其投影出来，这更有助于进行军事演习等训练，提高我国的综合国力。

6）虚拟现实在航空航天方面的应用。由于航空航天是一项耗资巨大、非常繁琐的工程，所以，人们利用虚拟现实技术和计算机的统计模拟，在虚拟空间中重现了现实中的航天飞机与飞行环境，使飞行员在虚拟空间中进行飞行训练和实验操作，极大地降低了实验经费和实验的危险系数。

（4）主流的 VR 设备。VR 的代表产品有许多，例如 Oculus、索尼的 PS VR、HTC 的 Vive 和三星的 Gear VR，和简洁版的 VR 装备 Google 的 Cardboard，它们都能让我们领略到 VR 的魅力，VR 穿戴设备的宣传广告，如图 7-4 所示。

图 7-4　VR 眼镜

5．AR 技术

（1）AR 的定义。增强现实（Augmented Reality，AR），也被称为扩增现实。AR 增强现实技术是促使真实世界信息和虚拟世界信息内容之间综合在一起的较新的技术内容，其将原本在现实世界的空间范围中较难进行体验的实体信息在计算机等科学技术的基础上，实施模拟仿真处理，将虚拟信息内容叠加在真实世界中加以有效应用，并且这一过程能够被人类感官所感知，从而实现超越现实的感官体验。真实环境和虚拟物体重叠之后，能够在同一个画面及空间中同时存在。

　　增强现实技术不仅能够有效体现出真实世界的内容，也能够促使虚拟的信息内容显示出来，这些细腻内容相互补充和叠加。在视觉化的增强现实中，用户需要戴头盔显示器，才能看到真实世界和计算机图形重合在一起。增强现实技术中主要包括多媒体和三维建模以及场景融合等新的技术和手段，增强现实所提供的信息内容和人类能够感知的信息内容之间存在着明显不同。如图 7-5 所示，在真实的户外环境增加了卡通人物。

图 7-5　AR 应用场景

　　（2）AR 的发展。由于 AR 技术的颠覆性和革命性，它获得了大量关注。早在 20 世纪 90 年代，就有 3D 游戏上市，但由于当时的 AR 技术价格较高、其自身延迟较长设备计算能力有限等缺陷，导致这些 AR 游戏产品以失败收尾，第一次 AR 热潮就此消退。到了 2014 年，Facebook 以 20 亿美元收购 Oculus 后，类似的 AR 热再次袭来。在 2015 和 2016 两年间，AR 领域共进行了 225 笔风险投资，投资额达到了 35 亿美元，原有的领域扩展到多个新领域，如城市规划、虚拟仿真教学、手术诊疗、文化遗产保护等。如今，AR、VR 等沉浸式技术正在快速发展，一定程度上改变了消费者、企业与数字世界的互动方式。用户更大程度上期望从 2D 转移到沉浸感更强的 3D，从 3D 获得新的体验，包括商业、体验店、机器人、虚拟助理、区域规划、监控等，从只使用语言功能升级到包含视觉在内的全方位体验。而在这个发展过程中，AR 将超越 VR，更能满足用户的需求。

　　（3）典型应用。利用增强现实技术，可以将导航系统叠加到挡风玻璃上，驾驶员可以更加直观地进行路面导航，类似的产品有 3D HUD。再比如飞机，战斗机飞行员使用的抬头显示系统，可以在飞机前方显示空气速度和导弹锁上的读数。

　　（4）AR 产品。AR 范畴最具代表性的产品无疑是微软的 HoloLens，除此之外另有 Meta2、Daqri 等。目前 AR 产品已经广泛得到应用，比如微软公司就和美国国防部签订了 12 万套 AR 头盔的业务，价值 218.8 亿美元。

　　6. MR 技术

　　（1）MR 的定义。MR 既是"混合现实"（Mixed Reality），而又是由"智能硬件之父"多伦多大学教授 Steve Mann 提出的"介导现实"，全称为 Mediated Reality。

在上世纪七八十年代，为了增强简单自身视觉效果，让眼睛在任何情境下都能够"看到"周围环境，Steve Mann 设计出可穿戴智能硬件，这被看作是对 MR 技术的初步探索。

VR 是纯虚拟数字画面，AR 是虚拟数字画面加上裸眼现实，而 MR 是数字化现实加上虚拟数字画面。从概念上来说，MR 与 AR 更为接近，都是现实和虚拟影像叠加，但传统 AR 技术运用棱镜光学原理折射现实影像，视角不如 VR 视角大，清晰度也会受到影响。

（2）MR 和 AR 的区别。MR 技术结合了 VR 与 AR 的优势，能够更好地将 AR 技术体现出来。

根据 Steve Mann 的理论，智能硬件最后都会从 AR 技术逐步向 MR 技术过渡，"MR 和 AR 的区别在于 MR 通过一个摄像头让你看到裸眼都看不到的现实，AR 只管叠加虚拟环境而不管现实本身"。

目前全球从事 MR 领域的企业和团队都比较少，多数都处于研究阶段。

7. CR 技术

CR（Cinematic Reality）即影像现实，是 Google 投资的 Magic Leap 提出的概念，它通过光波传导棱镜设计，多角度将画面直接投射于用户的视网膜，直接与视网膜交互，产生真实的影响和效果。CR 技术和 MR 技术的理念类似，都是物理世界与虚拟世界的结合，所完成的任务、应用的场景、提供的内容都与 MR 相似。

【任务分析】

经过预备知识的学习，对计算机新技术应该有了一定的了解，如果要加深了解，可以做如下工作：

（1）搜索网页学习。

（2）搜索视频学习。

【任务实施】

（1）打开 Chrome 浏览器，默认加载百度搜索引擎。

（2）按学习的顺序输入这些新技术的关键字，然后查看网页介绍，如图 7-6 所示。

图 7-6　百度搜索感兴趣的新技术文章

（3）使用百度视频搜索关键字，然后选择并打开合适视频进行学习，如图 7-7 所示。

图 7-7　通过视频学习

（4）拓展输入的关键字信息，比如"NGN 华为 5G"或"VR 设备"，可以对该知识的某个侧重领域加深了解，如图 7-8 所示。

图 7-8　拓展学习

【任务小结】

（1）本任务介绍了新一代信息技术和新术语的具体内容。

（2）本任务中了解我国计算机新技术的方法不唯一，读者可以选择自己喜欢的方式学习。

任务 7.2　提升自我信息素养

【任务说明】

社会进入到信息化时代，计算机已经作为一种文化现象影响着社会生活，并推动整个社会从生产方式、工作方式、学习方式到生活方式的全面变革。最能体现"计算机文化"的知识结构和能力素质的应当是信息素养。信息素养作为信息时代的一种必备能力，正日益受到世人的关注。

【预备知识】

7.2.1　计算机文化和信息素养认识

1. 计算机文化

所谓文化，从一般意义上的理解，是对人类的生活方式产生广泛而深刻影响的事物，例如人们经常提到的"饮食文化""茶文化""酒文化""电视文化""汽车文化"等。但从严格意义上说，能够称为文化的事物需要具有以下四个方面的基本属性：

（1）广泛性。不仅要涉及全社会的每一个人、每一个家庭，又要涉及全社会的每一个行业、每一个应用领域。

（2）传递性。必须具有传递信息和交流思想的功能。

（3）教育性。能够成为存储知识和获取知识的手段。

（4）深刻性。能够对整个社会生产方式、工作方式、学习方式和生活方式产生深刻的影响。

"计算机是一种文化"，这一观点首先是由原苏联学者伊尔肖夫在第三次世界计算机教育大会上提出的。计算机的出现，并没有、也不可能立即产生一种文化，只有当计算机普及、应用和发展达到一定程度和一定阶段，使之覆盖社会活动的各个方面时才会产生深刻的文化变迁。

高性能的廉价微机的广泛应用、办公自动化软件的诞生，使计算机走进人们日常生活，大容量高速信息存储设备面世、图形界面 Windows 操作系统的诞生，使计算机的操作简单化、大众化。个人计算机的硬件和软件始终相互牵制、相辅相成地发展，最终实现了多媒体化。计算机网络的出现、"信息高速公路"接入 Internet，全球超文本项目 WWW 的发明，实现了信息通过超文本传输网络共享，浏览器、电子邮件、即时通讯软件、博客等各种应用的用户达以数十亿计，世界各国的各级政府、各个企业、甚至家庭、个人都成为网络的成员，网络充斥人们工作、学习、生活的方方面面，人们借助多媒体工具和网络，随时随地都能感受到高速传播信息的存在。计算机涉及到全社会的每一个行业和每一个应用领域，并带来整个社会从生产方式、工作方式、学习方式到生活方式的全面变革。

用文化的属性来考察，计算机作为一种文化已被世界各阶层的人所认同。

2. 信息素养

当前的计算机文化环境要求人们必须充分了解这种新型的文化形式，具备相应的计算机文化的知识结构和能力素质，这既是"计算机文化"水平高低和素质优劣的具体体现，也是信息社会对新型人才培养所提出的最基本要求。换句话说，在当今这个信息量呈爆炸式增长的时代，人们若不能及时、有效地提高自身的信息素养，缺乏信息方面的知识与能力，就相当于信息社会的"文盲"，将无法适应信息社会的学习、工作与竞争的需要。

（1）信息素养的概念。信息素养最初由美国信息产业协会主席保罗·泽考斯基于 1974 年提出，它包括文化素养、信息意识和信息技能三个层面。1989 年美国图书协会下设的"信息素养总统委员会"在其研究报告中给信息素养下了这样一个定义："要成为一个有信息素养的人，就必须能够确定何时需要信息，并具有检索、评价和有效使用信息的能力。"1998 年美国图书馆协会和美国教育传播与技术协会提出了学生学习的九大标准，这一标准包含了信息技能、独立学习和社会责任三个方面内容，进一步丰富和深化了信息素养的内涵与外延。随着社会的不断发展和信息技术的突飞猛进，许多专家和机构都对其概念提出了新的看法，虽然各自对信息素养的具体界定或描述有所区别，但是其内涵基本是一致的。

我国专家也对信息素养给出了界定：信息素养是个体能够认识到何时需要信息，能够检索、评估和有效地利用信息的综合能力。信息素养应包含以下三方面的内容：

1）认知，即信息处理、获取、传输和应用的基础知识。

2）技能，即资料检索、计算机素养、研究、学习和定位等技能。

3）理念，即数据处理，基于资源的学习、创造性思维、问题解决、批判性思维、终身学习及责任意识。

实际上，信息素养并不是一个新概念，从古到今，人类一直在获取信息和使用信息，只是从人类进入信息化社会后，由于信息量猛增，才需要运用先进技术获取和使用信息，才对人们提出高要求的信息素养。

（2）信息素养包含的能力。信息素养既是实践发展的结果，也是实践水平的标志。一般认为，信息素养主要包含以下七个方面的能力：

1）运用工具的能力。能熟练使用网络、多媒体等信息工具。

2）获取信息的能力。能根据要解决的问题识别信息源并选取最佳信息；能熟练运用阅读、访问、讨论、参观、实验、检索等获取信息的方法。

3）处理信息的能力。能解读、分析获取的信息，即能够对获取的信息进行归纳、分类、存储、鉴别、分析、综合、抽象、概括和表达。

4）生成信息的能力。能整合多种信息源的信息，并组织和建构便于交流和展示的信息作品，即能够在信息收集、准确加工处理信息基础上创造新信息，用信息解决问题，发挥效益。

5）信息协作的能力。使信息和信息工具作为交往与合作的中介，能与外界建立多种和谐的协作关系。

6）信息评价的能力。能判定信息作品效果，评价信息问题解决过程的效率。

7）信息免疫的能力。浩瀚的信息良莠不齐，需要科学的甄别能力和自控、自律、自我调节能力，能消除垃圾信息和有害信息的干扰和侵蚀。

信息素养已经从其传统的信息检索、存储的基本含义上升华，它涉及各种基本的技能、能力和理念。

7.2.2　提升自我信息素养的途径

我们的教育要面向未来、面向世界、面向现代化，就要适应信息化社会的需要。信息社会所需要的人才必须具有良好的信息意识、信息能力和信息道德，信息素养不仅是人们生存于信息时代的当务之急，还是实现终身学习的必经之路。

提高自我的信息素养主要可以从以下几个方面入手：

1．提高信息意识

信息意识是人们在信息活动中产生的认识、观念和需求的总和，主要包括对信息重要性的认识，对信息的内在需求以及对信息所具有的特殊的、敏锐的感受力和持久的注意力。

在信息时代的今天，我们每个人都有对信息有积极的内在需求，因此必须积极培养对信息的敏感性、洞察力和识别信息的真伪的能力。无论在什么时间、什么地点，总是极为关注信息，对信息有极强的敏感性，这样才能积极主动地搜集、挖掘并整理、加工信息，将信息现象与实际工作、生活和学习迅速联系起来，从信息中找出解决问题的关键。

2．努力学习信息知识

信息知识是指一切与信息有关的理论、知识和方法，主要包括传统文化素质中读、写、算的基本能力，信息常识和多媒体、网络等现代化信息技术知识。信息素质是传统文化素质的延伸和扩展。在信息时代，必须具备读、写、算的基本能力，才能够快捷、有效地从浩如烟海、丰富多彩的信息中获取自己所需的信息。通过对信息的含义、特征、作用的认识，对信息源的种类和信息分类知识、信息检索方法的了解，对新的信息技术手段和方法的掌握，奠定提高信息素养基础。信息社会是一个新理论、新技术日新月异、层出不穷的社会，要不断追求新的高峰，就要不断学习新的信息知识并善于反思，不断更新自身的知识架构，主动为自己提出任务，独立地解决问题，跟上信息时代发展的步伐。

信息时代是一个知识爆炸的时代，无论是学生、还是上班族都需要接受并主动拥抱数字化学习。

数字化学习改变了学习的时空观念。数字化学习资源的全球共享，虚拟课堂、虚拟学校的出现，现代远程教育的兴起，使学习不局限在学校、家庭中，人们可以随时随地通过互联网进入数字化的虚拟学校里学习。从时间上说，只通过一段时间的集中学习不能获得够一辈子享用的知识技能，人类将从接受一次性教育向终身学习转变。所以，数字化学习要求学习者具有终身学习的态度和能力。信息时代下，个体的学习将是终身的，个体的终身学习是指学习者根据社会和工作的需求，确定继续学习的目标，并有意识地自我计划、自我管理、自主努力通过多种途径实现学习目标的过程。

社会竞争正在日渐加剧，良好的学习才能提供持续的竞争力。在数字化时代，一方面学习者更是应该坚持活到老，学到老；另一方面学习者可以更容易地挑选优质资源进行学习，当然优质不一定等于名师，适合的才是最好的。广泛的课堂平台或者视频平台都提供了大众海量的学习机会。

3．全面提高信息能力

信息能力是指人们有效利用信息设备和信息资源获取信息、加工处理信息以及创造新信息的能力。这也是支持终身学习的基本能力和信息时代重要的生存能力，是信息素质诸要素中的核心。信息能力不仅体现着人们所具有的信息知识的丰富程度，而且还制约着对信息知识的深化。

信息时代的各种应用工具不断推陈出新，知识更新速度非常快，我们要能有效地利用各种信息工具，搜集、获取、传递、加工、处理有价值的信息，提高工作、学习效率和质量，适应信息信息社会中生存和发展的需要。

4．增强信息道德观念

信息道德是指涉及信息开发、传播、管理和利用等方面的道德要求、道德准则，以及在此基础上形成的新型道德关系。传统的道德关系大多是人与人之间面对面的直接关系，强大的道德舆论压力可以对个体行为起重大作用。在以信息化数字和网络为中介的环境下，人与人之间的关系则成为间接的关系，使直面的道德舆论难以达到，"他律"的作用被淡化，因此，使个体的道德自律成为维系正常的道德关系的主要保障。

网络化的信息海洋把全世界各地的计算机都连在一起，在这个海洋中既有取之不尽、用之不竭的知识，也有许多不利于社会稳定、国家安全和个体发展的信息。信息时代推崇价值观多元化，但不欢迎缺乏信息道德的社会公民。网络时代价值观念混乱，网上道德迷惘的现状已经引起人们的高度重视，一方面要用法律武器打击网络信息犯罪行为，另一方面要增强信息道德教育，强调对学习者责任心、自尊心、社会责任感、自我管理、诚实等品质的培养。同时，要求人们不传播封建、淫秽、违法的信息；不伤害他人；尊重包括版权和专利权在内的知识产权，尊重他人的隐私；保守秘密等。信息道德教育要从青少年学生入手，逐步培养他们具有信息时代的道德观，积极、健康地成长，成为对国家和社会发展有用的人才。

5. 增强安全意识和法律意识

网络带来了地球村，也带来了安全风险，我们应该提高安全意识和法律意思，一方面保护好自己，另一方面也不要作恶。

（1）不要在网站轻易提交个人信息。这一点是至关重要的，自己的隐私通常是自己无意中泄露出去的，因此除了银行网站、著名的电子商务网站之外，不要轻易在网站上提交自己的信息。举个例子来说，几年前你可能在某同学录网站录入过自己的个人信息，今天你会发现你的个人信息被复制到至少四、五个网站供人搜索查询。因此，在网站或社区系统提交自己真实信息的方法是不妥的。

个人信息的泄露的后果可能导致：

1）垃圾短信、骚扰电话、垃圾邮件源源不断。

2）冒名办卡透支欠款。

3）案件事故从天而降。不法分子可能利用你的个人信息，进行违反犯罪活动。

4）账户钱款不翼而飞。

5）个人名誉无端受毁。

（2）发布文章，三思而后行。在网络上发帖子，写博客，不要为了吸引关注而哗众取宠或者作恶，一篇文章一旦发布出去，就无法收回来了，一旦造成恶劣影响，即使删除也来不及了。文章会被存档、转载，甚至散布到很多你永远都不知道的网站上，而搜索引擎的触角会找到互联网上的任何一个角落，因此，写文章前一定要三思而后行。

网络也不是法外之地，"键盘侠"行为也会被追究处理。

（3）使用安全的密码。今天我们生活中很多个人信息与财富都数字化了，要保证它们的安全哪么必须要有良好的密码习惯。

1）通常情况下设置长度多于 8 位、有字母和数字的、不容易被人猜到的密码。

2）应该有定期修改密码的习惯。

3）尽量避免使用软件记忆密码自动登录的情况。每次主动登录即可避免别人的恶意使用，也可以加深记忆。

4）使用其他工具加强密码。比如短信验证、加密验证等等。

（4）保证个人计算机的安全。

个人计算机要有足够的安全设置，如打上最新的操作系统补丁、启用防火墙、安装杀毒软件等，并且还要不定期进行安全扫描。

不要访问已经提醒了有风险的网站、或者打开来历不明的软件和邮件，确保个人计算机不被黑客入侵。如果发现有被入侵的异常情况，应该在第一时间内断开网线，然后再进行检测和修复。

【任务分析】

提升信息素养对每一个人都有积极的作用，我们要有主动性有意识有目的的锻炼提升自我。

在本任务中，要完成如下工作：

（1）找出自我的信息素养短板。

（2）了解如何自己应该网上学习。

（3）通过一个在线学习任务提升信息素养短板。

（4）了解自己应该掌握哪些网络安全常识。

【任务实施】

（1）就信息素养 7 个能力方面，分析自己哪个方面最弱。

（2）通过搜索引擎了解当下热门的学习平台（或视频平台），如 B 站、腾旭课堂、网易云课堂、学堂在线等。

（3）选择一个拥有相关能力提升的平台进行学习。

（4）认真学习，积极完成学习任务。

（5）关于网络安全，可以通过百度学习。

【任务小结】

本任务学习了信息素养和提升信息素养的知识。

参考文献

[1] 陈郑军，敖开云. 计算机文化项目制教程[M]. 北京：中国水利水电出版社，2017.

[2] 李健苹. 计算机应用基础教程[M]. 北京：人民邮电出版社，2011.